广视角·全方位·多品种

权威·前沿·原创

皮书系列为
"十二五"国家重点图书出版规划项目

U0206769

科普蓝皮书

BLUE BOOK OF
PST

中国科普基础设施发展报告
（2012~2013）

REPORT ON DEVELOPMENT OF CHINA'S PSTI
(2012-2013)

主　编／任福君

副主编／李朝晖

社会科学文献出版社
SOCIAL SCIENCES ACADEMIC PRESS (CHINA)

图书在版编目（CIP）数据

中国科普基础设施发展报告. 2012～2013/任福君主编.
—北京：社会科学文献出版社，2013.6
（科普蓝皮书）
ISBN 978 - 7 - 5097 - 4613 - 4

Ⅰ.①中… Ⅱ.①任… Ⅲ.①科学普及 - 研究报告 -
中国 - 2012～2013 Ⅳ.①N4

中国版本图书馆 CIP 数据核字（2013）第 097956 号

科普蓝皮书
中国科普基础设施发展报告（2012～2013）

主　　编/任福君
副 主 编/李朝晖

出 版 人/谢寿光
出 版 者/社会科学文献出版社
地　　址/北京市西城区北三环中路甲 29 号院 3 号楼华龙大厦
邮政编码/100029

责任部门/皮书出版中心（010）59367127　　责任编辑/张丽丽　王　颉
电子信箱/pishubu@ ssap. cn　　　　　　　责任校对/牛立明
项目统筹/邓泳红　　　　　　　　　　　　责任印制/岳　阳
经　　销/社会科学文献出版社市场营销中心（010）59367081　59367089
读者服务/读者服务中心（010）59367028

印　　装/北京季蜂印刷有限公司
开　　本/787mm×1092mm　1/16　　　　印　　张/17.75
版　　次/2013 年 6 月第 1 版　　　　　　字　　数/285 千字
印　　次/2013 年 6 月第 1 次印刷
书　　号/ISBN 978 - 7 - 5097 - 4613 - 4
定　　价/59.00 元

本书如有破损、缺页、装订错误，请与本社读者服务中心联系更换
▲ 版权所有　翻印必究

科普蓝皮书编委会

顾　问　徐善衍

主　任　杨文志

副主任　任福君

委　员　李象益　翟杰全　危怀安　楼　伟　郑　念
　　　　何　薇　王欣华　李朝晖　郁红萍　董　操
　　　　桂诗章

主　编　任福君

副主编　李朝晖

主要编撰者简介

任福君 1961 年生，博士、教授、博士生导师，国务院特殊津贴获得者；现任中国科普研究所所长、中国科普作家协会副理事长、北京市科协副主席、《科普研究》主编、中国科协—清华大学科技传播与普及研究中心秘书长。1995 年晋升教授，曾在清华大学等校读博士后；发表学术论文 110 多篇，出版专著、高校教材等 17 部；主持国家"863"、软课题、自然科学基金项目等国家级课题 10 多项，省部级课题 20 多项；获省部级科技进步和自然科学二等奖 2 项、三等奖 3 项，优秀社科奖 3 项；获得国家专利及软件著作权 25 项。培养硕士、博士和博士后 41 人。

李朝晖 1975 年生，博士、副教授，曾作为主要成员参与了我国第一个全集成仿人型机器人的成功研制，现为中国科普研究所研究人员，从事科普理论及实践研究、项目监测与评估。发表学术论文 20 多篇，其中被 SCI、EI、ISTP 等检索收录 4 篇；《中国科普基础设施发展报告》（科普蓝皮书）副主编。

摘　要

《中国科普基础设施发展报告（2012～2013）》聚焦我国科普基础设施建设与发展的热点问题，推出了一批科普基础设施研究领域专业人士的最新研究成果。

如何科学评估我国科普基础设施的发展，一直是科普基础设施管理与研究人员致力解决的一个问题。总报告依托制度性的统计数据，研究创建了中国科普基础设施发展指数，定量评估了我国科普基础设施的发展。结果表明，自《科普基础设施发展规划（2008－2010－2015）》颁布之后，我国科普基础设施建设一直稳步发展，但是增幅较缓。总报告还对我国科普基础设施的发展趋势进行了预测，并对当前我国科普基础设施发展的一些热点进行了分析，提出了相关建议。

专题研究聚焦当下科普基础设施发展中的一些热点问题。科普基础设施作为专业术语，业内对其并没有较为透彻的认识。我国科普场馆展览展示及其科学教育一直饱受诟病，本报告推出了科技类博物馆科普教育和传播：理念、策略、评估及科普场馆展览展示创新设计理念、方法与对策两个专题研究。科技馆免费开放已提上议事日程，在此也对科技馆免费开放及影响进行了专题研究。

案例部分，既收集了为我国科技馆免费开放做好保障的全国科技馆情况调查报告，也有厦门市科技馆对于企业化运作的探索，还有无锡市进行社会联动共建特色科普场馆的尝试。

Abstract

Annual Report on Development of China's PSTI (*2012 – 2013*) focuses on the hot issues in China's PSTI (Popularization of Science and Technology Infrastructures) development and releases some research papers on the development and main issues of China's PSTI.

How to assess quantitatively the development of China's PSTI is the problem to the administrator and the resreacher. In General Report, the development index of China's PSTI was constructed for quantitative assessment of China's PSTI development based on systemic statistics, and the assessment results show that the development of China's PSTI is steady and the growth is slow. The trends of China's PSTI would be forecasted and some hot issues on China's PSTI would be discussed and some advice would be proposed.

In the research report, some hot issues in China's PSTI are discussed. Some people do not understand PSTI as a term totally. The concept, the system and the function of PSTI will be discussed. The thoughts of the exhibition and its science education of China's science museums are always criticized, and the ideas, strategy and assessment of science education in science and nature museums, and the ideas, methods and ways of the innovation about science exhibition, are studied. While science and technology museums will be free, the effect of this are discussed specially.

In case study, the report collected the Investigation report of China's science and technology museums, the exploration on commercialized operation of Xiamen science and technology museum, the attempt to the construction of Wuxi museums with characteristics of science through coupling effects.

目录

皮书数据库阅读**使用指南**

CONTENTS

总 报 告

General Report

B.1
中国科普基础设施发展评估报告

李朝晖　任福君*

摘 要：

作为科普资源的重要组成部分，科普基础设施的发展影响国家科普能力的形成与提升。构建一个科学的科普基础设施发展评估体系尤为重要。本文依托制度性的统计数据，研究创建了中国科普基础设施发展指数，定量评估我国科普基础设施的发展。结果表明，自《科普基础设施发展规划（2008 - 2010 - 2015）》颁布之后，我国科普基础设施一直稳步发展，但是增幅较缓。同时，本文对我国科普基础设施的发展趋势进行了预测，并对当前我国科普基础设施发展的一些热点进行了分析，提

* 李朝晖，博士、副教授，中国科普研究所研究人员，研究方向为科普理论与实践研究、评估理论与实践研究、信息技术与科学普及研究。E - mail：sunlight_ tiger@ 126. com。任福君，博士、教授，中国科普研究所所长，从事科技传播与普及的理论与实践研究工作，主要涉及科技传播理论体系、科普资源、科普基础设施、科普人才、科普产业、科学素质测度、科普活动监测评估等内容。E - mail：hljrenfujun@ 126. com。

出了相关建议。

关键词：

  科普基础设施 发展指数 评估

  科普基础设施作为国家公共服务体系和国家科普能力建设的重要组成部分，是科学技术普及工作的重要载体，也是为公众提供科普服务的重要平台。通过科普基础设施，其他科普资源将得到充分展示，并可采用易于理解、接受和参与的方式向公众传播、普及。离开科普基础设施，其他科普资源将无所依靠，科普活动也将难以开展。在一定程度上，科普基础设施的发展状况代表一个国家科普能力的建设情况，对提升全民科学素养具有重要作用。为此，我国近年来大力发展科普基础设施，努力满足公众提高科学素质的需求，这对实现科学技术教育、传播与普及等公共服务的公平普惠，对建设创新型国家，实现全面建设小康社会的奋斗目标都具有十分重要的意义。[①]

一 前言

  为了了解我国科普基础设施的发展状况，课题组曾于 2009 年依托中国科协系统，对我国科普基础设施的发展状况进行了一次全国性调查（调查主要局限在科协系统内），并从发展规模、年度运营、社会效果三方面对我国科普基础设施的发展进行了一个试评估[②]。评估结果显示，我国多年努力建设科普基础设施取得了不错的成绩。

  通过这次试评估，课题组认为，应将这样的评估持续下去。通过评估，定期了解我国科普基础设施的发展状况，发现当前存在的问题，明察未来的发展趋势，提出对策和建议，同时为国家相关政策法规的制定提供数据支撑，为《全民科学素质行动计划纲要（2006 - 2010 - 2020）》（以下简称

 [①] 国家发展和改革委员会、科技部、财政部、中国科协：《科普基础设施发展规划（2008 - 2010 - 2015 年）》。

 [②] 任福君主编《中国科普基础设施发展报告（2009）》，社会科学文献出版社，2010。

《科学素质纲要》）的实施提供有效支撑，为我国公民科学素质的整体提升发挥了积极作用。

《科学素质纲要》于 2006 年颁布，在此基础上，国家发展和改革委员会、科技部、财政部、中国科协四个部委联合于 2008 年发布了《科普基础设施发展规划（2008－2010－2015）》（以下简称《科普基础设施发展规划》），用于规划和指导全国科普基础设施的建设与发展。《科学素质纲要》和《科普基础设施发展规划》的发布极大地促进了我国科普基础设施的发展。相关数据表明，"十一五"期间也是我国科普基础设施快速发展的一个时期①。同时鉴于我国对全国科普基础设施的制度性统计工作也是在"十一五"期间开始的。因此，课题组决定以此为契机，定量评估近年来我国科普基础设施的发展变化情况。

二 中国科普基础设施发展指数构建

课题组曾从规模、结构、效果三个方面利用课题组获得的调查数据，对我国科普基础设施发展状况进行了评估②，评估结果较为真实地反映了我国科普基础设施的发展情况。除了课题组对我国科普基础设施的发展状况进行了整体性定量评估研究以外，未见其他学者和机构对我国科普基础设施的整体发展开展定量或是定性评估研究。

构建中国科普基础设施发展指数旨在较为科学全面地评估我国科普基础设施的发展状况，其首要前提是要保证稳定可靠的数据来源。课题组 2009 年的评估数据来源主要是依靠中国科协进行全国性调查获得的不完全数据，但这种模式不可持续，课题组没有能力也不可能每年都开展全国性调查获得数据。因此，必须寻找一个稳定可靠的数据来源，科技部每年进行的科普统计提供了课题组所需的稳定可靠的我国科普基础设施发展的数据。

由于支撑数据来源发生了变化，要求评估指标也应相应变化。为此，课题组认真考查了科普统计的调查内容，在不失科学性的前提下，重新设计了评估

---

① 任福君主编《中国科普基础设施发展报告（2011）》，社会科学文献出版社，2012。

② 李朝晖、任福君：《从规模、结构、效果评估中国科普基础设施的发展》，《科技导报》2011 年第 4 期。

指标体系。

但是，中国科普基础设施发展指数评估指标体系的构建同样还是要从发展规模、年度运营、社会效果三个方面着手。因为要科学评估我国科普基础设施的发展，其发展规模是一个必须纳入考核的指标；其年度运行情况表明了科普基础设施的质量建设情况；社会效果则是测度科普基础设施发展施加的社会影响。因此，中国科普基础设施发展指数可以分解为规模指数、运行指数、效果指数，这与 2009 年试评估的指标体系构建基本类似①。

经过 2009 年的试评估，我们发现资产的情况较为复杂，同时《中国科普统计》年度调查也没有相关资产的详细统计数据，因此课题组决定不再将其纳入考察范围。此外，《中国科普统计》年度调查与科普基础设施有关的调查主要集中在科普场馆，即《科普基础设施发展规划》中的科技类博物馆。因此，本评估将重点考察科技类博物馆发展的数据指标，其他类型科普基础设施相同的考察指标由于没有数据来源，就没有纳入整体评估中。

规模指数中，着重考察设施存量规模和人力资源规模。但对设施和人员的考察与 2009 年试评估相比，也有所变化。在设施存量规模的考察中，重点考察作为科普基础设施"领头羊"和具有旗舰作用的科技类博物馆的发展规模，同时兼顾基层科普设施、流动科普设施、网络科普设施的发展规模②。在人力资源规模的考察中，主要考察科技类博物馆的人力资源总量，其他类型的科普基础设施所属人员由于缺乏相关数据而没有纳入考察范畴。

运行指数主要考察科技类博物馆的年度运行经费和开展的科普活动，其他类型的科普基础设施由于无相关数据没有纳入考察范围。年度开展的科普活动包括科普（技）展览、科普（技）讲座、科普（技）竞赛。效果指数主要考察参观科普场馆的观众数量，受调查数据影响，将主要考察科技类博物馆的参观人数；其次考察科技类博物馆接待能力的饱和程度。表 1 显示了中国科普基

① 任福君主编《中国科普基础设施发展报告（2009）》，社会科学文献出版社，2010。

② 《中国科普统计》缺乏科普教育基地持续的统计数据，同时科普教育基地是一类辅助性的科普基础设施，其主要功能并非是实施科普职能，而其中那些主要功能是为公众提供科普服务的科普教育基地已作为科技类博物馆纳入了考察范畴，为了数据来源的权威性和评估指标的自洽性，故此不将科普教育基地作为一类独立的科普基础设施纳入评估。

础设施发展指数评估指标体系的构成。

表 1 所示的指标中，科技类博物馆的发展将主要考察科技类博物馆的数量及其建筑面积与展厅面积，包括科技馆、科技博物馆。其他类型科普基础设施的发展主要考察其总数量。科技类博物馆的年度科普经费虽然可以分为政府拨款、捐赠、自筹及其他几类，但是目前还没有研究表明各类资金对其发展的影响，政府拨款是其绝对主力，因此，本指标只考察筹集科普经费的总量，不考察其内部构成。对科普活动考察，实际是考察科技类博物馆对其所属的科普展品的利用情况，科普活动越多，表明对现存科普展品的利用率越高，对展品研发和更新的要求也相应增加。科普展览是科技类博物馆主要的科普活动，对其发挥科普功能起着重要作用；另外，科技类博物馆举办的科普讲座、科技竞赛也对其发挥科普功能有重要的辅助作用，因此也纳入了考察范围。将场馆接待能力纳入效果指数主要是考虑场馆接待能力的饱和程度，这也一定程度上反映了场馆的运行能力与效果。场馆接待能力主要考察科技类博物馆常设展厅的接待能力是否达到其设计的饱和值，饱和程度如何。表 2 较为详细地显示了具体的考察内容。

表 1 中国科普基础设施发展指数指标框架（IDI）

一级指标	二级指标	三级指标
规模指数	设施存量规模	科技类博物馆发展
		基层科普设施发展
		流动科普设施发展
		科普传媒发展
	人力资源规模	科技馆从业人数
		科技博物馆从业人数
运行指数	筹集科普经费	经费总额
	开展科普活动	科普（技）展览次数
		科普（技）讲座次数
		科普（技）竞赛次数
效果指数	场馆参观人数	科技馆参观人数
		科技博物馆参观人数
	场馆接待能力饱和度	科技馆接待能力饱和度
		科技博物馆接待能力饱和度

表 2　中国科普基础设施发展指数评估的内容

一级指标	二级指标	三级指标	具体考察内容
规模指数	设施存量规模	科技类博物馆发展	科技馆的总量、建筑面积、展厅面积
			科技博物馆的总量、建筑面积、展厅面积
		基层科普设施发展	科普活动站的数量
			科普画廊的数量
		流动科普设施发展	科普宣传车的数量
		科普传媒的发展	传统科普传媒的数量
			科普网站的数量
	人力资源规模	科技馆从业人数	专职
			兼职
			科普创作人员
		科技博物馆从业人数	专职
			兼职
			科普创作人员
运行指数	筹集科普经费	经费总额	科技馆年度经费
			科技博物馆年度经费
	开展科普活动	科普（技）展览次数	科技馆年度科普展览总次数
			科技博物馆年度科普展览总次数
		科普（技）讲座次数	科技馆年度科普讲座总次数
			科技博物馆年度科普讲座总次数
		科普（技）竞赛次数	科技馆年度科技竞赛总次数
			科技博物馆年度科技竞赛总次数
效果指数	场馆参观人数	科技馆参观人数	科技馆年度参观总人数
		科技博物馆参观人数	科技博物馆年度参观总人数
	场馆接待能力饱和度	科技馆接待能力饱和度	单位面积年参观人数（人次／平方米）
		科技博物馆接待能力饱和度	单位面积年参观人数（人次／平方米）

三　中国科普基础设施发展评估

（一）数据采集

中国科普基础设施发展指数计算所采用的原始数据全部来自科技部的年度科普统计相关数据。

（二）中国科普基础设施发展指数计算

中国科普基础设施发展指数计算主要包括权重分配、数据处理、指数计算及评估结果几部分。

1. 权重分配

给各指标赋予合适的权重是评判评估是否科学的一个重要基准。要评估我国科普基础设施的发展，就应充分理解规模、运行与效果三部分如何综合反映我国科普基础设施的发展。课题组的理解是，存量规模是基础，首先要保证科普基础设施的物质存在；年度运行是考察其履行职责的好与坏，即科普基础设施基本建设完成后，继续加强功能建设的力度；功能建设与基本建设属于科普基础设施建设的一体两面，都同样重要。效果指标则是考察社会和公众对科普基础设施的接纳程度，即其受欢迎程度。同时，受数据来源限制，除了规模指数涵盖了全部的科普基础设施外，运行指数和效果指数均有局限，未涉及全部的科普基础设施。

二级指标的权重分配中，规模指数的设施存量考察了全部的科普基础设施，而人力资源只考虑了科技类博物馆一类。运行指数中，经费对科技类博物馆运行的重要性不言而喻，科普活动对体现其科普功能的作用也不可或缺。

三级指标的权重分配较为复杂。由于科技类博物馆在我国科普基础设施中处于"领头羊"与"旗舰"地位，其规模和数量对我国科普基础设施的规模影响最大。基层科普设施由于地处基层，数量多分布广，在科普基础设施中也占有重要地位。科普传媒一直是我国科普的一类主要形式，也是公众了解科技信息的重要渠道，网络科普是适用信息社会发展的科普新形式，对公众科普教育起着越来越重要的渠道作用。流动科普设施是固定科普场馆的有益补充。

科普展览是科技类博物馆提供科普服务的主要形式，科普讲座和科技竞赛则是有效的补充。观众参观科普场馆方面，科技类博物馆作为"领头羊"，其科普服务质量好于其他科普基础设施，也较受观众欢迎。

因此，综合课题组和咨询专家的意见，运用德尔菲法，对各指标赋予了权重。中国科普基础设施发展指数指标权重的分配如表3、表4所示。

表3　中国科普基础设施发展指数指标权重

一级指标	二级指标	三级指标
规模指数 （50%）	设施存量规模 （70%）	科技类博物馆（50%）
		基层科普设施（10%）
		流动科普设施（10%）
		科普传媒（30%）
	人力资源规模 （30%）	科技馆从业人数（50%）
		科技博物馆从业人数（50%）
运行指数 （30%）	筹集科普经费 （50%）	经费总额（100%）
	开展科普活动 （50%）	科普（技）展览次数（40%）
		科普（技）讲座次数（30%）
		科普（技）竞赛次数（30%）
效果指数 （20%）	场馆参观人数 （50%）	科技馆参观人数（50%）
		科技博物馆参观人数（50%）
	场馆接待能力饱和度 （50%）	科技馆接待能力饱和度（50%）
		科技博物馆接待能力饱和度（50%）

表4　中国科普基础设施发展指数评估内容的权重

一级指标	二级指标	三级指标	具体考察内容
规模指数	设施存量规模	科技类博物馆	科技馆总量、建筑面积、展厅面积（50%）
			科技博物馆总量、建筑面积、展厅面积（50%）
		基层科普设施	科普活动站的数量（50%）
			科普画廊的数量（50%）
		流动科普设施	科普宣传车的数量（100%）
		科普传媒	传统科普传媒的数量（50%）
			科普网站的数量（50%）
	人力资源规模	科技馆从业人数	专职（50%）
			兼职（20%）
			科普创作人员（30%）
		科技博物馆从业人数	专职（50%）
			兼职（20%）
			科普创作人员（30%）

一级指标	二级指标	三级指标	具体考察内容
运行指数	筹集科普经费	经费总额	科技馆年度经费（50%）
			科技博物馆年度经费（50%）
	开展科普活动	科普（技）展览次数	科技馆年度科普展览总次数（50%）
			科技博物馆年度科普展览总次数（50%）
		科普（技）讲座次数	科技馆年度科普讲座总次数（50%）
			科技博物馆年度科普讲座总次数（50%）
		科普（技）竞赛次数	科技馆年度科技竞赛总次数（50%）
			科技博物馆年度科技竞赛总次数（50%）
效果指数	场馆参观人数	科技馆参观人数	科技馆年度参观总人数（50%）
		科技博物馆参观人数	科技博物馆年度参观总人数（50%）
	场馆接待能力饱和度	科技馆接待能力饱和度	单位面积年参观人数（50%）
		科技博物馆接待能力饱和度	单位面积年参观人数（50%）

2. 数据处理

数据处理即利用目标值（或基准值）对各指标值进行标准化处理，把性质、量纲各异的指标数值转换成可以进行综合比较的相对数，即量化值。

中国科普基础设施发展指数主要用于评估《科学素质纲要》颁布以后，我国科普基础设施的发展变化。最初课题组拟选择《科学素质纲要》颁布之年（2006 年）为基准年，以 2005 年末或是 2006 年末的数据为基准数据。2008 年之前，《中国科普统计》每两年进行一次，调查年份分别为 2004 年、2006 年、2008 年。2009 年之前的调查数据统计分析项一直没有固定，处于探索阶段。

2007 年，《科学技术馆建设标准》出台；2008 年，《科普基础设施发展规划》颁布。同时，自 2010 年开始，《中国科普统计》调查数据的统计分析项开始固定，可以满足评估指标体系的需求。因此，课题组决定以 2009 年末的数据为基准数据，评估《科普基础设施发展规划》颁布以后，我国科普基础设施建设与发展情况。

除了科技类博物馆存量规模指标的量化值计算之外，其他指标的量化值计算均采用公式（1）：

$$X_i = \frac{X - X_{Ai}}{X_{Ai}} \times 100 \tag{1}$$

其中，X_i 为某指标的量化值，X 是该指标的年度数据值，X_{Ai} 是该指标 2009 年度的数据值。

科技类博物馆存量规模指标的标准化稍微复杂，因为其不仅考察了总数量，还考察了建筑面积和展厅面积。因此，其量化值计算采用公式（2）：

$$X_1 = \frac{\dfrac{(X_A - X_{A1})}{X_{A1}} + \dfrac{(X_B - X_{B1})}{X_{B1}} + \dfrac{(X_C - X_{C1})}{X_{C1}}}{3} \tag{2}$$

其中，X_1 为科技类博物馆存量规模指标的量化值，X_A、X_B、X_C 分别是总数量、总建筑面积、总展厅面积的年度数据值，X_{A1}、X_{B1}、X_{C1} 分别是其 2006 年度的数据值。

科技馆接待能力指标及科技博物馆接待能力指标的量化值计算采用公式（3）：

$$X_{Ai} = \frac{X'}{60} \times 100 \tag{3}$$

其中，X_{Ai} 为科技馆或科技博物馆接待能力指标的量化值，X' 由全年观众总量除以展厅总面积得出。《科学技术馆建设标准》规定：科技馆常设展厅单位面积年观众量可按 30～60 人预计。此处取 0、60 为其上下阈值。

3. 指数计算

利用各指标的量化值和相应权重，通过综合计算可以得到我国科普基础设施的发展指数（Infrastructure Development Index of China PST，IDI），即公式（4）。

$$IDI = SI \times 50\% + OI \times 30\% + EI \times 20\% \tag{4}$$

其中，*IDI* 代表中国科普基础设施发展指数，*SI* 代表规模指数，*OI* 代表运行指数，*EI* 代表效果指数。*SI*、*OI*、*EI* 的计算以此类推。

表 5、表 6 分别显示了我国 2010 年、2011 年科普基础设施相对 2009 年的发展指数及其分项指数①。

---

① 数据来源：见科技部编《中国科普统计（2010 年版、2011 年版、2012 年版）》，科学技术文献出版社。

表5　2010年度中国科普基础设施发展指数值

发展指数 （IDI=8.83）	规模指数 （SI=6.15）	设施存量规模（6.17）	科技类博物馆量化值（11.33）
			基层科普设施量化值（11.52）
			流动科普设施量化值（22.31）
			科普传媒量化值（-9.61）
		人力资源规模（6.10）	科技馆从业人数量化值（8.92）
			科技博物馆从业人数量化值（3.27）
	运行指数 （OI=9.84）	筹集科普经费（18.66）	经费总额量化值（18.66）
		开展科普活动（1.02）	科普（技）展览次数量化值（13.32）
			科普（技）讲座次数量化值（-2.95）
			科普（技）竞赛次数量化值（-11.41）
	效果指数 （EI=14.00）	场馆参观人数（19.02）	科技馆参观人数量化值（18.64）
			科技博物馆参观人数量化值（19.43）
		场馆接待能力饱和度 （8.97）	科技馆接待能力饱和度量化值（12.77）
			科技博物馆接待能力饱和度量化值（5.17）

表6　2011年度中国科普基础设施发展指数

发展指数 （IDI=19.22）	规模指数 （SI=20.02）	设施存量规模（18.17）	科技类博物馆量化值（22.78）
			基层科普设施量化值（8.99）
			流动科普设施量化值（20.91）
			科普传媒量化值（12.63）
		人力资源规模（24.33）	科技馆从业人数量化值（36.42）
			科技博物馆从业人数量化值（12.23）
	运行指数 （OI=14.76）	筹集科普经费（20.73）	经费总额量化值（20.73）
		开展科普活动（8.79）	科普（技）展览次数量化值（15.21）
			科普（技）讲座次数量化值（-12.0）
			科普（技）竞赛次数量化值（21.02）
	效果指数 （EI=23.90）	场馆参观人数（34.12）	科技馆参观人数量化值（31.51）
			科技博物馆参观人数量化值（36.73）
		场馆接待能力饱和度 （13.68）	科技馆接待能力饱和度量化值（17.02）
			科技博物馆接待能力饱和度量化值（10.34）

（三）评估结果

从中国科普基础设施发展指数（IDI）的年度得分可以看出，2010年、2011年相比2009年，我国科普基础设施都取得了稳定的增长，不论是整体数

据，还是单项数据，除个别指标出现负增长外，大部分呈现正增长态势。

2010 年度的增长相对较为缓慢。二级指标中，只有效果指数大于 10，规模指数、运行指数均小于 10。三级指标中，也只有经费和参观人数指标的年度增长明显。这表明，我国对科普场馆的投入确实在加大，公众对科普场馆的兴趣也在明显提升。但是由于科普场馆总量的增加，公众参观人数的增加并没有明显增加科普场馆接待能力的饱和度。

2010 年有 3 个考察指标出现了负增长，分别是科普传媒、科普场馆开展的科普讲座和科技竞赛。科普传媒出现负增长主要是由于传统科普传媒表现欠佳，科普图书、科普报纸、广播的科普栏目、科普音像制品等都出现了不同程度的萎缩。如科普 VCD，2009 年度发行总量为 995.03 万张，2010 年度的发行总量降到了 693.68 万张，较 2009 年减少了 30%。另一方面，科普网站数量的增长并不明显，导致科普传媒整体的负增长。

2011 年度的增长态势较为明显。2011 年度的发展指数 IDI 的值为 19.22，较 2010 年度 IDI 值的 2 倍还多。二级、三级指标中，仅有效年度开展科普活动的指标值小于 10，其余指标值均大于 10。这表明，"十二五"时期开局之年，我国科普基础设施取得了不错的发展态势。经费投入进一步加大，从业人员的数量和质量都得到了较大提高，公众对科普场馆的兴趣进一步增大，科普场馆接待能力的饱和度明显增加。

但是，对比 2011 年和 2010 年的数据可以发现，基层科普设施和流动科普设施方面，2011 年没有出现正增长，反而有所下降，科普场馆的规模增长也较为明显，这可能表明，各地科普基础设施的管理部门，对科普场馆的建设与发展较为重视，而对基层的科普活动站、科普画廊、科普宣传车的重视程度不够，导致其出现萎缩。

四　中国科普基础设施发展趋势预测

我国科普基础设施经过数十年的发展，特别是近 10 年的快速发展，科普基础设施已经具备一定规模，也具备了一定的服务能力，对我国公众科学素质的提升起到了积极作用。在我国当前经济社会大转型的形势下，科普基础设施的发展也到了转型期，传统的科普基础设施发展方式面临着变革，以适应新时期我国公众的科普需求，促进我国经济社会的发展。

（一）从重数量建设转变到数量质量并重

为了促使我国科普基础设施的快速发展，我国政府与相关管理部门曾一度过于追求科普基础设施的规模和数量，这在《科学素质纲要》和《科普基础设施发展规划》中都有所体现。但是在我国科普基础设施经过大规模的快速发展之后，还在一味地追求规模和数量，将不利于我国科普基础设施的健康发展。而且我国科普基础设施的规模发展模式的后遗症已经开始暴露，如一些科技类博物馆开馆时轰轰烈烈，两三年后门庭冷落，以后就处于"守摊子"的尴尬地位；一些科普场馆为了维持生存，侧重于经营性创收，背离了向公众提供公共科学文化服务的宗旨；大量快速建设的基层科普设施无能力向公众提供所需的科普服务；等等[①]。科普基础设施自身服务能力弱几乎成了当前我国科普基础设施的普遍写照。

因此，尽管科普基础设施不足仍将是我国今后一段时期内要面对的问题，但是，我们现在也必须清醒地认识到，加强科普基础设施自身能力建设已经刻不容缓。今后我国科普基础设施的发展政策，必须做到规模和能力"两手抓两手都要硬"。一方面，我国在今后一段时期仍将要继续加强科普基础设施的数量规模建设，以满足公众所需；另一方面，我国政府及相关管理部门更要注重科普基础设施质量与功能建设，给公众提供优质的科普服务与体验。

我国现有的大量科普基础设施缺乏科普内容提供，不能对公众开展有效的科普活动，特别是一些小型的科技类博物馆及基层科普设施、流动科普设施等。2011年度基层科普活动站、科普画廊、科普宣传车的萎缩，一定程度上说明了没有好的科普内容和较高的科普服务能力，现有的科普阵地也有可能会丧失。

如何做好科普基础设施的质量与功能建设？我们认为可以从以下几方面着手：一是提供持续的科普基础设施发展所需的资金，足够的资金保障是前提；

---

① 任福君主编《中国科普基础设施发展报告（2010）》，社会科学文献出版社，2011。

二是积极购买或自行开放公众感兴趣的、符合公众科学文化需求的科普内容；三是改变以往的工作作风。科普基础设施是为公众提供科普服务的，是要主动捕捉公众的需求，变被动为主动，积极为公众提供其所需的科普服务，提升我国科普基础设施的整体科普服务能力。

对于科普场馆，还有两个事项需要引起注意。一是改变传统的展览设计理念，由传统的"以展品为中心"向"以观众为中心"转变；由"有展无教"、"以展代教"、"重展轻教"向"展教并重"的转变；由展品堆砌式展览向主题型展览转变；遵循科学的展览设计理念和程序。二是提升对展品设计的认识。展品不单是展现科学知识的重要道具，同时也体现了展品设计人员的设计思想。展品设计中，要做到科学与艺术完美结合，技术与人文有机结合。一件好的展品，不但能够给公众传达其所想表达的科学知识，同时也是一件艺术品；不但是技术的结合体，同时也是科技与人文、科技与社会的完美结合体。

（二）从重知识传播转变到重视科学思想与科学精神传播

此前，我国依托科普基础设施开展的科普教育主要是注重科学知识和相关技能的传播与普及，较少涉及科学方法的传播与普及，而对科学精神和科学思想的传播则很少涉及。这在我国以前的发展历时阶段是适用的。但是，在科学技术高度发达的当下，在我国确立建设创新型国家的当前时期，科普基础设施的科普教育还偏重于科学知识与技能的普及已经不能满足经济社会发展形势的需要。社会需要的是科学方法、科学精神与科学思想的传播与普及。

随着新技术的发展，全球已经开始步入信息社会，公众也都在迎面走向信息时代。信息社会的显著特点就是信息爆炸，知识更新的速度越来越快。据统计，一个人所掌握的知识半衰期在18世纪为80～90年，19～20世纪为30年，21世纪60年代为15年，进入80年代，缩短为5年左右。还有报告说，全球印刷信息的生产量每5年翻一番，《纽约时报》一周的信息量即相当于17世纪学者毕生所能接触到的信息量的总和。近30年来，人类生产的信息已超过过去5000年信息生产的总和①。信息量成几何级数增长，大量的垃圾信息也

---

① 百度百科，http://baike.baidu.com/view/888194.htm。

随之产生。因此，还是以此前知识普及的方式来实施科普教育显然不能适应信息社会的需求，公众甚至不能分辨其所接受普及的科学知识的真伪，很有可能受到"伪科学"的影响乃至危害到自身利益。

因此，为适应世界发展形势所趋，同时也为实现国家利益和目标，今后我国科普基础设施开展科学普及将要转变观念，改变以前注重知识技能普及，转变到注重科学方法、科学思想与科学精神的传播与普及。唯有广大公众都具备了科学精神，具有科学思想，掌握了科学方法，他们才能够在林林总总的信息中作出分辨，找到自己所需的信息，提升自身科学素质和能力。个体科学素质与能力的提升，将带动整个国家科学素质水平与创新创造能力的提升，实现建设创新型国家的目标。科技基础设施将不仅仅展示展品所承载的自然和科技信息本身，更关注科学方法和科学思想的传播，关注通过展品揭示的科技发展与经济社会的相互关系，揭示现代工业发展带来的环境生态问题，揭示自然环境与生物多样性，揭示人与自然生态之间的相互关系。

但是，如何实现这种转变？我们认为这要通过科普基础设施的展览展品与教育活动的设计来实现。首先通过改变展品形式，提高公众对科学的兴趣。科学不只是像知识那样表现得毫无喜感、呆板生硬，其实科学可以表现得很有趣、很形象化、很生动。其次，通过公众参与体验科学过程，促使公众接受并自觉运用科学方法，利用科学方法处理自己的日常与科学有关的事物。最后，通过开放式的科学参与体验，启迪公众学会科学思考，培养公众接受科学思想，训练其科学精神。公众通过有趣的科学和日常科学方法的应用，逐渐形成了科学思想，具备了科学精神，成为一个学科学、用科学的人。

（三）从重视传统渠道开展科普转变到传统与新兴技术并重

在全球都在步入信息社会的今天，我国也在积极追赶，努力实现信息化，而避免成为世界的"落伍者"。但是，由于历史原因，当前我国社会实际上处于农业社会、工业社会、信息社会三者混存的局面。那么，如何在这样的社会中依托科普基础设施开展卓有成效的科学普及呢？

我们认为，科普应该适应社会的发展，同时也应满足社会各方的需求。评估发现，在我国，传统的科普传媒，不论是科普图书、期刊、报纸，还是科普

广播电视栏目、音像制品，均不同程度地出现了萎缩和下降的趋势。这表明，在信息技术的冲击下，我国传统科普传媒正在遭受影响。我们应积极采取措施，应对这种影响。

今后一段时期内，我国依托科普基础设施开展科学普及既要重视传统渠道，即传统的科普基础设施，如科技类博物馆、基层科普设施、流动科普设施、科普教育基地等；同时更要倚重新兴技术开展科学普及，如网络技术、信息技术，以及利用网络技术、信息技术创建的网络科普设施，如科普网站、数字科技馆、虚拟科技馆、虚拟科技博物馆等。

对于怎样利用传统的科普基础设施开展科普工作，政府和相关管理机构已经积攒了不少经验，也取得了非常不错的成绩。但是如何利用新兴技术开展科普工作，这对我们政府和相关管理部门而言，却是一个新任务和新问题。我们认为，可以从以下几个方面进行。一是政府和相关管理部门应出台相关政策积极扶持，促进新兴技术快速进入科普基础设施及科普领域，并日益成为科普基础设施乃至科普工作的主力军。二是积极利用新兴技术开发科普展览展品实物和虚拟展览展品，改变传统展览展品的形式，激发公众对新兴技术的兴趣。三是积极利用新兴技术打造普及平台，利用信息共享性强的特点，加强利用新兴技术的科学普及，提高其利用率。切记要利用信息访问无时间限制、无地域限制、无门槛要求等特性，做好信息服务平台和虚拟展览展品的设计与开发，使之能够真正满足公众访问的便利性等要求，使公众越来越喜欢而不是厌恶这样的科普形式。

五　对当前科普基础设施发展热点问题的一些建议

2012年，我国科普基础设施的建设仍在如火如荼地进行。在此过程中，出现了一些建设热点，如一些地方政府出台相关文件大力推进本地区科技类博物馆的建设，特别是科技馆的建设；为响应中央关于构建公共文化服务体系，落实公共文化服务设施向社会免费开放，相关部门正在积极筹划科技馆免费开放事宜；为落实《科学素质纲要》，加快了科普教育基地的发展步伐，中国科协评审通过了397家全国科普教育基地，使我国全国科普教育基地总量超过了

1000 家。在此，本报告将从学术研究角度，对我国科普基础设施发展当前存在的热点问题提出意见建议。

（一）对促进科普基础设施更好发展的建议

当前我国科普基础设施的建设与发展，采取的是各自发展、各行其道的方式，没有一个整体的统筹考虑。也就是说，我国科普基础设施建设与发展缺乏一个有力的抓手，一直缺少一个能够整体拉动公共科普服务体系发展、大幅度拓展公共科普服务覆盖面的"抓手"。这导致我国依靠科普基础设施提供的科普服务无法满足公众的科学文化需要，不能更好地较快促进国家科普能力的提高。

科技类博物馆是我国科普基础设施的旗舰和"领头羊"，其发展对我国科普基础设施的整体发展具有重要影响。以强化科技类博物馆的质量建设为干，带动其他科普基础设施的建设与发展为支，实现科普基础设施的整体更好发展。这将可以整体拉动我国公共科普服务体系的建设，实现跨越式发展。通过统筹考虑全国各类科技类博物馆的建设和发展，促进各类科普基础设施之间的共享和协调互补，建设符合我国国情、覆盖全社会、能够满足不同地区和不同人群科学文化需要，向公众提供科学教育、传播和普及服务的公共文化服务体系，提高面向社会的科普服务能力。

首先，要抓好科技类博物馆自身的质量建设。通过质量建设，提升自身科普服务能力和水平。其次，在科技类博物馆自身能力得到加强之后，科技类博物馆可以向其他科普基础设施如基层科普设施、流动科普设施输出科普内容和管理经验，帮助其他科普基础设施进行内容建设和能力提升，使其他科普基础设施切实承担起面向公众的科普职责。最后，依托科技类博物馆丰富的、优良的科普资源和服务经验，利用信息技术和网络，积极开展网络科普，满足社会公众习惯利用网络获取服务信息的需求，同时可有效缓解实体科普基础设施不足的困境。

（二）对当前科技馆建设的建议

随着国家对建设创新型国家和全民科学素质的重视，特别是中共中央、国

务院在《关于深化科技体制改革加快国家创新体系建设的意见》（中发〔2012〕6 号）中明确提出，到 2015 年，全国公民具备科学素质的比例超过 5%。这必将掀起新一轮的科技馆建设高潮。在此背景下，已有一些省份出台了文件，要求其所有的市县级城市都建设科技馆。对此，我们持不赞成态度，我们对科技馆的建设建议如下。

第一，不是所有的城市都可以建设科技馆。科技馆数量不足是我国当前科技馆建设的一个现状，因此，仍要大力发展和建设科技馆。但是，不是所有的城市都可以建设科技馆。《科学素质纲要》中提出的目标是"各直辖市和省会城市、自治区首府至少拥有 1 座大中型科技馆，城区常住人口 100 万人以上的大城市至少拥有 1 座科技类博物馆"。而在《全民科学素质行动计划纲要实施方案（2011～2015 年）》（以下简称《纲要实施方案》）中则表述为"重点在市（地）和有条件的县（市）发展主题、专题及其他具有特色的科技馆"、"鼓励和推动有条件的研究机构、大学、企业和具有重要资源的城市，因地制宜建设和发展一批专业或产业科技博物馆"。综合起来看，国家的指导思想不是让所有的城市都建设科技馆，也不是鼓励所有的城市都建设科技馆，而是各方面条件成熟后因势发展，特别是财政实力，而不能靠行政命令式地强制发展。

从我国科技馆的建设实践来看，我国现有各类大大小小的科技馆 300 余家，但是真正能够发挥科技馆职能且能够发挥好的不足百家，以中国科技馆为龙头，外加一些省级科技馆和一些经济发展较好地市的科技馆，除此之外，其他的科技馆大都门庭冷落，无人上门，一些科技馆已经是死撑守摊子，靠出租场地来支撑，一些甚至名存实亡。这些科技馆大多是 20 世纪八九十年代科技馆建设高潮期一哄而上建的，有些甚至是 21 世纪前 10 年建的。如今运行较好的科技馆，大都是 2005 年以后建成或改扩建的。

地方建设科技馆，不能再效仿上一轮科技馆建设高潮的做法，重视场馆基建的一次性投入，忽视后期可持续运营的长期投入。科技馆是一个需要大量后期投入的科普基础设施，不是把场馆建设好就算完成任务。科技馆之所以称为科技馆，不是在于其名称叫做科技馆，而是在于其切实发挥了科技馆的功能。科技馆每年的运行费用相当于场馆基建费用的 10%～15%，这是一笔很大的开支，特别是对财政状况不太好的地方政府来说。上一轮一些地市科技馆建设的前车之鉴仍在！

同时，科技馆的建设也不是越大越好。各地有条件建设科技馆的，要认真规划仔细研究，根据本地区的经济发展状况、人口规模等建设一个适合本地区经济社会发展所需的科技馆，而不是一个面子工程（几年以后成为一个摆设）。科技馆规模越大，其每年的运行维护费用越高，大型科技馆每年的维护费用都在 1000 万元以上，还不算其开展科普活动、更新展品等费用。地方政府在规划建设大型科技馆时要慎重，一定要根据本地区的经济实力和人口规模，按照适度超前的原则，统筹考虑。一般来说，城区常住人口低于 100 万人且不是热点旅游目的地的城市，我们认为都不太适合建科技馆，至少不适合建大型科技馆。中小型科技馆应是我国科技馆未来建设的主流，这也是世界范围内科技类博物馆的发展趋势。

第二，因地制宜建设适合的有特色的地方专题科技博物馆。这也是《纲要实施方案》中所鼓励的做法。我国现在的科技馆大多存在千馆一面的情况，这不利于我国科技馆的良性发展。我国当前最应该建的是各具特色的中小型专题型科技馆。充分利用地方的资源优势和人文，打造具有本地特色的主题鲜明的专题型科技馆。这样既满足了公众的科学文化需求，也有了自身特色，而不再是全国的科技馆都千馆一面，在北京、省城、地市看的都是一个模式、差不多的展品。

各地根据自身条件和资源优势建设具有本地特色的专题类科技博物馆，既实现了全国科技类博物馆差异性发展，也将变成当地的一个城市名片和旅游景点。科技类博物馆的建设与发展也就与当地的科普旅游、服务等产业的发展结合起来，促进地方经济的发展。尽管科技类博物馆本身可能不能带来较大的经济利益（特别是以后科技馆要求免费开放），但是，具有当地特色的科技类博物馆可以带动本地旅游和服务产业的发展，从而带动地方经济发展。随着公众对文化消费的增长，科技类博物馆的消费拉动作用愈加明显。科技类博物馆通过差异性发展，不断提升自身能力和形象，真正地融入地方的整体发展中，同时也助力地方的经济发展。

第三，加大科普巡回展览和网络虚拟科技馆建设的力度。对于那些既

没有资源优势又没有人口规模的城市，不论是综合性科技馆还是专题型科技馆都不适合建设。那么那里的公众的科学文化需求如何得到满足？他们的需求就可以漠视吗？当然不！他们的需求同样要满足，要让他们有与其他地区公众均等性的科学体验。那怎么满足呢？一是那些运作较好的省市科技馆要承担起社会责任，常年在这些没有科技馆的地方开展丰富的临时展览，当然，这也需要政府（包括中央和地方）的财政支持。我们认为，与其把一大笔钱投成死钱（建设科技馆），还不如将这笔钱细水长流。要让这些地方提供一个1000平方米内的室内或室外场地的压力就少得多了。如"中国流动科技馆"就是这样的一个全国范围内的巡回展览模式，地方只需要提供场地和少量的展览资金。还有一些省市科技馆举办的本地区范围内的巡回展览、科普大篷车等形式。二是大力发展网络虚拟科技馆（这是在网络基础设施建设加强的前提下），这些地方的公众可以通过网络、虚拟现实技术、临场感技术、多媒体技术，远程体验科学的奇妙和魅力。这需要我国的网络虚拟科技馆勇于承担起自身的责任来，也需要我国的网络服务提供商承担起社会责任。

随着我国第二个科技馆建设黄金时代的到来，我们应避开20多年前的发展模式，走质量化的建设之路。同时，那些基础条件好的地方及其科技馆，应该负起社会责任来，积极帮助那些没有科技馆和不宜建科技馆的地方，让其公众也能够体验科技馆带来的科学乐趣，不论是实体馆还是虚拟馆。另外，政府也要切实承担起责任，宏观统筹，合理布局，避免全国再一次一窝蜂地建设科技馆，把有限的财政资金投入在需要的地方，产生实实在在的效益，让老百姓得到实实在在的科普服务、体验与享受！

（三）对科技馆免费开放的建议

在博物馆、纪念馆、美术馆、公共图书馆、文化馆免费开放的压力下，社会要求科技馆免费开放的呼声越来越高，国家决策层也将科技馆免费开放提上了议事日程。如何切实做好科技馆免费开放工作，使中央的政策落到实处，公众得到实惠，对此，我们提出如下建议。

第一，择优试点，稳步推进。我国各科技馆的发展水平并不均衡，并且差别较大。达标科技馆①都是这些科技馆中的主力军，承担了大部分的观众参观量。那些不达标的科技馆，无论是资金投入、经费支出，还是人员及对公众的吸引力，都远远落后于达标科技馆，大部分的非达标科技馆甚至不能形成运营能力和科普服务能力。如果将这些不达标的科技馆强行免费开放，而这些科技馆不论是经费投入还是人员投入，抑或场馆投入，都还没有做好准备，这样只能是造成资源浪费。国家花了钱，而老百姓并没有得到实惠。因此，我国科技馆免费开放可以先在达标科技馆中试行或实行。同时，加速不达标科技馆的升级改造，也可以利用免费开放作为杠杆，督促不达标科技馆的升级改造，使之尽快达标，从而纳入国家科技馆的免费开放体系。

同时，在试点的过程中，注意重点选择不同区域、不同类型的科技馆作为试点单位（如东中西、大中小等），通过重点试点科技馆一年的免费开放实践，总结公共财政的补贴经验（如补贴资金应大致分为几档，不同地域、不同类型的科技馆一年补贴多少资金适合科技馆免费开放的可持续运行和发展），这样可以简化科技馆免费开放补贴资金的计算（最完美的解决方案是每个免费开放的科技馆独立预算，但这样的计算方式比较烦琐，而且也不具有拓展性，最终也难以保证科学性），有利于科技馆免费开放的可持续进行。

第二，可以允许运作部分收费项目。科技馆免费开放不代表科技馆的所有设施和项目都免费开放。科技馆可以允许有部分收费项目，这也是国际通行做法。如国外科技馆普遍对短期专题展览实行付费参观政策。而调查显示，我国科技馆几乎所有的临时展览都是免费的。究其原因，一是国外的专题展览都是由科技馆自己研制或是付费引进的，换言之，是花了代价的；二是这些专题展览都是制作精良、高品质的展览，观众即便是付费参观也心甘情愿。而我国科技馆目前的临时展览，要么政府已经付费，要么临展单位已经埋单，还有一个重要原因是如果这些临时展览要求付费参观，大部分观众不会选择参观，观众数量大大降低而不得不向公众免费开放。我国应参照国外科技馆短期专题展览的制作与营销，研制一批高水平、高质量的优质临时展览，让观众心甘情愿地

---

① 本报告所指的达标科技馆是指建筑面积大于 5000 平方米，展厅面积大于 3000 平方米的科技馆。

掏腰包参观。

科技馆里损耗大的展品或展项、重要的互动展品展项可以适当收费，如影院系统。一些科普活动也可视情况适当收取费用。另外，科技馆可以自营纪念品、趣味小展品、餐饮等。

第三，加强评估，利用免费开放契机促进我国科技馆事业的大发展。随着科技馆免费开放政策的推出，应及时构建科技馆免费开放评估体系，评估每个免费开放科技馆的免费开放效果、相关的社会效益等。①资格评估。全国科技馆免费开放不实行"一刀切"，而是实行"资格制"。由相关管理部门和研究机构共同设计一套科技馆免费开放的资格认证指标体系，对拟实行免费开放的科技馆进行资格考核（刚开始实行时也可以简化为科技馆达标评估），通过的科技馆将获得免费开放资格，同时也获得免费开放的专项财政资金。另外，可以将科技馆免费开放的资格分为不同的类别（Ⅰ级、Ⅱ级、Ⅲ级），每个类别的资助金额不同。②效果评估。给免费开放资格设定一个期限，课题组建议该期限为 1 年。科技馆通过获得的专项财政资金，经过 1 年的免费开放实践，管理部门应该对其免费开放的效果进行评估，并依据评估的结果，决定该科技馆是否继续获得科技馆免费开放资格及获得什么类别的财政资金资助。③过程监测。在科技馆实施免费开放的过程中，管理部门可以根据相关规则选取或随机抽取一些科技馆，进行不定期的考评，考查科技馆执行免费开放的力度，如资助资金是否做到专款专用，相关要求是否落实，等等。通过过程监测，推动科技馆认真做好免费开放，切实将免费开放的专项资金落实在科技馆的免费开放中。

通过一个系统的评估体系，及时发现科技馆免费开放中存在的问题，总结好的经验，完善管理，促进科技馆免费开放及科技馆事业的发展。为保证评估的公平和公正，评估可以委托独立的第三方进行。支撑评估的相关费用应统筹安排在科技馆免费开放专项财政资助资金中。

（四）对促进科普教育基地更好发展的建议

科普教育基地作为科普社会化的有益尝试，显示了其积极的一面。同时，科普教育基地的科普工作开展面临的诸多难题也摆在面前。2012 年，我国又一次大力发展科普教育基地，如何使这些科普教育基地切实发挥好科普职能，我们认为可以从以下几个方面入手。

第一，提高科普教育基地对科普工作的重新认识。科普教育基地，除科技、文化、教育场所类科普教育基地外，其他类型的科普教育基地大多是归企业所有，其专职业务也不是科普。因此，应提高科普教育基地对其科普工作的重新认识。要使其认识到，科普是社会和公众了解其企业和公司的一个窗口，是其企业和公司无形的广告平台。公众通过接受科普教育基地高质量的科普服务（其科普服务往往与其运营主业有一定的相关性），必然会对该企业和公司产生要进一步了解的兴趣。通过进一步的了解，公众就无形中做了该企业和公司的品牌宣传员。由此可见，科普同样可以促进企业和公司主业的发展，使企业和公司获得经营和公益双丰收。

第二，将优惠政策落到实处。国家已经针对全国科普教育基地出台了税收优惠政策。但是，这项政策的落实情况并不好。有些地方落实了，有些地方没有落实。相关管理部门应积极推动政府出台一些实施细则，强化这些优惠政策的落实，包括一些地方性的优惠政策。在当前的社会形势下，利益诉求是企业和公司的工作出发点。政府一方面可以要求企业家提高对科普工作的认识；另一方面，也要让企业家感受到，荣获科普教育基地称号，开展科普工作，并不是一件注定赔钱赚吆喝的买卖，其中还是有一些可以挽回经济损失的途径。双管齐下，有心做公益的企业家在做科普时，将不再感到是一个累赘，而是觉得心里温暖。

第三，实行品牌化集约化的经营策略。科普教育基地原本就有自己的行业属性和特色，利用其开展科普教育就是要用其所长，利用这些基地自身的长处和优势来开展科普教育。目前，我国公众对科普教育基地的知晓度还比较低，一些科普教育基地对如何开展科普工作也不是十分在行，科普教育基地的科普服务能力和对公众的吸引力都相对较弱。因此，我国科普教育基地的建设应走品牌化建设的道路。品牌化就是要让每个科普教育基地充分发挥自身优势，打造有自身特色的科普服务，并且将这种特色的科普服务品牌化，形成一个在当地具有一定知名度的科普品牌，公众通过品牌来认识和了解该科普教育基地。这样，科普教育基地既通过其自身特色为公众提供了科普服务，也通过其打造

的科普品牌宣传了自己，一举两得，公众和企业实现了双赢。

同时，我国科普教育基地的建设还可走集约化的建设道路。每个科普教育基地都努力量身定做打造自身的品牌，但对于单个的科普教育基地来说，可能仍显得势单力薄。于是一些地区的科普教育基地自发联合起来，打造本区域内的科普教育基地联盟。通过科普教育基地联盟，对各类科普教育基地的资源进行有效整合与应用，搭建合作与交流平台，实现共享共建、互惠互利、共创共赢。通过品牌化和集约化的经营策略，我国科普教育基地的科普服务能力和社会影响力将大为提升，可以更好地助力我国经济社会的发展。

专 题 篇

Research Report

B.2
科普基础设施概念、
分类及功能定位

楼 伟*

摘 要:

近年来,随着全民科学素质工作受到社会各界的广泛关注,发展科普基础设施成为各地科学技术普及工作的重要内容。一直以来,无论是学术界、政府部门,还是从事科普事业的组织、单位,都在广泛使用"科普基础设施"的表述。然而,对此始终没有一个明确的、公认的概念界定。本文试图基于对科普基础设施概念发展沿革的分析,从传播学的角度并结合我国科普工作实践,尝试对科普基础设施的概念内涵与外延、分类、基本属性等问题进行初步讨论,并从构建公共科普服务体系的角度对我国科

* 楼伟,现任中国科学技术协会青少年科技中心副主任,原中国科学技术协会科普部基础处处长。在中国科学技术协会科普部工作期间,一直分管科普基础设施及其相关工作,主持参与了《科普基础设施发展规划(2008 - 2010 - 2015)》、《科学技术馆建设标准》等与科普基础设施相关文件的起草工作,主持参与了"我国科技类博物馆现状及发展对策研究""我国科普基础设施发展状况调查"等课题研究,是我国资深的科普基础设施专家型管理人员。

普基础设施的发展策略提出一些政策建议。

关键词：

科普基础设施　分类属性　功能定位

科普工作是"两个文明"建设的重要内容，是实现经济建设转移到依靠科技进步和提高劳动者素质轨道的重要途径，是实现决策科学化的有力保障，是培养一代新人的重要措施。[①]

一　科普概念的定义及传播学理解

（一）科普的概念

一直以来，关于科普的概念始终没有一个共识性的定义，对于科普的内涵、结构的理解和认识也不尽一致。[②]《中华人民共和国科学技术普及法》（以下简称《科普法》）对此表述为"本法适用于国家和社会普及科学技术知识、倡导科学方法、传播科学思想、弘扬科学精神的活动。开展科学技术普及，应当采取公众易于理解、接受、参与的方式"。这里明确了法律的适用范围，从国家层面规定了科普工作的内涵、外延及主要方式。此外，还有专家和学者从科学学、教育学、传播学、系统论、借用国外理念等角度，对科普概念给出了不同的定义。

从科学学的角度看，一些专家认为科普是整个科学活动的重要组成部分，是推动科学活动向社会延伸以及科学理论和成果向社会生产力和文化力转化的过程。从认识论的角度看，科学研究的过程是从具体到抽象、从感性认识到理性认识的过程；与此相对应，科学普及的过程应该是从抽象到具体、从理性到感性的认识过程。这两个过程都属于科学活动的过程。科学研究从实践中产

---

① 《中共中央国务院关于加强科学技术普及工作的若干意见》，1994 年 12 月。

② 杨文志、吴国彬：《现代科普导论》，科学普及出版社，2004。

生，随实践而发展，其根本目的也是为了实践，其真理性也只有在实践中才能得到检验和证明。徐善衍在《关于当代科普的人文思考》① 中提出，"科技的发现与创新是科普的源头，科普又是科技发展最终价值和意义的体现。因此认为，科普的全部任务和目标必须追求全面实现科学的价值，这就是科学的工具理性价值和精神理性价值……而科学技术的工具价值与精神价值的交汇之处就是人文价值的追求"。科学普及则是将抽象的科学具体化和形象化，进而应用到实践的过程。从某种意义上来说，科学普及的过程也是关于科学研究成果在实践中的检验和验证。

从教育学的角度看，一些专家认为科普就是把人类已经掌握的科学技术知识和技能以及先进的科学思想和科学方法，通过多种方法和途径，广泛地传播到社会的有关方面，为广大人民群众所了解，用以提高学识、增长才干的过程。它是现代社会中某些相当复杂的社会现象和认识过程的概括，是人们改造世界和造福社会的一种有意识、有目的的行动。这种定义实际上把科普定义为公众科学教育，主要强调科学技术的传承，把公众视为学生，定义在教与学、知识上游与下游、成熟知识传承的关系之上，是以传授者为主导的科普。

从传播学的角度看，有专家认为科普活动是一种促进科技传播的行为，它的受传者是广大公众，它的目的是提高公众的科技素养。这种定义基于传播学原理，是建立在现代科学技术发展基础之上，依靠大众传媒进行科普的理念，突出以受众为中心，传播者与受众的平等互动。

从系统论的角度看，有专家认为科普是在一定的文化背景下，国家和社会把人类在认识自然和社会实践中产生的科学知识、科学方法、科学思想和科学精神，采取公众易于理解、接受、参与的方式向社会公众传播，为公众所理解和掌握，并内化和参与公众知识的构建、不断提高公众科学文化素质的系统过程。这种定义把科普认定为复杂的社会系统，强调了科普与国家的经济、社会、政治、科技、文化、法律等有着密切的关系。

从借用国外学说的角度看，主要借用了国外公众理解科学、科学技术与社会（STS）、公众科技传播（PCST）等多种理念，认为科普就是科学家与普通

① 徐善衍：《关于当代科普的人文思考》，《科普研究》2010 年第 3 期。

公众之间的相互交流过程。一方面科学家要以平等的姿态与普通公众一起探讨解决科学技术与社会发展之间出现的各种问题，使公众理解科学；另一方面科学家也要理解公众，科学已不仅仅是科学家的科学，而是全社会的科学、全社会的事业，公众具有参与政府对科技发展及政策的决策权。

（二）科普的传播学理解及科普的途径

抛开国内外关于"科普"、"公众理解科学"、"科技传播"等概念和定义上的争论，以及科普与哲学、科普与社会学、科普与心理学、科普与教育学、科普与控制论、信息论、系统论等方面的深层次探讨，如果仅从传播学的角度考虑，普及科学技术知识、倡导科学方法、传播科学思想、弘扬科学精神的过程，实际上可以认为是科学技术在物质和精神层面的传递、理解、领会并运用的过程。

有一种观点认为，科学传播包括三个层面，即科学共同体内部的传播、科学与文化间的传播、科学与公众间的传播，而我们通常所说的科普就是科学与公众之间的传播。

从传播学的角度来理解科普，首先就要分析推动科普的原动力。科学技术的不断发展和公众对科学技术的强大需求，是推动科普事业发展的最原始动力。科学家群体的存在，产生了与普通公众之间的知识落差；公众对知识的多元化需求，构成了科普工作的内容和形式。所以，科普也可以看做一种信息的传播系统，它把科学共同体所拥有的科学知识、科学方法以及内涵的科学思想、科学精神，通过各种传播渠道和途径，传送到公众中去，并内化为公众的科学素质。科普的基本目标是提高公众的科学素质。按照《科学素质纲要》的解读，公民具备基本科学素质一般指了解必要的科学技术知识，掌握基本的科学方法，树立科学思想，崇尚科学精神，并具有一定的应用它们处理实际问题、参与公共事务的能力。

由此，从传播学的角度看，可以将科普定义为：科普是把人类已经掌握的科技知识和生产技能，以及从科学实践中升华出来的科学思想、科学方法和科学精神，通过各种方式和途径传播到社会的各个方面，使之为广大公众所了解、掌握，以增强人们认识自然和改造自然的能力，并帮助人们树立正确的世界观、人生观和价值观的科技传播活动。

按照这个脉络分析，科普的过程实际上是由科普内容转化—科普内容传播—科普内容接受三个大的系统构成，其内部运行规律如下。

（1）科普内容转化系统。人类所发明的科学技术知识和生产技能，以及从科学实践中升华提炼出来的科学思想、科学方法和科学精神，不是很轻易就能被广大公众直接理解和接受的，需要有一个转化的过程。科普内容的转化系统主要包括转化者、转化过程、转化结果（科普作品）。在这个过程中，起主导作用的是科普创作者。科普创作者既可以是科学家，也可以是专业科普作家、科普活动组织者和管理人员、传媒编辑和记者、科普场馆管理和辅导人员以及科普志愿者等。科普创作者既要有相当深厚的从事科学研究的背景，自身有解读科学技术知识、技能以及思想、方法、精神的能力；同时也要有高超的创作和设计的技能，能够运用社会学、心理学、教育学、传播学等理念，将"深奥"的科学技术转化为易于理解、接受和掌握的内容与形式。科普内容的转化过程，就是将这些可以"看得见"的知识、技能以及蕴含其中的"不能直接看见"的思想、方法、精神等，通过通俗化、直观化、形象化的"包装"，使公众可以感觉到、认识到进而理解了、掌握了、运用了，也就是我们通常所说的"科普化"的过程，科协系统也经常称之为"科普资源开发"。科普化不是对原始内容的简单复制、简化，而是一个再创作的过程。科普化之后，就需要有合适的载体来承载相关科普内容，也就是科普作品。按照科普工作开展的形式，科普作品的载体（科协系统经常使用"科普资源"的概念）主要包括：科普报告、科普戏剧（小品）；科普图书、报纸、期刊、影视作品等传统媒介，网页、动漫作品、手机短信、手机报等新媒介；主题展览（包括展示和体验）和教育活动项目；张贴画、挂图、板报等类型。科普作品既包括有形的物质，也包括相关的数字化信息资源。

（2）科普内容传播系统。传播系统主要包括传播者、传播途径、传播载体（介质）。根据科普工作的实践经验，目前科普传播的途径主要有活动传播、传媒传播和设施传播三种类型。也就是说，科普的内容主要通过科普活动、大众传媒（包括新媒体）、科普基础设施等载体向公众传递和传输。

——活动传播，主要指通过组织面向各类人群的科普报告、科普剧（小品）演出、科技咨询等活动，以人际传播为主的传播方式。传播者本人既是科普内容的传播载体，通常为配合活动开展，也会准备一些宣传单、折页、图书等辅助资料。传播者是活动传播中起主导作用的因素，主要包括科学家、工程师、科普作家、科普宣传教育工作者、科普志愿者等在内的科普工作者。通常采用的形式是口授、演讲、表演等，由传播者向听众、观众、询问者单向提供某一方面的科学技术知识或技能的服务，并通过所讲述的内容，让受众体会其中蕴含的科学方法、科学思想和科学精神。有的活动中也会设计听众提问、观众参与等互动环节。活动传播的主要特点是辐射面较小、受时间的限制、受众对于内容的选择余地不大、组织成本高、活动效果受传播者素质影响大等。随着经济社会的不断发展，以人际传播为主要特征的活动传播越来越不适应社会发展和日益增长的公众科普需求，但是在特定的环境和条件下，比如农村地区、偏远闭塞地区，以及针对某些特定人群，人际传播仍然能够发挥相当大的作用。

——传媒传播，主要指通过大众传媒承载、发布科普内容的传播方式。公众通过主动阅读科普图书报刊、观看（收听）科普影音节目、浏览科普网页等，获得自己所需的科技知识和信息。科普内容的传播途径，一般分为传统媒体和新媒体。传统媒体主要包括图书、报刊、音像出版物、广播、电视等，新媒体主要包括互联网、手机报、手机短信、手机电视等。传播的载体（物质的、显像化的传播介质）主要是书报刊、电子出版物、收音机、电视机、计算机（包括平板电脑）、手机等。传媒传播的特点是影响面广、不受时间和空间的限制、成本相对较低，受众可以根据自己的需要自主选择内容及获取的方式，以满足他们对科技信息的多元化和个性化需求。因而，大众媒体已成为公众获得科技知识信息的重要渠道之一，对公众的影响越大。

——设施传播，主要指具备科普教育功能的科普场馆、机构、系统、组织等科普基础设施开展科普教育的传播方式。科普基础设施通常采用的教育方式是展览、展示、互动体验、组织科学教育活动等，公众通过浏览文字和图片辅助说明、动手操作展示装置、观摩科普讲座和演出、参与科学体验活动等，从中感受科学氛围，激发科学兴趣，引发科学思考，进而了解和学习科学原理和技术应用。科普设施的传播方式更多的是鼓励观众动手体验，提倡动脑思考，提倡"主动发现、探索学习"的教育思想和教育理念。设施传播的特点是直观性强，容易形成强烈的感官印象；缺点是建设成本高，信息量受到设施建设规模的限制，受地域分布限制难于满足更广泛人群的参观需求。然而，纵观世界科技传播的发展过程，以科技博物馆为代表的科普设施的科技传播正在成为社会非正规教育的主要阵地。国外的科技博物馆和科学中心在实际运行过程中体现着非正规教育基地的功能。主要表现在四个方面：一是更好地发挥科技博物馆固有的展教功能；二是面向公众开设讲座、培训、科学实验、图书阅览等；三是科技博物馆的人员走出大门，拓宽和延伸科技博物馆的职能和活动空间；四是科技博物馆与学校共同制订学生的科学教育计划，并由科技博物馆担负培训任务。科技博物馆正在逐步成为面向公众开放的、没有围墙的大学校，成为公众文化生活的重要组成部分。

（3）科普内容接受系统。主要包括受众结构、受众需求、受众能力、受众收益等。科普的成效最终必须反映在科普受众身上。科普受众结构主要指年龄、性别、民族、文化程度、职业、城乡及地域等。不同的科普受众对传播内容的需求和传播者的要求是不同的。在我国国务院颁布的《科学素质纲要》及《纲要实施方案》中，就划分了未成年人、农民、领导干部和公务员、城镇劳动者、社区居民5大重点人群，并提出了与各类人群相适应的目标和工作任务。科普受众需求主要指科普受众对于提高自身科学素质所急需得到的科普内容和最适合的科普传播形式和手段。科普受众能力是指受众对科普传播内容的理解、接受和消化能力，以及对科普传播形式和手段的适应程度。科普受众收益是指科普最终对受众产生的影响效果评价。

从上述分析可以看出，科普的转化系统是科普的原始动力，科普的传播系统是科普的桥梁和关键环节，科普的接受系统是科普工作的立足点和科普效果的评价因子。三个系统之间互相有机联系、互相影响和制约。

科普既然是一种大众传播，就必然要遵循大众传播的相关规律，也必然要体现出复杂性、多向性、不确定性等特点。科普是一个复杂的社会传播过程，参与的要素很多，包括科普源的转化、科普传播载体的效率、科普受众的知识背景和心理背景等。各个要素都处于相互影响的关系网络之中。科普的传播过程是多向的，传播者和接受者之间的关系也不是一成不变的，经常会互为影响、互为传授与接受的关系。

（三）当前我国公众对科普途径的选择

据 2010 年中国公民科学素质调查的结果，我国公民获取科技信息知识渠道呈现新的变化趋势，主要体现在以下三个方面。

（1）在获取科技信息知识方面，传统媒体尤其是电视和报纸依然是公众获取科技信息知识的主要渠道，公民利用互联网等现代媒体获取科技信息的比例明显提高。2010 年，我国公民利用最多的获取科技信息的渠道为电视（87.5%），其次是报纸（59.1%）。与 2005 年的调查结果相比，利用互联网获取科技信息的比例明显提高，为 26.6%，比 2005 年的 6.4% 提高了 20.2 个百分点。

（2）公民利用科普设施提高自身科学素质的机会增多。2010 年，公民参观次数最多的科普场馆是动物园、水族馆、植物园（占 57.9%），同时，参观过科技馆（占 27.0%）、自然博物馆（占 21.9%）的比例也较过去有较大提高。如参观过科技馆的比例为 27.0%，比 2005 年的 9.3% 提高了 17.7 个百分点。2010 年因"本地没有"而未参观过的比例为 37.6%，比 2005 年的 55.7% 降低了 18.1 个百分点，间接说明了我国科普基础设施有了较大的发展。

（3）公民了解并积极参加各种科普活动。2010 年参加过科技周、科技节、科普日的公民比例为 23.8%，比 2005 年的 11.1% 提高了近 13 个百分点。公民参加过的各类经常性科普活动的比例依次为：科技培训（占 35.6%）、科技咨询（占 31.4%）、科普讲座（占 29.4%）、科技展览（占 25.1%）和科普宣传车活动（占 13.7%）。

通过调查分析，不同群体对于获得科技知识和信息的渠道和方式有所不同。青少年对科学教育或科普活动的热情较高，课堂教学、科技展览和电视是青少年了解科技知识或信息最常用的方式，青少年最喜欢的科普资源（或活动）形式是科学（网络）游戏、实验室科学体验等形式。农民群众比较容易接受人际传播的方式，专家现场指导深受农民欢迎，农村专业户、技术能手等成功经验对他们具有很强的示范辐射作用，他们获取科技知识和信息的主要途径是科普挂图、广播、电视、讲座、专家指导等形式。领导干部和公务员获取科技知识的形式以图书、讲座为主，也比较乐于通过报纸、电视和互联网获取科技知识与信息。城市居民更愿意参加社区组织的科普活动、讲座，并通过科普图书、影视以及城市中的各类科普设施获取科技知识。

（四）科普基础设施对于公众科技传播的意义

在2008年11月由国家发展改革委、科技部、财政部、中国科协联合印发的《科普基础设施发展规划》中有一段表述，可以充分阐明科普基础设施对于公众科技传播、科普工作以及提高全民科学素质的重要意义。

规划指出，科普公共基础设施是科学技术普及工作的重要载体，是为公众提供科普服务的重要平台，具有鲜明的公益性特征。公众通过利用各类科普基础设施，了解科学技术知识，学习科学方法，树立科学观念，崇尚科学精神，提高自身的科学素质，提升应用科学技术处理实际问题以及参与公共事务的能力。大力发展科普基础设施，满足公众提高科学素质的需求，实现科学技术教育、传播与普及等公共服务的公平普惠，对于全面贯彻落实科学发展观，建设创新型国家，实现全面建成小康社会的奋斗目标都具有十分重要的意义。

二 科普基础设施概念的历史发展

一直以来，无论是学术界、政府部门，还是各类从事科普事业的组织、单位，都在大量使用"科普基础设施"这个词语。然而，到目前为止始终没有形成一个明确的、为各界所认可的科普基础设施的概念界定。这种概念模糊的状况，也导致了科普工作者以及学术研究者对于科普工作思路上的一些困惑。特别是科普政策的制定者，往往需要花费相当大的功夫用在讨论科普基础设施的概念界定上。

科普基础设施的概念和内涵是随着国家经济社会和科学文化事业以及科普事业的发展而不断深化、发展和创新的。通过分析改革开放三十多年来的科普事业发展轨迹，特别是这期间与科普基础设施有关的政策文献，我们可以将科普基础设施及其概念和内涵的发展过程大体上划分为两个时期：1978～2006年，这是科普基础设施的发展起步时期，科普基础设施的概念逐步明晰，内涵不断发展；2006年至今，这是科普基础设施的明确规范时期，科普基础设施的概念基本明确，内涵逐步规范。

（一）发展起步时期

这一时期应该从 1978 年召开全国科技大会算起，中国科协恢复正常工作，科普工作也得到了全面恢复和快速发展。

新中国成立后至改革开放前这一段时间，尽管科普工作没有完全停滞，但多以群众性活动为主，并没有真正形成单独的工作体系，科普基础设施的建设也没有纳入国家及各地科普工作的计划。

党的十一届三中全会以后，伴随着改革开放的不断深入，科普工作越来越得到党和国家的高度重视和社会各界的广泛关注。特别是 20 世纪 90 年代中后期社会上封建迷信抬头、伪科学反科学现象泛滥、邪教组织的出现等，对于提高公众科学素质以及大力开展科普工作都提出了极大的需求，也给科普工作大发展带来了很好的契机。这期间，群众性科普活动丰富多彩，面向广大农民的农村科普工作开展的蓬蓬勃勃，逐步形成了农村科普培训、科普示范、科普宣传、科普服务等特色鲜明、卓有成效的工作体系。

与此同时，科普的阵地建设也取得了积极的进展。1979 年，中国科技馆筹建委员会成立；1982 年，内蒙古科技馆和广西科技馆建成开放，由此揭开了我国科技馆事业的序幕。此后，一大批各种规模的科技馆如雨后春笋拔地而起。同时，农村科普活动站（室）、社区科普活动中心、青少年科技活动室、科普画廊以及农村科普示范基地、青少年科技教育基地等科普设施也得到了很大的发展。

这一时期，针对科普基础设施的称呼较混乱，在各种政策性文件中并没有出现明确统一的表述方式。经常使用的表述有科普阵地、科普场馆、科普设施等。

这一时期标志性的政策文件是 1994 年 12 月《中共中央、国务院关于加强科学技术普及工作的若干意见》（中发〔1994〕11 号，以下简称《若干意见》）。与科普基础设施有关的表述在文件中首次正式出现。《若干意见》指出，"各级政府都要对科普设施建设予以优先重视，并根据经济、社会发展的需要和可能，将其纳入有关规划和计划。各地应把科普设施特别是场馆建设纳入各地的市政、文化建设规划，作为建设现代文明城市的主要标志之一。当前，主要是把现有场馆设施改造和利用好，充分发挥其效益"。可以看出，在这里，科普设施主要指的是科普场馆，明确将科普场馆作为科普设施的一种主要类型。

2002 年颁布了《科普法》，科普从此步入了法制化的轨道，纳入了国家总体规划。第九届全国人大通过的《国民经济和社会发展第十个五年计划》，明确地把科普工作纳入了计划，并强调"加强科技馆、文化馆、博物馆、图书馆和青少年活动场所等文化设施建设"。与此同时，中央财政逐步加大了对科普的投入，财政部专门设立了科技馆建设、科普活动、青少年科技教育等财政支出科目。

2002 年 6 月，经第九届全国人大常务委员会第 28 次会议通过并颁布了《科普法》，其中第二十四条进一步明确，"省、自治区、直辖市人民政府和其他有条件的地方人民政府，应当将科普场馆、设施建设纳入城乡建设规划和基本建设计划；对现有科普场馆、设施应当加强利用、维修和改造"。这里的表述方式与前述《若干意见》有所不同，按照《科普法》的表述方式理解，科普场馆和科普设施是并列的概念，而目前大家所能接受的理解是，科普设施是一个总体的概念，其中应该包括科普场馆。或许是当时的文件起草者认为，科普基础设施的概念还不是一个大家都能普遍接受、马上理解的概念，而科普场馆的概念比较直接，两者并列叙述有助于大家直观地理解。同时，第二十四条中又进一步阐述了"尚无条件建立科普场馆的地方，可以利用现有的科技、教育、文化等设施开展科普活动，并设立科普画廊、橱窗等"等，这样的表述，可以理解为拓展、丰富了科普设施的内涵，认为科普设施所包含的类型既有科普场馆，也应该包括具备科普教育功能的其他科技、教育、文化等设施以及科普画廊、橱窗等设施。

2003 年 4 月，中国科协、发展改革委、科技部、财政部、建设部五部委联合制定印发了《关于加强科技馆等科普设施建设的若干意见》（科协发普字〔2003〕30 号），这是我国第一个专门指导科技馆等科普设施建设的政策指导性文件。从中可以看出，关于科普基础设施的内涵得到进一步丰富和拓宽，虽然重点依然是科技馆，但是已经逐步涵盖了自然博物馆、天文馆、青少年科技

活动中心（站）、社区科普工作室（站）、科普画廊（橱窗）、科普宣传车等类型。此外，还将科普基地的概念纳入科普基础设施的范畴，特别提出了"全国青少年科技教育基地"、"全国科普教育基地"以及各级各类科普教育基地，要充分发挥其科普教育示范作用；国家机关、社会团体、企事业单位、农村基层组织的内部设施，有条件的，要开放或为公众开展科普活动提供方便；公园、商场、机场、车站、码头等各类公共场所，应根据自身特点增加相应的科普内容或设立科普画廊（橱窗）等专门的科普设施。这些表述，已经将1994年的《若干意见》和2002年的《科普法》中对科普基础设施的界定和内涵大大丰富。

（二）明确规范时期

2006年，是我国科普事业发展的重要转折点。国家相继发布了《国家中长期科学和技术发展规划纲要（2006～2020年）》和《科学素质纲要》这两个对于科普工作具有里程碑意义的纲领性文件。

2006年2月9日，国务院发布了《国家中长期科学和技术发展规划纲要（2006～2020年）》，其中指出："加强国家科普能力建设。合理布局并切实加强科普场馆建设，提高科普场馆运营质量。"该表述与2002年的《科普法》的表述基本类似，但是仅仅明确了科普场馆的概念而没有进一步明确科普设施的概念。

此后，科技部系统一直沿袭了这个习惯表述。如《中国科普统计》的五项指标中，"科普场地"是其中的一项一级指标。按其分类，科普场地划分为科普场馆、公共场所科普宣传设施和科普（技）教育基地三大类。科普场馆包括科技馆（以科技馆、科学中心、科学宫等命名的以展示教育为主，传播、普及科学的科普场馆）、科学技术博物馆（包括科技类博物馆、天文馆、水族馆、标本馆以及设有自然科学部的综合博物馆等）和青少年科技馆（站）三类；公共场所科普宣传设施包括科普画廊、城市社区科普（技）专用活动室、农村科普（技）活动场地和科普宣传专用车四类；科普（技）教育基地包括国家级科普（技）教育基地和省级科普（技）教育基地。

在《国家中长期科学和技术发展规划战略研究报告》（以下简称《报

告》）之"创新文化与科学普及研究"中，也对加强科普基础设施建设提出了相关建议。《报告》认为，发达国家的经验表明，科普场馆在引导、激发公众特别是青少年对科学技术的爱好、培养科技人才和促进公众理解科学方面具有重要而独特的作用。科技博物馆、青少年科技活动站等科普场馆的建设在发达国家和地区受到了普遍的重视，而在我国却是一个突出的薄弱环节。因此，有必要大力加强科普场馆的建设，使其达到一定规模和较高水平，并对现有场馆积极进行以强化科普教育功能为主的改造。公园、商场、机场、车站、码头等各类公共场所，应设立必要的设施，加强对流动人群的科普宣传。同时，《报告》也指出，今后应逐步建成布局合理、水平先进的三级科普基础设施体系。即各省、自治区和直辖市，都应至少拥有一座科技馆、一座综合性自然科学博物馆或天文馆、一座专业性科技博物馆；各中小城市，都应建有综合性科技文化活动中心和青少年科技活动站；在城镇社区、农村乡镇，应逐步建立以科技图书借阅、科普挂图展示、科普录像放映、科普讲座等为主要活动内容的科普活动站和科普画廊。以科普大篷车等"流动科技馆"的形式，为边远地区提供科普服务。各科研单位和大学的国家实验室，应积极创造条件对社会开放。充分发挥自然保护区、森林公园等设施在科普教育方面的作用。根据各地的经济和自然条件，兴建一批以野外科学考察、生态与环保科学实验等科普活动为主要内容的野外科学营地。完善信息化远程教育基础设施和新型互联网平台基础设施建设，为提高边远地区学校的教学质量和城乡社区的实用技术、就业技能培训提供服务。整合科学界、教育界、传媒界等的信息资源，建立科普信息资源库，向社会开放，为各类科普单位、媒体和社会提供服务，实现科普资源共享。

2006年2月6日，国务院还发布了《科学素质纲要》。这是新中国成立以来第一个关于公民科学素质建设以及科普工作的、国家最高层面的中长期规划纲要。《科学素质纲要》中第一次提出了明确的"科普基础设施"的表述。首先，在目标中，将"科学教育与培训、科普资源开发与共享、大众传媒科技传播能力、科普基础设施等公民科学素质建设的基础得到加强，公民提高自身科学素质的机会与途径明显增多"作为一项很重要的目标。其次，将"科普基础设施工程"作为四大基础工程之一，明确了拓展和完善现有基础设施的

科普教育功能，新建一批科技馆、自然博物馆等科技类博物馆，发展基层科普设施三项重点任务。

2007年1月，科技部、中宣部、国家发展和改革委、教育部、国防科工委、财政部、中国科协、中国科学院8部委联合印发了《关于加强国家科普能力建设的若干意见》（国科发政字〔2007〕32号，以下简称《意见》）。《意见》指出，国家科普能力表现为一个国家向公众提供科普产品和服务的综合实力，主要包括科普创作、科技传播渠道、科学教育体系、科普工作社会组织网络、科普人才队伍以及政府科普工作宏观管理等方面。《意见》中提出，科技传播渠道包括公众科技传播体系和科普基础设施建设，并提出了加大大众媒体（综合类报纸、期刊和电视、广播、互联网等）的科技传播力度、推进科普场馆（综合性场馆和专业性场馆）建设、加强基层科普场所建设（基层公共设施增加和完善科普功能，强化乡村科普活动站、科普宣传栏、科普大篷车等农村专业化科普设施建设，设立社区科普活动场所）三个方面的重点任务。《意见》还提出了"国家科普基地建设"的概念，即在现有科技类场馆、专业科普机构以及向社会开放的科研机构和大学中建设"国家科普基地"，在提高展示能力、创新能力和管理水平等方面发挥示范和带动作用。

2008年11月，根据《科学素质纲要》，为加强对科普基础设施建设的宏观指导，国家发展改革委、科技部、财政部、中国科协联合制定发布了《科普基础设施发展规划》。这是继2003年五部委联合印发《关于加强科技馆等科普设施建设的若干意见》之后，又一个推动我国科普基础设施发展的重要举措。较之2003年的《关于加强科技馆等科普设施建设的若干意见》，这个规划更加系统、全面、刚性，体现了国家及政府对于推动科普基础设施发展的意志和主张。《科普基础设施发展规划》尽管没有对科普基础设施给出一个科学、完整、清晰的定义，却明确界定了科普基础设施的功能及属性，提出"科普公共基础设施是科学技术普及工作的重要载体，是为公众提供科普服务的重要平台，具有鲜明的公益性特征"。同时，《科普基础设施发展规划》也首次明确界定了科普基础设施的四种主要类型。

2011年3月，《中华人民共和国国民经济和社会发展第十二个五年规划纲要》（以下简称《"十二五"规划》）颁布，其中关于"增强科技创新能力"

的部分，专门提出"深入实施全民科学素质行动计划，加强科普基础设施建设，强化面向公众的科学普及"，标志着全民科学素质工作以及科普基础设施建设工作已经纳入了国家"十二五"规划。

2011 年 6 月，国务院办公厅印发了《纲要实施方案》，提出要加强对科普基础设施发展的宏观指导，落实国家发展改革委等部门的《科普基础设施发展规划》。

2012 年 1 月，为落实国务院办公厅的《纲要实施方案》，由中国科协、国家发展改革委、科技部、财政部联合制定印发了《科普基础设施工程实施方案（2011~2015 年）》（科协办发普字〔2012〕2 号），明确各部门和各地方职责，合理配置公共资源、引导调控社会资源，完善体制机制、制定政策举措、健全法律法规，落实有关任务，将科普基础设施建设纳入国民经济和社会发展总体规划，在建设和运行支持方面提供保障。

综上所述，伴随着我国科普事业的发展，我国科普基础设施的概念和内涵也在逐步发展，表述方式由"科普阵地"逐渐规范到"科普场馆"—"科普设施"—"科普基础设施"；类型也由"科技馆、科普场馆"逐渐扩展至"科技馆、自然博物馆、天文馆、青少年科技活动中心（站）、社区科普工作室（站）、科普画廊（橱窗）、科普宣传车、科普基地"等。尽管不同的文件、文献及资料中关于科普基础设施的表述还不尽相同，但是目前，科普基础设施的表述方式在公文中已经基本得到了各方面的认可。

三　科普基础设施的概念界定

关于什么是"科普基础设施"的概念，到目前，无论是在政策性的文件，还是在学术性文献中，都没有一个一致公认的定义。在国外，也未见科普基础设施一词[①]。

从前文关于科普基础设施概念的历史发展来看，用"科普基础设施"或"科普设施"的表述来统称各类用于科普教育的场馆、设施，如科技馆、自然博物馆、天文馆、青少年科技活动中心（站）、社区科普工作室（站）、科普

[①]　任福君主编《中国科普基础设施发展报告（2010）》，社会科学文献出版社，2011。

画廊（橱窗）、科普宣传车、科普基地等，在我国最初出现是在 20 世纪 90 年代中期。此前常用"科普阵地"、"科普场馆"、"科普场所"等相近的表述方式。明确的"科普基础设施"表述出现在 2006 年 2 月 6 日国务院颁布的《科学素质纲要》以及其后与此相关的文件中。

然而，尽管一系列文件中相继出现了"科普基础设施"或"科普设施"的表述，并且最终规范在"科普基础设施"的表述上，却并没有一个文件对此概念进行详细的解释和定义。早期的文件和文献中，提到科普基础设施或科普设施，大多是采取列举法，将其可能包含的类型罗列出来，而没有从定义的角度给出明确的概念界定。近年来，一些研究性文献已经在尝试对"科普基础设施"的概念给出解释。如 2011 年出版的《中国科协"十二五"规划专题研究》之"全国科普基础设施建设研究"中，定义"科普基础设施"是指"对社会公众开放、具有科普功能的场馆和设施的统称，主要包括科技类博物馆、基层科普设施、流动科普设施、网络科普设施、科普教育基地等具备科普展示教育功能的场馆和设施"；在同年出版的《中国科普基础设施发展报告（2010）》中，对科普基础设施的定义是："广义上说，凡是为科普宣传、教育和活动提供载体服务的一切设施均可以称为科普基础设施，或者简称为科普设施"。

如何科学、客观、现实地明确科普基础设施的概念。首先，需要理解什么是"基础设施"，什么是"概念"。然后，要结合"科普概念"的定义以及科普工作的实际状况，对"科普基础设施"概念所反映的事物对象所特有的属性（内涵）进行抽象、概括并定义，对具有"科普基础设施"概念属性的事物或对象的范围进行划分。

（1）什么是"基础设施"。所谓设施，是指为进行某项工作或满足某种需要而建立起来的机构、系统、组织、建筑等。[①] 基础设施，又称"基础结构"，指为工业、农业等生产部门提供服务的各种基本设施，包括铁路、公路、运河、港口、桥梁、机场、仓库、动力、通信、供水，以及教育、科研、卫生等部门的建设。基础设施（基础结构）作为经济术语，20 世纪 40 年代开始出现

---

① 《现代汉语词典》（第 5 版），商务印书馆，2005。

于西方，后为世界各国广泛采用。基础设施越完善，经济活动便越有成效。基础设施一般由政府投资或者支持形成①。在百度百科中，基础设施是指为社会生产和居民生活提供公共服务的物质工程设施，是用于保证国家或地区社会经济活动正常进行的公共服务系统。它是社会赖以生存发展的一般物质条件。基础设施既包括公路、铁路、机场、通信、水电煤气等公共设施，即俗称的基础建设（Physical Infrastructure），也包括教育、科技、医疗卫生、体育、文化等社会事业，即"社会性基础设施"（Social Infrastructure）。

（2）什么是"概念"。人类在认识过程中，从感性认识上升到理性认识，把所感知的事物的共同本质特点抽象出来，加以概括，就成为概念。概念（Idea；Notion；Concept）是反映对象本质属性的思维形式。概念的作用有分类、比较、定量。科学认识的主要成果就是形成和发展概念，同时，这些概念的真理性又要返回实践中接受检验。概念越深刻就越正确、越完全地反映客观现实。概念包括概念的内涵和外延。内涵，就是指这个概念的含义，即该概念所反映的事物对象所特有的属性。外延，就是指这个概念所反映的事物对象的范围，即具有概念所反映的属性的事物或对象。概念的内涵越多，外延就越小；反之亦然。明确"科普基础设施"的概念，就是要明确"科普基础设施概念"的内涵和外延。定义是明确概念内涵的逻辑方法，划分是明确概念外延的逻辑方法。

（一）"科普基础设施概念"的内涵定义

从字面上理解，"科普基础设施"就是用于满足科普需要（包括工作需要和公民个人需要）的"基础设施"，因此，它就必须要同时具备"科普"的属性和"基础设施"的属性。这两者中，"基础设施"的属性应该是本质属性，因为无论做什么，它都是属于"设施"，是物质化的；而"科普"的属性是目的属性，是理念化的。在概念分类中，"基础设施"是大概念，"科普基础设施"是"基础设施"中的分类概念。因此，"基础设施"是主要属性，"科普"是次要属性。但是，两者也必须共同起作用才能构成统一的概念，科普的手段和

---

① 《辞海》（1999 年版缩印本），上海辞书出版社，2002。

方式很多，并不是所有的科普载体都属于基础设施；基础设施的种类也很多，只有具备了科普功能并用于开展了科普工作，才能称之为科普基础设施。

如果按照"设施——基础设施——科普基础设施"的逻辑推论："设施"是指为进行某项工作或满足某种需要而建立起来的机构、系统、组织、建筑等；"基础设施"就是指为社会生产和居民生活提供公共服务的基础性物质工程设施，是用于保证国家或地区社会经济活动正常进行的公共服务系统；"科普基础设施"就应该是指为满足公众科普需要提供公共服务的基础性物质工程设施。

上述定义并不全面，它仅仅考虑了科普基础设施的目的性，即"满足公众科普需要"，以及公共性（提供公共服务）和基础性（物质工程），而没有考虑作为"设施"所体现的的功能性。所谓功能性，是指对象满足需要的属性。具体到科普基础设施，就是指要满足进行科学技术教育、传播与普及需要的属性。科普基础设施满足科学技术教育、传播与普及需要功能的具体形式体现，是要具备能够举办科普展览及教育活动的条件。科普展览不同于一般市场活动的展览，它不具有经济意义，主要是用于教育的目的，通过展示有关科学技术的实物、图片，以供公众观览、欣赏并接受教育。因此，一个科学、完整的定义应该是既包括科普基础设施的公共性、目的性、基础性，也包括其功能性等基本属性。

基于上述分析，我们尝试给出关于科普基础设施概念的内涵定义：科普基础设施，就是指由政府主导提供，旨在保障全体公民参与科普活动、提高科学素质基本需求，具备一定的科学技术教育、传播与普及功能的基础性物质工程设施，是保证国家和社会普及科学技术知识、倡导科学方法、传播科学思想、弘扬科学精神的活动正常开展的公共服务体系，是科普事业赖以生存发展的一般物质条件。

（二）科普基础设施的外延划分

要讨论科普基础设施的外延划分，需要讨论几个认识比较模糊的问题。

（1）"科普设施"与"科普基础设施"的概念区别。在许多文件或文献中，这两个概念经常被混用，其实这两个概念的内涵与外延并不完全相同。从上面的分析可以看出，设施是一个大概念，基础设施是一个小概念，而科普基础设施是其下一个更小的概念。相对于基础设施概念，设施概念的内涵更少、外延更宽泛，既包括建筑等物质性工程，也包括机构、系统、组织等内容。而相对于设施概念，基础设施概念的内涵较多、外延有所缩小，附加了限定条件，即"基础设施是具有公共属性的基础性的设施。设施概念体现了事物本身的功能性，是为了进行某项工作或满足某种需要而建立起来的机构、系统、组织、建筑等；而基础设施不仅体现了事物的功能性，还强调了公共性和基础性。应该说，不是所有的设施都是基础设施，只有那些能够满足社会公共需求、带有全局性和基础性特征的设施才是基础设施。从建设的角度来说，设施可以由任何方面来建设，而基础设施只能由政府建设或支持建设，基础设施的建设强调了政府的主导性。同理，科普设施的外延包含的类型很多，应该包括涉及科普工作的机构、系统、组织、建筑（科普场馆、科普展览和教育设备、科普展览和教育内容）、科普传播媒体等；而科普基础设施是其中具有公共性、需要由政府主导建设的基础性物质工程设施，如科普场馆等。由此，可以认为，科普基础设施是指以政府为主投资或支持建设的，为提高公民科学素质、满足公众科普需要提供公共服务的，具备基本的科学技术教育、传播与普及功能的基础性物质工程设施。

（2）科普网站等传媒设施是否属于科普基础设施。在一些科普工作的政策文件或研究文献中，经常会将大众传媒、网站上的科普栏目等纳入科普基础设施。如在《国家中长期科学和技术发展规划战略研究报告》之"创新文化与科学普及研究"中，曾提出"完善信息化远程教育基础设施和新型互联网平台基础设施建设，建立科普信息资源库"的提法；在《中国科普基础设施发展报告（2010）》中也将"科普网站"、"科普传媒设施"列入科普基础设施的范畴；在国家发展改革委等四部委联合制定的《科普基础设施发展规划》中也将"数字科技馆"列为四种科普基础设施的主要类型之一。针对上述问题，本文认为，大众传媒科普栏目、科普网站、数字科技馆等科普信息资源平台，不应该属于科普基础设施的范畴。本文第一部分曾经从传播学的角度对当前科普传播的途径做过分析，认为主要有活动传播、传媒传播和设施传播三种类型。无论是大众传媒科普栏目、科普网站，还是集成和共享科普信息资源的

数字科技馆等，总体上都是属于传媒传播的范畴。传媒传播一般可以分为信息源（资源库）生成和汇集—通过载体发送—接收三个环节。比如全国农村党员干部现代远程教育的基础设施建设工作，就分为中心资源库建设（设在中央党校）—传送载体（卫星和互联网）—接收终端建设（活动室＋接收存储播放设备）；中国数字科技馆也可以分为数字化科普资源库—传送载体—接收下载复制。在这三个环节中，尽管会涉及放置设备的建筑物等基础设施以及承载传播内容的设备等，但这些设施、设备一般都是多用途的，既可以传播科普内容，也可以传播其他内容，并不是专门用于科普宣传的，或者说这些建筑物、设备本身并不具有科普的本源属性，国家也不会将其视为专用科普设施，因而不应纳入科普基础设施的范畴。

（3）科技会堂、科普报告厅是否属于科普基础设施。用于开展科普报告的科技会堂、报告厅等，尽管拥有建筑的外形，从形式上说属于基础设施，然而其开展科技传播的载体并不是建筑本身，而是报告人或者说是传播者。这类传播从根源上说属于人际传播，建筑物自身并不是影响传播的主要因素，因此也不应该纳入科普基础设施的范畴。

（4）科普教育基地究竟是否属于科普基础设施。尽管在许多政策性文件中都将科普基地、科普教育基地、青少年科技教育基地等列为科普基础设施的类型，如2003年中国科协等五部委发布的《关于加强科技馆等科普设施建设的若干意见》，2006年国务院发布的《科学素质纲要》、科技部发布的《中国科普统计》，2008年国家发展改革委等四部委发布的《科普基础设施发展规划》等，但实际上"基地"并不是一个物质形态的概念，而是一个工作层次的概念。它是指相较于一般的科普基础设施而言，其中一些工作较为规范、科普工作卓有成效、能够起到示范带动作用的各类科普基础设施的统称，有些类似于我们常说的"标杆"、"榜样"的意思。设立科普教育基地的目的是挖掘和综合利用社会科普教育资源，鼓励社会各方面参与、支持科普工作。科技部等八部委发布的《关于加强国家科普能力建设的若干意见》中，认为"国家科普基地建设"即是在现有科技类场馆、专业科普机构以及向社会开放的科研机构和大学中，在提高展示能力、创新能力和管理水平等方面发挥示范和带动作用。由此可以看出，科普教育基地或科普基地并不是一个单独的科普基础设施概念，而是指达到了某一工作水平的相关科普基础设施的统称。从科普教育基地的分类也可以看出，科普教育基地包括了我们所认识到的各类科普基础设施。同时，在科协系统开展的全国科普教育基地认定工作中，由于其主要目的是鼓励社会参与科普，因此，专门从事科普的科技馆并不是主要认定对象，社会上其他具备一定科普功能的基础设施在其中占据了相当大的比重。由此，我们认为，认定科普教育基地、科普基地，是推动科普基础设施发展的一个重要手段，但由于其不是一个单独的物质形态分类，所以在科普基础设施分类上要特殊考虑。

（5）科普基础设施外延的基本条件。由上述分析，我们可以对科普基础设施概念的外延有一个大致的轮廓，科普基础设施应该满足以下基本条件。

——首先，应该是有形的基础性物质工程设施，如场馆、场所、宣传栏、车辆等。

——其次，要具备基本的科学技术教育、传播与普及功能。即设施（主要是场馆、宣传栏、科普专用车辆等）具有举办科普展览及教育活动的条件和能力，或设施自身（主要是场所）就具有科学技术传播的价值，如自然保护区、地质公园、研究场所、企业生产流程等。

——第三，是由政府为主投资建设或支持其发挥科普功能的，即由政府主导提供的。

（三）科普基础设施概念的定义

综合上述关于科普基础设施概念内涵和外延的分析，可以对科普基础设施作出如下定义。

科普基础设施，就是指由政府主导提供，旨在保障全体公民参与科普活动、提高科学素质基本需求，具备一定的科学技术教育、传播与普及功能的基础性物质工程设施，主要包括科普场馆、科普场所、科普宣传专用车辆及其内含的科普内容载体设施等。科普基础设施是保证国家和社会普及科学技术知识、倡导科学方法、传播科学思想、弘扬科学精神的活动正常开展的公共服务体系，是科普事业赖以生存发展的一般物质条件。

当前我国科普基础设施的主要形式有：科技馆（科学中心）、自然博物馆、天文馆、科技博物馆、科技文化活动中心、青少年科技活动中心（站）、社区（村）科普活动室（站）等科普场馆；动植物园、海洋公园、地质公园、森林公园、自然保护区等具有科普展教功能的自然、历史、旅游等社会公共场所；面向公众开放的实验室、陈列室或科研中心、天文台、气象台、野外观测站等教育和科研机构中的相关场馆和场所；面向公众开放的生产设施（或流程）、科技园区等企业和农村生产机构中的相关场馆或场所；科普宣传车、科普大篷车等流动科普设施。

四 科普基础设施类型及功能

科普基础设施涉及的对象、范围广泛，类型众多，且没有统一的分类方法。本文将在分析目前常见分类的基础上，从不同维度对科普基础设施的分类进行探讨。

（一）目前常见的几种科普基础设施分类方式

目前比较常见的分类方法主要有两种，一种是依据 2008 年国家发展改革委、科技部、财政部、中国科协四部委联合印发的《科普基础设施发展规划》，另一种是依据科技部发布的《中国科普统计》。

《科普基础设施发展规划》是我国第一个关于科普基础设施发展的国家级专项规划，由政府相关主管部门和主要推动社会性科普工作的人民团体共同制定、印发，体现着国家的宏观战略和政府的主导意志。该《科普基础设施发展规划》从战略层面将科普基础设施划分为科技类博物馆、基层科普设施、数字科技馆以及其他具备科普展示教育功能的场馆四大类。同时，又从操作的层面，将科普基础设施划分为科技类博物馆（包括科技馆或科学中心、自然博物馆、天文馆、工业科技类博物馆、专业或产业科技类博物馆）、科普基地（包括国家级和省部级科普基地、行业科普基地）、基层科普设施（包括县级综合性科普活动场所、科普活动站、科普画廊）、科普大篷车四大类十一个小类。

《中国科普统计》是科技部从 2005 年正式开始实施的一项全国范围内科普工作的综合性统计。该统计原来每两年调查统计一次，从 2010 年起改为每年进行一次。《中国科普统计》中关于科普基础设施使用了"科普场地"的指标名称。将科普场地划分为科普场馆、公共场所科普宣传设施和科普（技）教育基地三大类。科普场馆包括科技馆（以科技馆、科学中心、科学宫等命名的以展示教育为主，传播、普及科学的科普场馆）、科学技术博物馆（包括科技类博物馆、天文馆、水族馆、标本馆以及设有自然科学部的综合博物馆等）和青少年科技馆（站）三类；公共场所科普宣传设施包括科普画廊、城市社区科普（技）专用活动室、农村科普（技）活动场地和科普宣传专用车四类；科普（技）教育基地包括国家级科普（技）教育基地和省级科普（技）教育基地。具体统计的二级指标有五个，分别为：科技馆、科学技术博物馆、青少年科技馆（站）、公共场所科普宣传设施（含科普画廊、城市社区科普专用活动室、农村科普活动场地和科普宣传专用车四个三级指标）、科普（技）教育基地。由此可以认为，该统计是将科普基础设施划分为了科普场馆、公共场所科普宣传设施和科普（技）教育基地三大类和八小类，即科技馆、科学技术博物馆、青少年科技馆（站）、科普画廊、城市社区科普（技）专用活动室、农村科普（技）活动场地、科普宣传专用车、科普（技）教育基地。

此外，《中国科普基础设施发展报告（2010）》结合上述两种分类，提出了划分为科技类博物馆、基层科普设施、流动科普设施、科普传媒设施以及其他具备科普展示教育功能的场馆和设施五种类型的划分方式。

以上分类方式更多的是从各部门推动工作的角度出发，且划分类型的维度不同，容易出现交叉、重复。比如，《科普基础设施发展规划》的分类中，"科技类博物馆"是从建筑形态划分，"科普基地"是从工作层级划分，"基层科普设施"是从行政层级划分，"科普大篷车"是从固定移动的角度划分；《中国科普统计》的分类中，"科普场馆"、"公共场所科普宣传设施"是建筑的物质形态，而科普（技）教育基地又是工作层级划分。特别是科普基地或科普教育基地，其中包含的类型又与其他类型发生交叉。

（二）当前我国科普基础设施的主要类型及其科普功能分析

在开始划分科普基础设施类型之前，我们有必要深入分析一下当前所知的各类科普基础设施是如何发挥科普功能的。

根据前述科普基础设施外延的分析，即科普基础设施应该满足"有形的基础性物质工程设施"＋"自身（包括场馆建筑物、场所、宣传栏、车辆以及内含的物质载体设施）具备基本的科学技术教育、传播与普及功能"＋"由政府为主投资建设或支持其发挥科普功能"这样三个基本条件。由此可以分析得出，科普基础设施的基本要素主要包括：一是展示设施（建筑物、场所、宣传栏、车辆等物质工程），二是展示内容（实物、文字、图片、多媒体等），三是教育活动（日常场所开放、专题活动等），四是运行管理机构及管理人员、辅导人员和工作制度等。尽管我国现有的科普基础设施类型多样，但基本上都具备上述四个要素，只不过对于各要素的侧重有所不同。比如，科技馆侧重于多种展示内容的融合，科技博物馆和专业科技馆侧重于实物展出，科普画廊侧重文字和图片的展出等。

下面，对当前我国科普基础设施主要类型的构成要素及功能分析如下，如表1所示。

（1）科技馆（科学中心）。主要指以科技馆、科学中心、科学宫等命名的传播、普及科学的专门科普场馆。其开展科普教育的方式主要是通过在场馆内布置经常性和短期的科普展览（参与、体验、互动性的展品及辅助性展示手段），举办科普教育讲座、演出和科学文化交流等活动。科技馆常年对全体社会公众开放，青少年是科技馆最主要的参观群体。科技馆一般位于大中城市中，属于城市公共文化服务基础设施。

（2）自然历史博物馆（含设有自然科学部的综合博物馆）。主要指收藏、制作和陈列天文、地质、动物、植物、古生物和人类等方面具有历史意义的标本，供科学研究和文化教育的机构。收集保存标本、开展科学研究和进行宣传教育是现代自然博物馆的三大基本任务。开展科普教育的主要方式是常设和短期展览，举办相关科普讲座等。常年对全体社会公众开放，一般位于大中城市中，属于城市公共文化服务基础设施。

（3）天文馆。指专门从事传播天文知识的科学普及机构。天象仪是其必需的设备，安置在半球形屋顶的天象厅中，可将各种天象投放在人造天幕上进行天象表演，并配合解说词说明各种天文现象。许多天文馆建有从事天文普及活动的小型天台。天文馆通过天象表演、天文讲座、放映天文科学教育电影、举办天文图片展览、出版天文普及书籍和刊物、组织天文观测活动、辅导制作小望远镜和天文教具等形式从事天文普及工作。常年对全体社会公众开放，青少年是最主要的参观群体。一般位于大中城市中，属于城市公共文化服务基础设施。

（4）专业、行业、产业科学技术博物馆。主要指收藏、制作和陈列有关学科领域、行业和产业发展等方面具有历史意义的标本，供科普宣传和文化教育的机构，如地质博物馆、农业博物馆、汽车博物馆、邮电博物馆、铁道博物馆、煤炭博物馆等。其主要任务是收集标本和展示宣传，主要的方式是常设和短期展览。一般都常年对全体社会公众开放。根据学科特点、行业和产业的发展，科学技术博物馆多分布在学科密集、行业和产业发达的地区，既有城市中心区，也有城郊、乡村等地。科学技术博物馆一般由政府投资建设；也有许多是由企业、事业单位以及个人投资兴建，其开展公益性科普宣传经常得到政府有关方面的支持。

（5）综合性文化教育科技活动中心。主要指建设在县级行政区域内的兼具科普教育功能的社会相关设施，如县级青少年学生校外活动中心、文化科技中心、科技展览中心、青少年素质教育基地、妇女儿童活动中心、青少年宫以及各类职业培训中心、再就业培训中心（基地）等。这类设施多以"中心"冠名，一般拥有完整的场馆及室外场地。根据其建设的目的性，其原始功能主要涉及文化、教育、农业、林业、国土资源、医疗卫生、计划生育、生态环境保护、安全生产、气象、地震、体育、文物、旅游、妇女儿童、民族、国防教育等行业部门的工作，但均具备一定的科普展示和教育功能，可以与科普工作共建共享。开展科普工作的主要方式有开展科技培训、举办临时性科普展览、组织相关科普活动等。一般都常年对社会开放，主要由政府出资建设，其开展公益性科普宣传经常得到政府有关方面的支持。

（6）青少年科技活动中心（站）。主要指专门面向青少年开展科学教育的

专用科普场馆，如青少年科技馆（站）、社区青少年科学工作室等。这类设施一般由政府投资兴建，主要功能是展览教育、培训教育、科技沙龙，集科学性、知识性、趣味性和参与性于一体，把当今前沿科学、新技术以及高科技成果应用到展品上来，力求以简单的形式来揭示复杂或深奥的科学原理，观众通过参与、实践、体验来主动接受科学思想和科学方法。青少年科学工作室规模较小，主要分布在社区或学校周边，受场地限制一般没有常设展览，主要的活动形式是机器人工作室、手工技能工作室、网上交流活动室、科幻绘画及 DV 制作室等。相对于科技馆，青少年科技活动中心的规模普遍较小，内容设置上与校内科学课程结合较紧密。

（7）科普活动室（站）。主要指以科技图书借阅、科普挂图展示、科普录像放映、科普培训等为主要活动内容的中、小型活动场所，包括城市社区的科普（技）活动室和农村乡镇、村的科普（技）活动场地。由于这类设施多分布在公众居住地社区，一般都是与社区相关的设施共用场地，如各部门在乡（镇）、街道和社区（村）等地设立的居委会、村级组织活动场所、文化站、广播站、农技站、农村党员干部现代远程教育终端接收站点、文化共享工程基层服务网络、农家书屋、农民科技书屋等。发挥科普功能的主要形式是为这些场所增加科普设备设施，如配备科普图书成立科普图书室、配备科普影视作品成立科普放映室、设立科普画廊（宣传栏）、组织科普讲座、开展科技咨询等。

（8）科普宣传栏（画廊、橱窗）。主要指那些建设在公共场所，以展示具有科普内容的文字、图片、音像、动画等信息为主要功能的宣传栏、画廊、板报、墙报、电子屏幕等设施。科普宣传栏的建造标准和规模形式多样，主要采用不锈钢、铝合金等为框架，钢化玻璃为面板，面板可以打开、更换宣传画面；也有一些地方如农村的村组使用黑板作为宣传栏（宣传墙），将制作好的科普挂图覆膜后张贴其上；近年来，伴随着网络时代的来临，有些地方发展了电子虚拟宣传栏（电子科普画廊），并通过网站建设，将各处的电子科普画廊联网，统一发布科普信息、共享科普资源，但其与传统意义上的宣传栏在目的和作用上也是一致的。严格地说，宣传栏并不是独立的基础设施，它只有与适当的场地结合起来才能成为基础设施。为便于群众阅读，科普宣传栏一般都建在小区、社区、村组的出入口，或在文化广场、活动中心、党政办公场所附近，或在公园、商场、机场、车站、码头、公路沿街等地。尽管当今社会已经进入了信息时代，公众获悉信息的渠道可谓五花八门，然而宣传栏的作用仍不可忽视。科普宣传栏已经成为广大群众及时了解科技、文化、卫生等各方面知识以及党的路线方针政策的窗口，成为开展科普工作的重要宣传阵地。

（9）科普大篷车。主要指以车载形式为中小学校、城乡社区，特别是贫困、边远地区提供科普展览和教育服务的流动科普设施。科普大篷车的建造标准和规模形式多样，目前科协系统已经研制定型并配发了四种型号的"流动科技馆——科普大篷车"；其他部门也研制了具有类似科普教育功能的科普宣传车、科普放映车、流动图书车、农业科技入户直通车等流动科普设施。这类车辆一般都要经过改装，除保留原有的行驶功能外，都会加装相应的设备和器材，用于举办小型科普展览、播放科普影音资料、提供科普资料阅读等。其主要特点是机动性好，可以有效弥补科普基础设施在空间布局上的不足。

（10）具备科普教育功能的社会公共场所。主要指那些自身具有一定的自然、地质、动物、植物、古生物和人类等方面的科学研究和传播价值，并且配备有必要的辅助说明设施或设备（如小型科普馆、展览馆、标识牌、导引说明等）的文化旅游场所，如自然保护区、森林公园、地质公园、海洋公园（馆）、水族馆、标本馆、动物园、植物园等。这类设施是对公众开放的场所，并且场所自身就是一个大标本，具有极好的科学考察、科普宣传和休闲功能。然而，公众并不是能直接理解其科学价值和科普内容，需要建设配套的辅助设施来帮助公众理解和学习。如在申报世界地质公园时，一个基本条件是必须要建有一定规模的地质博物馆；一些场所还专门设计了适合公众参与的以野外科学考察、生态与环保科学实验等科普活动为主要内容的野外科学营地等。

（11）对公众开放的科研教育设施。主要指政府支持的科研单位和大学中的内设实验室、标本馆、陈列室、天文台站以及各类中心等场所。这些设施一般是由政府出资建设，主要是用于科学研究或内部教学。当其对公众开放时，公众通过参观这些实验室、标本馆、陈列室等，可以直接感受到科学技术研究的前沿氛围，并由此激发对科学技术的兴趣，了解相关的科学知识、科学方法和科学思想，因此可以成为很好的科普教育场所。不过这些设施对公众开放都需要一定的前提条件，如不能影响到正常的科研和教学，需要配备专门的讲解人员和必要的

辅助说明设备，国家科研经费管理制度对于科普方向的限制等。因此，开放的时间和一定的科普投入成为影响其发挥科普功能的最主要的制约因素。

（12）对公众开放的机关和企事业单位内部设施。主要指政府机关、社会团体、企事业单位、农村基层组织等机构中具有科普教育功能的内部设施。如测绘机构、地震台站、气象台站、消防设施、航空航天，企业、农村等面向公众开放的生产设施（或流程）、科技园区、展览馆等。这类设施主要用于日常的行政管理、社会管理、生产经营等，其中蕴含了丰富的科普宣传要素，其中相关内容对于公众具有科普教育意义。但是对公众开放受到一定的限制，如开放时间、开放范围以及开放后的运行管理等。

表1　当前我国科普基础设施的主要类型

以下简单介绍功能科普任务开放程度及参观对象的位置分布性质。

科技馆（科学中心）科学技术展览教育常设和短期展览，举办科普教育讲座、演出和科学文化交流等活动永久性开放的全体公众大中城市专门科普机构。

自然（历史）博物馆收集保存标本、开展科学研究和进行宣传教育常设和短期的展览，展示天文、地质、动物、植物、古生物和人类等方面的知识，永久性开放的全体公众大中城市科学研究、文化教育、科普机构。

天文馆天文知识展示教育天象表演、天文讲座、放映天文电影、举办天文展览、组织天文观测活动、辅导制作天文教具永久性开放的全体公众（青少年为主）大中城市专门科普机构。

科学技术博物馆收集保存标本，进行科普宣传常设和短期展览永久性开放的全体公众各地文化教育、科普机构。

综合性文化科技活动中心文化、教育、艺术、体育、科普宣传短期展览，科普教育讲座、演出等活动经常性开放的县域范围内全体公众县域中心区兼具科普功能的文化教育机构。

青少年科技活动中心青少年科技教育科普展览、科技培训、科技阅读、动手实验和操作经常性开放的社区青少年社区、学校周边专门科普机构。

科普活动室科普宣传和科技咨询，其他功能科普图书借阅、科普影视播放、科普讲座、科技咨询经常性开放的社区居民和农民社区兼具科普功能的社区机构。

科普宣传栏科普宣传展示具有科普内容的文字、图片、音像、动画等信息永久性开放的社区居民、农民各种公共场所专门科普设施。

科普大篷车科普宣传教育小型科普展览，科技资料查阅间歇性活动，偏远地区公众没有限制的专门科普设施。

相关社会公共场所科学考察、科普宣传、旅游休闲科普展览，科学考察活动永久性开放的全体公众旅游区兼具科普功能的社会场所。

对公众开放的科研教育设施科学研究和教学，科普教育参观考察开放设施定期开放或预约参观全体公众科研机构、大学兼具科普功能的科研和教学机构。

对公众开放的机关和企事业单位内部设施行政管理、社会管理、生产经营、科普宣传参观考察开放设施定期开放或预约参观全体公众政府机关、社会团体、企事业单位、农村基层组织兼具科普功能的管理和生产机构。

（三）不同维度的科普基础设施分类

对当前我国科普设施进行分类可以有不同的维度。之前出现在各类文件或文献中的分类，大多没有遵从统一的维度，既有自然形态的维度，也有工作维度。这样做的原因，主要是基于工作历史的思维习惯以及推动工作的条块划分。按展示内容分，可分为综合性科普基础设施和专业性科普基础设施；按规模分，可分为国家、地区、地方科普基础设施。按时间和场地分，可分为场馆科普基础设施、场所科普基础设施、流动科普基础设施。

本文尝试从单纯的自然形态、区域布局、开放程度、专属性、推动工作等维度分别对我国科普基础设施进行分类，并考虑结合几种分类综合提出一种相对有利于推动工作的分类。

（1）物质形态分类。从科普基础设施的外在物质形态，大致可以划分为场馆类、场所类和移动类等三类科普基础设施。

①场馆类科普基础设施：主要指封闭空间的科普场馆，包括科技馆（科学中心），自然历史博物馆（含设有自然科学部的综合博物馆），天文馆，专业、行业、产业科学技术博物馆，综合性文化教育科技活动中心，青少年科技活动中心（站），科普活动室（站），对公众开放的科研教育设施，对公众开放的机关和企事业单位内部设施等。这类设施最主要的特征是空间封闭，一般都有完整的建筑物，当然，建筑物的规模大小不一。其主要模式是"场馆建筑＋科普载体设施（展览、展示和教育项目）"。

②场所类科普基础设施：主要指开放空间的科普场所，包括科普宣传栏（画廊、橱窗），具备科普教育功能的社会公共场所。这类设施一般都位于公共场所，或者是配置有专门的科普设施，如安装了科普宣传栏的公园、商场、机场、车站、码头等公共场所；或者是自身具有一定的科研和科普价值，如自然保护区、森林公园、地质公园、海洋公园（馆）、水族馆、标本馆、动物园、植物园、野外科学营地等。其主要模式是"自然景观（自然、地质、动物、植物、古生物和人类等方面）＋辅助展示说明设备"。

③移动类科普基础设施：主要指科普大篷车、科普宣传车、科普放映车等流动科普设施。

（2）区域布局分类。根据科普基础设施所处的区域、行政区划、覆盖范围以及主要服务对象，可以分为国家级、省级、中小城市和基层四类科普基础设施：

①国家级科普基础设施：位于国家行政中心、文化中心或经济中心，服务对象的影响面涉及全国范围，代表着国家的科普形象和地位。如中国科技馆、国家自然博物馆、国家天文馆以及各类冠以"中国"字头的科学技术博物馆等。

②省级科普基础设施：位于各省会城市，服务对象主要为本省公众，代表着各省的科普形象和地位。如各省科技馆，综合性自然科学博物馆，天文馆，各类省级专业性科学技术博物馆，自然保护区、森林公园、地质公园、海洋公园（馆）、水族馆、标本馆、动物园、植物园等，以及科研单位和大学对公众开放的实验室、标本馆、陈列室、天文台站以及各类中心等。

③中小城市科普基础设施：位于各地（市）、县等中小城市，服务对象主要为本市、本县公众。如市、县级科技馆，科学技术博物馆，县级综合性科技文化活动中心、青少年科技活动中心等。

④基层科普设施：位于城镇街道、社区、农村乡镇、村组等基层行政区域，服务对象主要为周边群众。如科普活动室（站），青少年科技活动中心站（科学工作室），科普宣传栏（画廊、橱窗）以及配备科普教育设施的公园、商场、机场、车站、码头等社会公共场所，科普大篷车等。

（3）开放程度分类。根据科普基础设施对公众的开放程度，可以分为长期开放和限期开放两类科普基础设施。

①长期开放科普基础设施：指除了正常的维护需要之外，全年对公众开放的科普基础设施。如科技馆（科学中心），自然历史博物馆（含设有自然科学部的综合博物馆），天文馆，专业、行业、产业科学技术博物馆，综合性文化教育科技活动中心，青少年科技活动中心（站），科普活动室（站），科普宣传栏（画廊、橱窗），具备科普教育功能的社会公共场所等。

②限期开放科普基础设施：指限定在某些特定的时间段对公众开放开展科普活动的科普基础设施。如科研单位和大学的实验室、标本馆、陈列室、天文台站等科研教育设施，国家机关、社会团体、企事业单位、农村基层组织的内

部设施，科普大篷车（需要预约活动）。

（4）专属性分类。根据设施建设的功能定位，按照其用途的主次排序，可以分为专用和兼用等两类科普基础设施：

①专用科普基础设施：指建设的最初目的和主要功能就是用于开展科普活动的基础设施。如科技馆（科学中心）、天文馆、青少年科技活动中心（站）、科普大篷车等。

②兼用科普基础设施：指建设的最初目的及主要功能并不是用于开展科普活动的基础设施，其主要功能是用于科研、教育、文化等，需要进行功能拓展才能发挥其科普教育功能。如自然历史博物馆（收藏、研究、科普教育），专业、行业、产业科学技术博物馆（收藏、科普教育），综合性文化教育科技活动中心（文化体育交流、科普教育），科普活动室（行政管理、社会管理、文化交流、教育、科普），对公众开放的科研机构和高校的内部科研教育设施（科研、教育），对公众开放的国家机关、社会团体、企事业单位、农村基层组织的内部设施（行政管理、社会管理等），具有科学教育价值的公共文化设施以及自然景观、人文景观等（自然保护区、森林公园、地质公园、海洋公园、水族馆、标本馆、动物园、植物园等），科普宣传栏（画廊、橱窗）等。

（5）推动工作分类。按照重点推动与面上指导的工作性质，可以分为示范性（科普基地）和一般性两类科普基础设施：

①示范性科普基础设施：指为了更好地推动科普基础设施的发展，在现有各类科普基础设施中树立的在展示能力、创新能力和管理水平等方面发挥示范和带动作用的"样板科普基础设施"。如国家和地方有关方面认定的"科普基地"、"科普教育基地"、"全国青少年科技教育基地"、"行业科普教育基地"等。

②一般性科普基础设施：除示范性科普基础设施之外的其他科普基础设施。

（6）综合性发展分类。可以看出，上述几种分类办法或多或少都存在着交叉重复的问题。要想通过一种维度将我国当前科普基础设施的类型划分清楚，在理论支撑和实践认证方面都有着相当大的难度。按照认识论的观点，认识来源于实践，又反过来指导实践，并且在实践中不断丰富认识。为此，本文

尝试在综合上述几种分类方法的基础上，本着有利于推动我国科普基础设施科学发展的原则，主要侧重有利于政府主导、分类推进的策略，对科普基础设施作出一个综合性发展分类。根据前述关于科普基础设施的定义，科普基础设施是由政府主导提供，旨在保障全体公民参与科普活动、提高科学素质基本需求，具备一定的科学技术教育、传播与普及功能的基础性物质工程设施。在我国推动科普基础设施发展的过程中，"政府主导提供"包括三个层次的含义：一是由政府为主投资建设；二是政府出资支持其提升科普服务能力；三是政府出资支持其拓展科普功能。按照这个思路，可以将科普基础设施划分为专用科普基础设施、具有科普功能的基础设施和需要拓展科普功能的基础设施三类。

①专用科普基础设施：指纳入了国民经济和社会发展总体规划和计划，由政府为主、鼓励社会力量参与投入建设和运行的科普基础设施。如科技馆（科学中心）、天文馆、青少年科技活动中心（站）、科普大篷车等。这类设施建设的目的就是用于开展科普活动，除科普外，没有其他的任务，因此只能由政府为主投资建设。

②具有科普功能的基础设施：指主要用于科研、收藏、展示等其他目的，但其本身具备一定的科普教育功能的基础设施。如自然历史博物馆（含设有自然科学部的综合博物馆），专业、行业、产业科学技术博物馆，综合性文化教育科技活动中心等。在投资建设这类设施时，往往都不是以单纯科普的名义。由于受限于其原始功能，科普展览和教育的功能比较薄弱，需要进一步提升科普服务能力，进行以强化科普教育功能为主的改造。要充分发挥这类设施的科普功能，需要由政府出资帮助其完善科普展览和教育手段、培养科普人才队伍、健全管理运行机制，进一步提升科普服务能力。

③需要拓展科普功能的基础设施：指主要用于社会管理、文化交流、旅游、科研和教学等其他目的，本身基本不具备科普展教功能或科普功能较弱的相关基础设施。如建设在城乡社区的活动室（站）、宣传栏（画廊、橱窗），文化、旅游等社会公共场所，科研单位和大学的科研和教育设施，机关和企事业单位的内部设施等。这类设施由于其条件的便利性，比较适合用于开展科普工作。但是如果没有专门的科普投入，这些设施的科普功能很难自行发挥出来。因此，要想使其成为科普基础设施，关键是如何使用好这些设施，政府需

要投入资金使其具备科普功能。如为社区活动室（站）配备必要的科普资料和设备，增加和完善其科普功能，使之成为科普活动室；为宣传栏提供并定期更新科普挂图，使之成为科普宣传栏；在公园、商场、机场、车站、码头等各类公共场所设立必要的科普宣传设施，加强对流动人群的科普宣传；为动植物园、海洋公园、森林公园、自然保护区等社会公共场所配置必要的科普宣传设施；鼓励和引导科研机构和大学面向公众开放实验室、陈列室或科研中心、天文台、气象台、野外观测站等；支持企业、农村等面向公众开放相关生产设施（或流程）、科技园区、展览馆等。

五　科普基础设施的基本属性

要认识科普基础设施的基本属性，需要从分析科普基础设施概念的内涵入手。前文我们为科普基础设施作出了定义，即科普基础设施就是指由政府主导提供，旨在保障全体公民参与科普活动、提高科学素质基本需求，具备一定的科学技术教育、传播与普及功能的基础性物质工程设施，主要包括科普场馆、科普场所、科普宣传专用车辆及其内含的科普内容载体设施等。科普基础设施是保证国家和社会普及科学技术知识、倡导科学方法、传播科学思想、弘扬科学精神的活动正常开展的公共服务体系，是科普事业赖以生存发展的一般物质条件。从这个定义可以看出，"政府主导提供"、"保障全体公民参与科普活动、提高科学素质基本需求"，体现了科普基础设施的公共属性；"具备一定的科学技术教育、传播与普及功能"，体现了其功能属性；"基础性物质工程设施"、"公共服务体系"、"一般物质条件"则体现了其基础属性。

（一）公共属性

社会公共需求，是人类社会共同体解决所面临的社会公共问题的共同需要。它与个人需要、集团需要相区别，是指社会成员在社会生产、生活中的共同需要，是除政府以外的其他社会团体和市场所不能满足、不能提供的需要，它具有社会成员的平等享用性。

提高全民的科学文化素质，是一种超出了个人问题和集团问题的社会公共

问题，它与广泛的社会生活发生关系，造成广泛的社会影响，并关系到公共利益的问题。为促进社会进步和经济发展，国家必须认真解决提高全民科学素质的社会公共问题。

科普基础设施建设，是全体社会成员提高自身科学素质的共同需要，属于社会公共需求的范畴。在现代社会公共需要分类中，应该划入"为全体社会成员提供公共设施与公共事业的公共需要"。因此，科普基础设施建设就属于社会公共需要，满足这个需要是政府的职责和工作范围，体现为国家的公共服务系统，应该由政府主导投资或支持建设。

随着经济发展和人民生活水平的不断提高，在人们的基本生存需要已经满足的情况下，满足社会公众的科普需求，已经成为我国政府的分内职责。进入21世纪后，我国政府对此进行了一系列的安排和部署，充分体现了对于科普的公共职能。如，2002年6月颁布《科普法》；2006年2月国务院印发了《科学素质纲要》；2008年，国家发展改革委、科技部、财政部、中国科协联合发布了《科普基础设施发展规划》；2011年6月国务院办公厅印发了《纲要实施方案》；2011年3月发布了《国民经济和社会发展第十二个五年规划纲要》，可以看出加强科普基础设施建设已经纳入国家整体战略布局，成为政府的公共服务职能，进入了政府的供给程序。因此，加强科普基础设施建设，必须以满足人民基本文化需求为基本任务，坚持政府主导，按照公益性、基本性、均等性、便利性等要求，不断完善服务网络和体系，让群众广泛享有免费或优惠的基本公共科普服务。

既然科普基础设施建设属于社会公共需要的范畴，那么科普基础设施理所当然地应该属于社会公共产品，是应该由以政府机关为主的公共部门生产、供全社会所有公民共同消费、平等享受的社会产品。既然是社会公共产品，也就具有了公用性（非排他性）和非竞争性（不可贸易性）的特点。也就是说，每个公民都可以平等地享用科普基础设施所提供的科普公共服务，并且由于难以对这种公共产品进行收费，所以只能由以政府为主来提供，而不能由市场机制竞争性提供或者贸易进口提供。

因此，科普基础设施项目同其他公益性项目一样，处于非生产经营领域，具有消费的非排斥性和收费比较困难的特点。主要有以下几点特征。

（1）投资的政府主体性。科普基础设施项目属于公益性项目，其大部分是纯公共产品，因此，就不可能主要由市场来提供，其主要部分一定是由政府来主导投入。当然，政府也不可能包办全部，还必须吸纳社会各界共同投入。

（2）投资的非营利性。尽管科普基础设施建设项目涉及的范围很广，不过它们都有一个共同点，即大部分处于非生产经营领域，具有较强的非营利性。

（3）资金来源和使用的无偿性。科普基础设施的公益性，决定了政府财政资金是其建设和运行的投资主体，资金来源是无偿的；同时，根据公益性项目的属性，其使用也是无偿的，应免费向全社会提供服务。

（4）难于精确计算效益。科普基础设施的意义在于促进国民科学素质的提高、增强国家软实力。所以，其建设和运行的成本可以较为准确地预算，但是其产生的效益（主要是社会效益），只能评估，无法精准测算；至于经济效益，更是由于相关性难于确定，也无法对其作出直接的精确测算。

当然，这是就科普基础设施的整体而言，对于个体的科普设施以及科普设施中的相关环节（比如科普展览、展品等产品），也不排除市场化、商业化、竞争性的提供。如果这些只是由政府一家供应公共产品，势必会造成投资渠道单一、建设资金有限的局面，必然使公共产品供给不足。因此，在近几年国务院关于《科学素质纲要》实施工作的安排中，特别提出了要推动公益性科普事业与经营性科普产品并举，要强化科普投入和产业发展的保障机制，逐步加大对科技场馆等公益性科普设施的投入，保障基本建设、维护良性运转；落实完善捐赠公益性事业税收政策，广泛吸纳民间资金投入公民科学素质建设。

（二）功能属性

科普基础设施是科普工作的一种载体，具有科普的承载功能。科普基础设施更是一种非正规教育场所，具有对公众的科普教育功能。科普基础设施还是一种社会文化场所，具有为公众提供文化公共服务的功能。因此，科普基础设施体现出类型的多样性和不确定性。作为科学传播的重要渠道和载体，科普基础设施具有以下功能。

（1）科普载体功能。科普载体指的是把科普内容从主体（传授者）传递到科普对象的媒介工具。根据科普传播的途径，科普的载体主要有科普活动、大众传媒、科普基础设施等。科普基础设施的科普载体作用已经越来越得到科普工作者的重视和广大公众的认可。科普基础设施承载科普教育的功能，主要通过硬件和软件两个方面。硬件是指各类有形的资源，如科普基础设施的建筑、场地、展品、设备以及人力资源等；软件是指各类科普基础设施围绕自身具备的硬件资源开展的主题教育活动，通过丰富多彩、生动有趣的活动形式，进一步深化、拓展硬件资源的教育功能。

（2）科普教育功能。科普基础设施是开展科普工作的重要场所，具有重要的公众科普教育功能。现代科普强调公众的参与性和互动性，倡导以人为本，注重科普对象的实际需要和调动公众的参与积极性和创新性。科普基础设施所承载的科普内容，是现代社会生活、生产和科学技术中广泛应用的，在理论上、方法上、思想上是基本的，是公众所能接受和愿意学习的。科普基础设施所实施的科普教育，是将科学探索、试验、研究的一系列过程融入设施本身及所组织的相关活动中，将科学思想、科学精神和科学方法的培养渗透到科学知识的传播过程中，让公众真正体验科学过程，激发其对科学的兴趣。科普基础设施所承载的展览和教育项目，其设计重点也在于培养公众的观察能力、思维能力和实践能力，突出培养科学意识、科学作风、科学态度和创新精神。公众通过参与科普基础设施所提供的各类科普实践、互动交流，可以很好地感悟科学的氛围，激发学习的兴趣，受到科学的启发，体会到科学精神和科学思想，提高科学探索能力和交流能力，增强创新意识和应用意识。根据目标受众的不同，科普基础设施所承载的教育活动可以大体上分为两类：一类是与学校课程相关联的教育活动，其目标受众主要是在校学生；另一类是公众教育或社会教育，其目标受众包括各年龄段人群。与学校课程相关联的教育活动，往往需要提前与学校沟通，了解学校课程的内容和进度，由活动组织者与学校教师共同设计活动方案并联合组织实施。公众教育或社会教育，一般也会根据主要目标受众设计一些特定的教育活动，如针对社区居民、农民等的讲座、咨询等。

（3）社会服务功能。科普属于文化的范畴，科普事业属于公益性文化事业。徐善衍在《最有效的科学传播是适应需求服务》[1]中指出："目前，我们对什么是公共科学服务体系的内涵还需要逐步进行深入的探讨和研究，但对于公共文化服务体系包括公共科学服务体系这样的基本概念还是首先要明确下来。"当前，科普基础设施建设与发展已经纳入社会主义先进文化的建设范畴，纳入国家战略部署。中共中央关于《关于深化文化体制改革推动社会主义文化大发展大繁荣的决定》提出要推进社会主义核心价值体系建设，围绕树立和践行社会主义荣辱观，要弘扬科学精神，普及科学知识，倡导移风易俗、抵制封建迷信；在大力发展公益性文化事业部分，将科技馆等科普基础设施也作为构建公共文化服务体系的重要部分。《国民经济和社会发展第十二个五年规划》提出要"深入实施全民科学素质行动计划，加强科普基础设施建设，强化面向公众的科学普及"。因此，科普基础设施已经成为国家公共文化服务体系的重要组成部分，是需要大力发展的公益性文化事业，具有满足人民基本文化需要的社会服务功能。科普基础设施的建设水平往往是一个城市文明程度的体现。重大科普基础设施工程项目甚至可以带动当地科普事业的发展，提高科普的整体能力、社会地位和影响力。公众通过利用各类科普基础设施，可以关注社会的重点和热点科技问题，学习和了解必要的科学技术知识，体验科技、享受科技、启迪创新思维。科普基础设施的社会服务功能，主要体现在为文化创意产业的发展提供基础型服务[2]，为公众提供科技休闲、科技表演、特色展会、科技沙龙、科技交流等科普服务项目，寓教于乐、寓教于游。此外，一些科普基础设施还可以积极发展经营性科普产业，如科普主题公园、科普展品制作、科普软件和传媒产品开发制作等。因此，要从创建社会主义先进文化的高度来看待科普基础设施建设，从展览内容、展览环境以及展览文化氛围等方面，把科普基础设施建设成为代表城市文化品位的标志，成为学习型社区建设的重要阵地，使科普基础设施融入社会、融入当地文化。

---

① 徐善衍：《最有效的科学传播是适应需求服务》，《科普研究》2007 年第 4 期。
② 吴金希：《改善我国科普基础设施管理运行机制的几点政策建议》，《科普研究》2009 第 1 期。

（三）基础属性

我国的科普工作，最初是从开展以人际传播为主要特征的科普活动起步的。多年来，随着公众科普需求的多样化发展以及科普工作者的不断实践和探索，逐渐形成了以科普活动、科普传媒和科普产品供给、科普基础设施、科普人才队伍等为主形式的科普工作体系。关于这一点，任定成在《公共科学服务体系的框架》①中曾指出，公共科学服务体系在理论上应当是为社会成员提供科学方面的公共服务的体系。他认为，"可视公共科学空间"主要包括传统上所说的科普产品，如科普音像产品、书籍等；科普场馆，如博物馆、专业的和综合的科技馆、科普画廊、科普大篷车、科普基地等；"脉冲式的"科普活动，如科普日、科普月、科技下乡、世界极地年等。为此，《科学素质纲要》和《纲要实施方案》提出了配合重点人群科学素质行动，要重点实施五大基础工程，即科学教育与培训、科普资源开发与共享、大众传媒科技传播能力建设、科普基础设施、科普人才建设等重点基础工程。

在上述关于科普事业发展的基础性工作中，科普基础设施可以说更加具有基础性。科普基础设施是各项科普事业赖以生存发展的一般物质条件。在经济社会快速发展、人们的科普需求旺盛的今天，科普基础设施的建设与发展在科普事业中的作用越来越显著，其所产生的辐射带动效应对我国整体科普事业的发展必将产生积极的作用。科普基础设施的基础性主要体现在以下几个方面。

（1）有助于推动科普各方面工作的交流与融合。随着社会经济的发展，科普工作也呈现多样化趋势。大型的科普基础设施具有丰富的科普教育内容、灵活的教育形式和密集的科普人才资源，可以有机整合各类科普活动、现代传媒和科普人才，使各方面的科普工作通过科普基础设施给公众以集中的展现，并保持活动效果的持久延续，带动相关科普工作的发展与交叉融合。完善的科普基础设施对于提振当地的科普工作水平，促进各类科普资源合理分布并构建成完善的工作体系，起着巨大的推动作用。

（2）能够带动相关科普事业和科普产业的发展。科普基础设施的建设与

---

① 任定成：《公共科学服务体系的框架》，《科普研究》2007年第4期。

运行是一个复杂的系统工程，建设过程中要涉及工程建设、展项建设；建成后的运行过程中，还要涉及展项维护、新展项开发、科普教育活动项目策划组织实施、组织管理和运行机制建设等。在此过程中，为了实现科普教育的目标和任务，往往需要科普创作、科普展览（展品）的设计与研发制作、科普活动项目的组织与策划等方面的支撑。因此，科普基础设施也就成为推动科普活动、科普资源建设、科普传媒建设、科普队伍建设等科普工作以及科普展览（展品）的设计与研发制作等科普产业发展的摇篮。

（3）凝聚科普团队和培养科普人才的基地。在科普基础设施的建设和运行过程中，可以锻炼一支技术过硬、责任心强、业务素质高的专业科普队伍，凝聚一批从事科普研究、科普写作、科普展览（展品）的设计与研发制作、科普活动的组织与策划的高水平人才。此外，还可以通过设立实习项目，帮助专业科普人员提高科普工作能力和水平，为广大中小学生和有志于投身科普事业的大学生提供实训机会，使之成为培养专业科普人才的重要阵地。

（4）可以为科普工作提供高水平的支撑服务。各类科普场馆及其所属团队，往往具有较强的科普创作、展览展品研发设计制作、活动组织策划能力，并且在长期的工作实践中也会积累下来可供今后持续使用的科普产品资源。因此，一些大型科普基础设施往往成为当地科普资源的共享服务平台，在为各地科普组织提供科普资源、科普活动组织策划等方面支撑服务方面发挥着重要作用。

六　我国科普基础设施发展策略

改革开放以来，特别是《科普法》、《若干意见》（中发〔1994〕11号）和《科学素质纲要》颁布之后，我国科普基础设施建设取得长足发展，主要体现在推动科普基础设施发展的政策环境逐步改善，各类科普基础设施数量明显增加，科普展教内容建设得到加强，各类科普设施的服务能力不断提高。然而，从总体上看，我国科普基础设施还不能满足广大公众提高科学素质的需要，还面临诸多的困难和问题。主要表现为：一是科普基础设施总体数量依然不足且发展不平衡；二是建设和管理的理念落后，科普教育活动缺乏创新，科

普教育功能未能充分发挥；三是全社会优质展教资源的集成和共享还不充分，社会力量还没能有效地参与到科普展教资源的共建共享中来；四是与科普基础设施发展相配套的人才队伍规模小且专业人才缺乏，尚不能满足科普事业快速发展的需求；五是保障科普基础设施建设与运行的政策体系还不够完善，尚未形成激励社会力量参与科普基础设施建设和运行的有效机制。

2008 年，国家发展改革委、科技部、财政部和中国科协联合制定并颁布了《科普基础设施发展规划》，从国家层面强化了对科普基础设施建设和运行的宏观指导，对今后一段时期我国科普基础设施的发展提出了具体的发展目标。同时，还从提升服务能力、加强资源共享、推动体制机制创新等方面提出了我国科普基础设施发展的宏观策略。

为此，从构建全国科普基础设施公共服务体系的角度，本文将全国科普基础设施分为需要政府为主专门投资建设的、政府出资支持其提升科普服务能力的和政府出资支持其拓展科普功能的三类，并从三个层面提出推动三类科普基础设施的发展策略。

（一）规划指导，合理布局各种类型的科技馆、天文馆、科普大篷车

科技馆（科学中心）、天文馆、青少年科技活动中心（站）、科普大篷车等专用科普基础设施，其建设的目的就是用于开展科普活动，因此只能由政府为主投资建设。这类设施可以说是开展科普活动的主要力量，需要建设专门、独立的场馆（或制造专用车辆），需要专门设计、研发、制作并布置综合性或专题性的科普展览（包括实物、文字、图片、多媒体等），需要设计、策划并组织实施配套的科普教育活动，需要有保证场馆正常开放和组织专题活动的专门运行管理机构及管理人员、辅导人员和工作制度等。

推动这类专用科普基础设施发展的策略：一是要在国家层面及各省层面做好宏观发展规划，明确发展目标、数量规模、区域布局、运行保障等。同时，各省、各市也应结合当地实际，制定适合本地实际的科普基础设施发展规划及发展目标。二是要推动将各类科普基础设施建设纳入本地的国民经济和社会发展总体规划，纳入城市公共文化服务基础设施建设计划，由政府为主、鼓励社

会力量参与投入建设和运行。三是要推动科技馆免费开放，并以此为契机，着眼于发挥科技馆的功能，进一步健全完善科技馆展教项目、增强科技馆公共科普服务能力，建立科普的基本公共服务体系经费保障机制。同时，加强监督管理，建立监测评估体系和工作机制，对科技馆的运行管理进行评级和评价。四是由国家财政设立"流动科技馆"专项，支持中小科技馆、青少年科技活动中心（站）的建设与发展，支持科普大篷车的配发与运行。

（二）评价激励，盘活专业科技博物馆"存量"

自然历史博物馆，专业、行业、产业科学技术博物馆，综合性文化教育科技活动中心等基础设施，基本上也都是由政府或企事业单位出资建设，虽然建设的目的各有不同，但普遍都具备相当的科普教育功能。从科普的角度看，政府不需要再为其投资建设场馆和建立运行管理机构及管理人员、辅导人员和工作制度等。但是，从提升科普服务能力的角度看，还需要政府以行政指导和项目资助的方式，引导其完善科普展示内容和手段，组织实施丰富多彩的科普教育活动。

推动这类专用科普基础设施发展的策略，主要是通过有关主管部门建立评价和激励制度，针对其开展科普工作成效进行考核评价，并由国家财政设立专项，以奖代补，激励其进一步提升科普服务能力，进行以强化科普教育功能为主的改造，完善科普展览和教育手段、培养科普人才队伍、健全管理运行机制。目前，中国科协开展的全国科普教育基地创建工作，在鼓励社会力量从事科普事业方面产生了积极的推动作用。今后，若能在国家财政内设立相应的激励专项，必将会更大地调动这类机构开展科普工作的积极性。

（三）购买服务，拓展相关基础设施的"潜在"科普功能，促进科普与科研、教育、文化的结合

有一些社会相关基础设施，如建设在城乡社区的活动室（站）、宣传栏（画廊、橱窗），文化、旅游等社会公共场所，科研单位和大学的科研和教育设施，机关和企事业单位的内部设施等，虽然主要是用于社会管理、文化交流、旅游、科研和教学等其他用途，但其本身具备"潜在"的科普展教功能。

由于其条件的便利性，比较适合用于开展科普工作。这类设施一般不需要由政府以科普的名义投资它们的建筑物、管理机构、人员等基本建设，但需要"外力"来支持其拓展科普展教功能，如充实和更新科普展示内容，组织实施科普教育活动，培训科普辅导人员等。

因此，要让这类设施成为科普的基础设施，关键是如何使用好这些设施。可以采取政府购买公共科普服务的办法，对其开展科普活动予以支持，鼓励和引导科研机构和大学面向公众开放实验室、陈列室或科研中心、天文台、气象台、野外观测站等，支持企业、农村等面向公众开放相关生产设施（或流程）、科技园区、展览馆等。同时，在先期需要投入资金使其具备科普功能，如为社区活动室（站）配备必要的科普资料和设备，为宣传栏提供并定期更新科普挂图，在公园、商场、机场、车站、码头等各类公共场所设立必要的科普宣传设施，为动植物园、海洋公园、森林公园、自然保护区等社会公共场所配置必要的科普宣传设施。

总之，应从多个层面、多个角度来推动全国科普基础设施的发展。既要在各地力所能及的范围内新建、改建、扩建一批专用的科普基础设施，也要本着资源共享的原则，统筹利用、挖掘潜力，拓展和提升社会设施资源的科普服务能力，形成各类科普基础设施优势互补、协同发展的良好格局。同时，要不断充实和完善现有各类科普基础设施的科普教育功能，为全体公民提供更多参与科普教育活动的机会。

B.3
科技类博物馆科普教育和传播：
理念、策略、评估

翟杰全*

摘　要：

科技类博物馆是科普基础设施的重要组成部分，科普教育和传播方面拥有十分突出的优势。近些年来，我国科技类博物呈现快速发展的态势，但也存在一些突出的问题，亟待通过理念更新、策略运用、展教创新，提升科普展教能力。本文在梳理总结当代科技类博物馆展教和传播优势、理念的基础上，探讨了科技类博物馆能力提升策略和科技类博物馆评估问题，提出了相应的一些建议。

关键词：

科技类博物馆　科普展教　理念　策略　评估

按照国际博物馆协会（ICOM）对科技类博物馆的定义，科技类博物馆是以自然界和人类认识、保护和改造自然为内容的博物馆。广义上的科技类博物馆包括自然博物馆、科学技术博物馆（包括科普馆、科学中心，在我国通称为"科技馆"）、专业类科技博物馆（如航空、铁道、地质等行业）、天文馆、水族馆（海洋馆、海底世界）等，也包括动物园、植物园、生态园、热带雨林、自然保护区等。① 科技类博物馆自诞生以来，功能不断扩展，类型不断丰富。特别是在 20 世纪，科技类博物馆在全球蓬勃发展，数量急剧增加，并呈

＊　翟杰全，北京理工大学人文与社会科学学院教授，主要研究方向是科技传播与普及。
① 转引自任福君主编《中国科普基础设施发展报告（2009）》，社会科学文献出版社，2010，第 57 页。

现明显的多元化发展特征，涌现出了农业、通信、地质、化工、航空、航天、铁路、邮电等种类繁多的专业类博物馆。

科技类博物馆在我国同样也有类型多样的特点，主要包括自然博物馆、科学技术馆、专业博物馆三大基本类型。自然博物馆（自然科学博物馆、自然历史博物馆）以重视收藏、陈列、展示动物、植物、古生物、古人类、矿物标本、模型为特点，通过藏品模型展示和科学主题展览，向公众传播普及关于自然和科学的知识。科学技术馆（科技馆、科学中心）定位于科学技术普及教育，通过科普展品展项和科技主题展览，向公众传播普及科学和技术知识。专业博物馆具有鲜明的学科专业特点，面向所服务的学科专业，开展与专业相关的科学、技术和工程知识的传播普及。

科技类博物馆是政府和社会开展科学技术普及工作和活动、以展示教育为主要功能的科普教育机构，通常通过常设和短期的科学技术展览展示、各种科普教育和科技传播活动，展现自然的演化、科学的原理、科技的发展和人类的技术成就，普及科学技术知识，激发公众的科学兴趣，促进公众对科学技术的理解。科技类博物馆是政府和社会为公众提供科普公共服务的平台和进行科普教育的阵地，属于科普基础设施的重要组成部分，在社会的科普公共服务和科学技术普及传播工作中扮演着重要的角色，对公众科学素质建设和公众科学素质提升发挥着重要的作用。

近些年来，我国科技类博物馆事业取得了长足进步，实现了"跨越式"发展，政策环境逐步改善，规模数量明显增加，内容建设得到加强，服务能力也不断提高。然而，相比于西方发达国家以及我国的社会需求而言，我国科技类博物馆在建设规模、办馆理念、办展水平、科普教育效果等方面还存在较大差距，规模总量不足且发展不平衡，不少科技类博物馆理念比较落后，科普展览和科普教育缺乏创新，科普教育功能和效果有待进一步提升。因此，在国家和政府给予高度重视、科学规划、加大投入、加强建设的同时，科技类博物馆迫切需要更新展教理念，创新展教策略，不断提升科普教育功能和效果。

一　科技类博物馆的科普教育和科学传播

科技类博物馆是随着科学技术的发展而大量涌现、定位于"收藏并展示"

科学技术的一类特殊博物馆，属于博物馆大家族中的一个特殊分支。博物馆从起源上看萌芽于收藏活动，收集和保护藏品、基于藏品进行科学研究是博物馆最初的基本职能。博物馆自 18 世纪之后开始走向社会大众，利用藏品展品展览，向社会大众传播知识，公众教育成为博物馆的一个新职能。科技类博物馆大体也走过了同样的发展历程。早期的自然历史博物馆主要以生命自然的标本、化石、实物的收藏和研究为特点，后来随着科学与工业博物馆的大量兴建，公众教育职能才得到不断强化。

科技类博物馆在 20 世纪与通常的历史文化类博物馆之间出现了明显的分野，许多科技类博物馆积极倡导观众参观过程中进行动手操作和实际参与，强调利用交互式展览模式促进观众对科学的探索和学习。随着科技类博物馆的这种历史演进，科技类博物馆的展览和教育模式发生了重要变化，科普教育功能不断扩展，科学传播方式不断丰富，在科普教育和科学传播领域中的比较优势不断凸显，逐渐成长为科普教育和科学传播的重要基础设施，在社会的科学技术普及、教育、传播中扮演了重要的角色、发挥了重要的作用。

1. 科技类博物馆的历史发展及功能演变

科技类博物馆是作为启蒙思想和近代科学的产物而出现的，最早可以追溯到 17 世纪和 18 世纪欧洲一些城市和大学建立的自然博物馆、标本馆、动物园、植物园等。英国牛津大学于 1683 年建立的阿什莫林博物馆（Ashmolean Museum）可以说是近代创立的最早的自然博物馆。随后，俄国于 1716 年在圣彼得堡建立了矿物学博物馆，英国于 1753 年在伦敦建立了大英自然博物馆，法国于 1794 年建立了巴黎国立自然博物馆。这些自然博物馆在当时主要是以收集、收藏、陈列各种动物、植物、古生物、古人类、矿物标本、实物为主，服务于科学家对科学现象的研究。著名的大英自然博物馆在当时就收藏陈列了大量的这类标本，有不少科学家在这里从事研究工作。以收藏陈列标本实物为主、服务自然科学研究的自然博物馆是科技类博物馆发展第一阶段的典型代表。

18 世纪之后，欧洲出现了一种新型科技类博物馆——科学和工业博物馆，这是一类以展现和展示科学和工业技术成就为主要特点的博物馆。在 18 世纪和 19 世纪，欧洲先后实现了以蒸汽机的发明与应用、电力普及和内燃机发明为标志的两次技术革命，推动了产业进步和工业革命，也使各种复杂机器（如机车和轮船等）和新奇发明（如电报、电话等）大量出现，极大地激发了公众对科学技术的兴趣，推动科技类博物馆进入第二个重要发展阶段，欧美许多国家建立了科学与工业技术博物馆。这类博物馆虽然也重视科技物件和产品的收藏，[①] 但已经认识到向公众宣传新科技的重要性，许多博物馆实际上就是基于展示技术成就的想法而建立起来的，所以博物馆的公众教育职能得到了强化，许多博物馆开发出了不少寓教于乐的展览和演示以吸引观众。

进入 20 世纪之后，科技博物馆事业在全球范围内蓬勃发展，类型也逐渐多样化，呈现显著的多元化特征。20 世纪以来的科技博物馆更加强调公众教育职能。特别是随着法国巴黎"发现宫"（1937 年建立）、美国旧金山探索馆（1969 年建立）等一批新型科学技术馆、科学中心的建立，强调观众参与和互动成为一种新理念，交互式展览成为一种新模式。在这些新型的科技馆和科学中心，传统的藏品被为教育目的而专门设计制作的展品所替代，博物馆更加强调观众参与的理念和原则，通过解剖模型、现场演示以及观众可以动手操作的展品，激发观众探索科学的兴趣，增加对科学原理的理解，服务公众对科学技术的学习。在英国，科学中心就被认为是科学博物馆的一个变形发展，属于第三代博物馆（见表 1）。[②]

表 1　科技类博物馆的历史发展

	第一阶段	第二阶段	第三阶段
时　　间	17～18 世纪	19 世纪	20 世纪 30 年代之后
类型代表	自然历史博物馆	科学与工业技术博物馆	现代科技馆、科学中心
基本功能	收藏、陈列、研究	收藏、陈列、教育	科普教育、公众学习
展教手段	标本实物等的展示展览	模型装置等的展览展示	参与、交互、体验式展览展示
科普模式	面向公众的知识传播	面向公众的科普教育	服务公众对科学的学习

---

① 例如，1792 年建成的巴黎工业技术博物馆，就收藏有一批机械、仪器等发明的实物和模型；1857 年在伦敦万国博览会的基础上建成的南肯辛顿工业艺术博物馆（著名的伦敦科学博物馆的前身），收藏有许多在工业革命中起过重要作用的科技文物，如瓦特发明的蒸汽机等，素有"工业革命博物馆"之称。

② 刘锦春、刘兵：《科学中心：公众亲历和消费科学》，《科学技术与辩证法》2007 年第 3 期。

科技类博物馆的这种历史发展促进了整个科技类博物馆展教模式的巨大变革，科技类博物馆从以传统的科技展示、知识普及为目标转向以促进观众体验、学习科学为目标，通过组织各种有趣的科技展览和教育活动促进观众对科学的探索和学习，增加对科学技术的兴趣和理解，从而使科技类博物馆成为具有鲜明特色和较强吸引力的科学技术传播、普及、教育设施和场所。新型科技馆和科学中心所产生的特殊吸引力和教育效果，使得那些曾经高度重视收藏的传统科学博物馆也开始开发互动型的科技展品、引进互动式的展览模式，以便更好地激发观众的科学兴趣，吸引更多的观众。

而展教模式的变革使科技类博物馆科普教育功能和效果得到提升，使科技类博物馆的科学传播优势更加凸显。曾任美国科学中心协会主席的盖尔·贝克就曾谈道：美国一共有400多个科学场馆，包括科技中心、自然中心、水族馆、航空馆、动物园、植物园、空间科学中心、自然科学博物馆和青少年活动中心，美国科学中心和其分支机构的职责都是一致的，都是为了促进公众能更加理解科学；美国科学中心的存在只基于一个目的：通过系列的展览和组合的教育活动促进公众理解科学，每年有数以百万的人们被这些机构吸引，来学习、来发现、来实践、来娱乐，使得科学中心能够使所有年龄和所有能力水平的人学习和欣赏到世界上不断发生变化的科学技术。[①]

2. 科技类博物馆的科普教育和科学传播

从当代科技类博物馆的功能属性上看，科技类博物馆已毫无疑问地成为了社会化的科普教育重要设施和科学传播机构；而从基本特征上看，科技类博物馆的科普教育和科学传播属于大众化的科学教育的一部分，面向的对象是数量巨大、分散流动、异质多样的公众群体，目标是利用"系列的展览和组合的教育活动"促进公众对科学技术的学习和理解。当代科技类博物馆同时也重视针对特定公众开发有针对性的科普教育项目，特别是根据青少年儿童群体的具体特点，开发了许多带有科学探究性质的展览或活动。例如，美国路易斯威勒科学中心位于美国肯塔基州人口不足百万人的路易斯威勒市，中心除设有物理科学、生命科学、自然科学三个常设展览外，还专门为7岁以下的孩子开辟

---

① 盖尔·贝克：《美国的科学中心是如何运作的》，《科技潮》2001年第10期。

了科学发现园地，为年轻人准备了通宵的科学"野营"，组织的许多活动都力求互动性和参与性。就是这样一个中等规模的科学中心，年接待观众就达到几十万人之多。①

概括当代科技类博物馆的科普教育和科学传播，我们大体上可以区分为以下几个基本的方面。

（1）基于展示展览的知识教育。科技类博物馆的展览包括常设展览和临时展览两种方式，是目前许多科技类博物馆常用的科普教育手段。该方式主要是利用标本、实物、装置、模型或人为设计的某种场景、展品，向公众传播普及科学技术知识。展品是表达和承载科学知识的载体、向公众传达科学知识的媒介，传播受众是参观展览的观众，观众通过观察、操作获得相关知识和信息，了解其中的科学原理。常设展览是科技类博物馆最基础的科普教育手段，这种手段非常有利于展示自然现象及其演化、科学的原理和知识、科学技术的发展和人类的技术成就，有助于向公众普及科学技术知识、增加公众对科学技术及其发展的认识和理解等。

相比于常设展览，临时（短期、专题）展览的形式更加灵活多样，展览主题可以根据实际需要随时调整，甚至采用简单的展板展示，更便于传播普及知识性、动态性信息（科技发展信息），可以集中于科学技术的某个具体领域（例如纳米技术等）、某个热点问题（例如转基因食品等）或某个科学技术领域的发展动态。由于临时展览具有灵活方便、集中于特定专题的特点，可以及时地传播普及科学技术的知识、信息、发展动态及其社会应用，促进公众对相关问题的思考。

（2）基于动态互动展项的体验教育。科技类博物馆展览中的展品可以区分为静态常规展品、动态演示展品、观众可动手操作的互动展品等类型。当代科技类博物馆（特别是科学中心）都非常重视对具有动态演示功能、观众可动手操作的互动型展项的开发，这类展项比静态常规展品有更高的趣味性，且可以实现更特殊的教育目标，这就是体验性教育。国外著名的科技博物馆都非常强调观众参与和介入的理念，发展交互式展示模式，设计制作许多极具互动

---

① 盖尔·贝克：《美国的科学中心是如何运作的》，《科技潮》2001 年第 10 期。

性的展示项目，鼓励观众亲自动手操作展品，通过与展品互动获得对科学现象的认识和体验，增加观众对科学原理的理解。

动态互动项目可以包括从简单到复杂的各种类型。有些可能只是演示性的小型项目，有些是允许观众动手操作的实验项目，有些则可能是比较复杂的大型项目，例如可以模拟地震、飞行、天象的模拟项目。有些项目可能重在让观众动手操作，有些可能重在模拟某种自然和科学情景（例如地震的发生等），但都强调让观众获得直接感受和体验。这类动态互动项目通常要利用自动控制技术、计算机技术、信息技术等现代技术手段进行设计，用以演示自然现象的过程、科学技术的原理等，具有较高的趣味性，能够让观众更好地理解科学技术的原理，并获得某种特定的心理体验。

（3）基于探究活动的探索教育。科技类博物馆举办的探究性活动一般是面向特定的受众群体（例如少年儿童、在校学生等），通过这种探究性活动项目来进行探索教育。探究性活动项目可以包括许多不同的类型，例如模型展品的设计制作、科学标本的收集、野外科学考察、科学数据的收集、科学调查与实验、地方性科研项目、兴趣活动小组等。活动项目通常具有较强的参与性、体验性、互动性、交流性、探索性、合作性、开放性、训练性，是具有一定研究训练特点的科学实践活动，对参与这类项目的公众具有较好的综合教育作用。

近年来，国外许多科技类博物馆都比较注意开发此类探究性活动项目，将其作为实施科普教育的重要途径，特别是结合科技类博物馆自身的业务特点和基础科学教育课程，设计了不少针对青少年学生的探究性活动项目。一般而言，基于探究性活动科普教育的受众群体规模不会很大，但科普教育的功能很强，不仅可以利用探究性项目传播普及相关的知识和方法，而且可以通过实际的探究性训练，增强参与者对科学探索过程的实际体验，激发参与者的科学兴趣，锻炼参与者的创新思维，提高参与者的创新意识和创新能力。

（4）基于常规科普活动的普及教育。基于常规科普活动的科普教育也是科技类博物馆科普展教的一种重要手段。常规科普活动可以包括许多不同的类型和形式，例如科技热点话题研讨或科技讲座、科学电影放映活动、科学课程或技术培训、科学技术知识竞赛、参观科学实验室或科技企业、科技会展或科

普主题活动等。活动的组织形式可以灵活多样，重在针对科学技术领域的特定知识和特定问题进行普及性传播。此类科普活动通常具有较好的参与性和互动性，可以对促进公众理解科学、了解科学技术发展产生积极作用。

利用科技类博物馆的强大"平台"功能和拥有的各种资源（包括与科技界的良好关系），组织开展丰富多彩的科普活动，服务科学技术的普及和传播，已经成为当代科技类博物馆提升科普教育功能、提高公众影响力的一种重要手段。中国科协等部门 2003 年下发的《关于加强科技馆等科普设施建设的若干意见》中也提出，科技馆、自然博物馆、天文馆等科普设施"通过展览、培训、实验、影视播放、报告讲座等多种形式，开展公众尤其是青少年易于参与、接受的科普活动，普及科技知识、传播科学思想和科学方法，对于在全社会弘扬科学精神，建设先进文化，提高公众科学文化素质，形成科学、健康、文明的生活方式具有独特而重要的作用"。

（5）服务和鼓励公众参与的科学传播。科技类博物馆不仅在科学知识普及、传播、教育方面承担重要功能，而且在服务和鼓励公众参与方面也可以扮演重要角色，成为科学事物和决策领域交流对话的重要平台。在英国，科学中心就被置于"科学与社会议程"的框架内，服务两大基本目标：一是鼓舞启发年轻人学习 STEM（科学、技术、工程、数学），激励他们以 STEM 作为自己的职业选择；二是服务公众在所有重大科学议题上的参与，提高公众参与科学议题讨论的质量。2009 年，英国前沿经济公司（Frontier Economics Ltd.）曾就英国科学中心所产生的外部影响发布过一份研究报告，报告指出，通过收集科学中心各类活动及教育项目的数据，可以认为科学中心的活动和产出符合科学和社会议程的目标。①

英国科学中心开展的科学教育和科学传播活动多种多样，既有与国家课程相关的展览和教育项目、科学研究拓展活动、"相约科学家"活动、学生课外科学俱乐部，也有各种鼓励观众参与热点问题辩论、公众科学对话的活动，通过组织开展这些活动和项目，提高公众对科学问题的认识，改变公众的态度和

---

① Frontier Economics Ltd. , Assessing the Impact of Science Centres in England: A Report Prepared for BIS, July 2009, London. http: //sciencecentres. org. uk/govreport/docs/impact _ of _ science _ centres. pdf.

意识，鼓励年轻人追求 STEM 职业，促进公众在科学议题上的参与。事实上，公众参与科学可以有不同的层次和形式，从参加公众可参与的科学探究项目、科技热点问题研讨会，到参加公众科学会议、科学政策决策讨论等，科技类博物馆可以在促进公众参与的不同层次上扮演重要角色。

3. 科技类博物馆科普教育和传播的比较优势

当代科技类博物馆已经从以收藏、陈列、研究为主的传统型博物馆发展成兼具科学技术普及、传播、教育，促进公众理解、探索、体验科学技术的多功能、现代型科普场馆，不再局限于对科学技术知识进行条目式和学科中心式的传播，更加强调通过科学性、知识性、趣味性、多样性的科普教育和科学传播，促进公众获取知识、开阔眼界、启迪思想、参与科学探索。《简明不列颠百科全书》在谈到科学博物馆时就曾认为，科学博物馆的任务是以立体形式传达科学精神和思想，引起观众对科学的爱好，提供先进的信息，使人看到技术发展的成就，以生态和历史的观点展示自然的进化过程，帮助人们了解并保护自然和人类环境。①

相比于学校科技教育、媒体科技传播以及群众性科普活动（如科技活动周、社区科普活动等），当代科技类博物馆的科普教育和传播，具有许多十分突出的优势。

（1）从科普教育和科学传播的整体特征上看，科技类博物馆以科普展览为基础手段，利用各种展品展项（标本、实物、模型、装置、场景等）作为传播载体，运用形象化的展览语言作为传播工具，因而科普教育可以做到形象直观、生动活泼、丰富多彩、形式多样，兼具科学性、知识性、普及性、趣味性，对普通公众来说具有极强的直观性、现场感、可接触性、吸引力、亲和力、影响力；可以整体综合、立体形象地展示神奇的自然现象、科学的原理知识、人类的技术成就，让观众获得极大的现场感、感觉科学就在身边，获得许多难以言表的体验甚至是震撼。

（2）从科普教育和科学传播的手段上看，除可以利用科普展示展览外，科技类博物馆还可以组织各种短期的专题展览、兴趣活动小组、科学课程培

---

① 《简明不列颠百科全书》第 2 卷，中国大百科全书出版社，1986，第 65 页。

训、科学技术讲座、科学技术竞赛、科学影视作品展映、科学热点话题研讨、举办青少年科学探究活动、开办科学实验项目以及与科学技术相关的会展、沙龙、交流活动，利用各种手段和形式，广泛吸引社会公众的参与，对不同的观众群体都能形成吸引力，让不同兴趣的观众都能选择适当的参与途径，而且这些手段和形式通常都可以相对容易地添加互动性、参与性、趣味性、娱乐性的元素，从而实现"快乐科普"，让观众在轻松的氛围中接触并学习科学。

（3）从科普教育和科学传播的作用目标上看，科技类博物馆具有实现综合传播、产生综合效果的特征。科普教育和科学传播的内容可以包括科学知识、方法、思想、精神以及科学发展动态信息、科技的社会应用等多个方面、多个层次；可以通过交互式展览、科学探究活动、常规科普活动等多种途径，吸引不同观众的积极参与，促进观众深度介入，实施启发和体验式教育，激励观众成为科学知识的主动探索者，并让观众获得知识、信息、感受、体验，增长科学的兴趣、意识、理解、认识，受到思想的启迪和思考的启发，具有非常显著的综合作用特点，可以产生提升观众科学素质的综合效果。

澳大利亚科学传播学者 T. W. 伯恩斯、D. J. 奥康纳、S. M. 斯托克麦耶在2003 年发表的《科学传播的一种当代定义》一文中，曾给"科学传播"提供了这样一个定义："使用适当的方法、媒介、活动和对话来引发个人对科学的这样一种或多种反应：意识、愉悦、兴趣、意见、理解"①。从当代科技类博物馆的特点看，科技类博物馆的科普展教非常符合这种"当代定义"，可以在提高公众科学意识、公众理解科学、公众科学素养等方面发挥独特而重要的作用。联合国教科文组织在 1978 年提出的《科学技术博物馆建设标准》中就强调，科学博物馆是一种有效的知识传播媒介，科学博物馆或科学中心的目的主要包括：激发人们对科学和教育的关注，促使更多人对科学、工业和研究产生兴趣；展示应用于生产和人类福利的科学技术，表明科学技术是不可缺少的；向不同年龄和文化水平的市民普及科学技术知识，增长青年一代的创造才能；

---

① T. W. Burns, D. J. O'Connor, S. M. Stocklmayer, "Science Communication: a Contemporary Definition", *Public Understanding of Science* 2003（12）: 183 – 202; T. W. 伯恩斯, D. J. 奥康纳, S. M. 斯托克麦耶:《科学传播的一种当代定义》,《科普研究》2007 年第 6 期。

宣传技术上的成就对科学发展的重要性。①

概括科技类博物馆的科普教育和科学传播活动，我们大体上可以建立一个简单的模型，如图1所示。

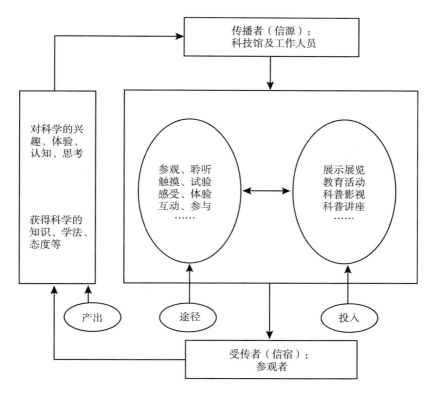

图1 科技类博物馆科普教育和传播的基本特征

4. 当代科技类博物馆科普教育和传播理念

科技类博物馆在早期阶段重视对科学标本实物的收藏，主要是利用已有的收藏来展示自然和科学的现象，目标局限于传播科学技术基本知识，满足公众对自然和科学的好奇。即使发展到后来认识到了科普教育重要性的阶段，对科普教育的理解也比较简单，主要还是将科普教育定位于向公众普及基础和常识性的知识。受这种历史发展以及科普教育认识的影响，科技类博物馆在很长时

---

① 周孟璞、松鹰：《科普学》，四川科学技术出版社，2007，第196～198页。

间内采取的都是以博物馆为中心、以展品为中心、以学科知识体系为中心的传播模式。从法国巴黎"发现宫"倡导观众通过对展品动手操作而获得体验开始，科技类博物馆的教育和传播理念发生了重要变革，到了20世纪下半叶，随着像旧金山探索馆等一批新型科技馆的建立，科技类博物馆完成了由普及科学知识、展示科技成就向促进公众动手、体验、学习、探索的重要转变。

随着这种重要的转变，在科技类博物馆基本关系上坚持"以服务公众为中心"、传播实践强调"以观众为中心"、科普展览重视"互动体验"、科普教育追求"综合效果"成为科技类博物馆教育传播的新理念。"以服务公众为中心"涉及科技类博物馆如何理解、定位、处理科技类博物馆、科学、公众这样一个基本关系。科技类博物馆在传统认识中被认为是"服务科学向公众传播"的机构，传播实践中自觉不自觉地会根据科学知识体系本身的要求和博物馆拥有的展览展品资源来设计和组织科普展览，自然而然地形成了"以自我为中心"、"以展品为中心"、"以科学为中心"的科学教育和传播的模式，观众在这种模式之下往往处于被动接受知识传播的地位。

而"以服务公众为中心"则要求科技类博物馆从"服务科学向公众的传播普及"，转向"服务公众对科学的学习和探索"，满足观众的需要和兴趣，促进观众对科学的认识和理解。发达国家的一些博物馆学者就认为，博物馆教育的目的并不在"教"，而在于帮助观众"学"，[①] 强调促进公众学习的重要性，强调启发心智和激发兴趣，培养自我探索能力，获得自我探索成果。所以，当代科技类博物馆都非常强调根据公众的需要和兴趣来设计展览展示、组织科普教育活动，展品展项设计中融入更多趣味性和娱乐性元素，增加展品展项的互动性和参与性，同时也高度重视科技类博物馆休闲功能的开发和环境设计，重视高品质的公众服务和"公众营销"，目标是吸引更多的观众进入博物馆，让更多观众到博物馆来学习、来发现、来实践、来娱乐，并通过学习发现过程增加对科学的体验和理解。

"服务公众、学习科学"自然要求科技类博物馆在传播实践方面更加强调"以观众为中心"，充分考虑观众在学习科学方面的需求和兴趣，将满足观众

---

① 转引自孙婉姝《博物馆教育功能理念的新探索》，《沧桑》2009年第1期。

需求作为博物馆开设展览项目和教育活动的出发点和落脚点，以提升观众的科学兴趣和科学理解作为项目和活动设计的原则和目标。这种新理念与传统的博物馆为中心、展品为中心、学科为中心、知识为中心、百科全书式、词典条目式的传播实践有着根本性的区别。当代科技类博物馆都非常重视识别和发现观众的需要和兴趣，注意科技展示的主题化设计，将博物馆的供给资源与观众的需求资源进行匹配，开发更好地满足顾客需求的科技展示项目，拉近观众与展品之间的距离，提高展教活动的效果。①

发达国家的科学中心重视针对不同观众群体设计不同的科普教育活动，其目标也是为了更好地满足公众的需要。例如，为学前阶段的孩子开辟科学发现园地，以他们的理解水平介绍科学的概念；为中小学阶段的少年开设生动有趣的科学演示、实验、探究活动项目，并与他们正在接受的科学教育相衔接；为年轻人准备科学考察和"野营"项目，让他们能够参加那些既有趣味，又充满探索的科学活动。这种基于区分不同群体、识别不同兴趣，针对不同群体、选择不同主题、设计不同项目的差异化策略就充分体现了"以观众为中心"、充分满足观众需要的传播实践理念。

当代科技类博物馆的展教活动也更加强调"互动"和"体验"的理念，利用观众可以沉浸其中、动手操作或互动参与的展品展项来促进观众对自然现象和科学原理的理解、认识、体验。早在1815年，英国伦敦巴劳克博物馆就曾经尝试一种新的展示方法，利用一群长颈鹿、狮子、犀牛的标本，模拟它们生前徘徊于原生地荒野中的自然姿态，周围辅以原生地植物的复制品，并采用了具有透视效果的原生地景观画作为背景。② 这实际上是较早采用情景式展示方法的一个例子。这种展示方法比单纯利用标本的展示显然可以更容易让观众沉浸其中，获得身临其境的现场感。20世纪之后，科技类博物馆更是充分认识到体验对科普展教的价值，开发设计了各种情景模拟类、实验演示类、互动参与类展品展项，发展出了沉浸式、交互式展教模式。

科技类博物馆的真正独特之处并不在于知识传播本身，而是博物馆的科学

---

① 王敏：《基于价值空间理论的科技馆展示设计策划研究》（学位论文），武汉理工大学，2009。
② 严建强：《计算机网络时代博物馆展示的传播与体验》，《中国博物馆》2004年第1期。

可以触手可及、动手操作、感受体验。这种独特之处赋予了科技类博物馆特有的魅力和属性，使科技类博物馆拥有了特殊的吸引力和独特的优势，从而极大地提升了科技类博物馆科普教育和传播的效果。新理念指导下的展教新模式改变了传统的单向知识传递方式以及受众被动接受知识的角色，能让观众在身临其境、沉浸其中、亲自参与中领会抽象的知识，获得心理的体验，留下深刻的印象和记忆，从而激发观众对科学的兴趣，增加观众的科学意识，促进观众对科学认识和理解，甚至获得极其重要的启发和启迪。

旧金山探索馆就堪称是这种互动体验展览模式的"领头羊"和楷模。该馆的展览内容定位于基础科学，展览风格朴实无华，大型、壮观的展品并不多，大部分展品的占地面积在 2 平方米左右，但探索馆打破了传统展览馆"请勿触摸"、"请勿动手"的清规戒律，设计制作了数百件交互式展品，鼓励参观者动手动脑，从而赢得了众多观众的喜爱，探索馆常常是人流如潮，观众的脸上流露出快乐和兴奋。早在 1969 年旧金山探索馆创建之初，创建者弗兰克·奥本海默就有一个明确的理念，这就是所有展品都应该让普通观众产生兴趣，感受发现自然奥秘的快乐，使每一位从这里离去的观众从此不再对科学感到陌生。在他看来，观众只要有了兴趣才能真正学到知识。探索馆从创建之初就一直秉承弗兰克·奥本海默的这种理念，让观众动手参与一直是展品设计的主导思想。这种思想对 20 世纪科技类博物馆的发展产生了深远影响。

20 世纪的科技类博物馆在科普展教目标上也更加强调追求"综合效果"，不是仅仅局限于知识或兴趣单一的方面，而是重视与科学素质相关的各个方面，包括知识、体验、兴趣、理解、认识等。事实上，从当代科学技术知识指数增长的现实看，科技类博物馆已经不能再将任务目标仅仅定位于对具体知识的传播普及，而是应该发挥自己的特殊优势，让观众通过与博物馆互动、与展品展项互动、与科学技术互动的过程，感受科学的神奇和奇妙，增长对科学的意识和兴趣，增加对科学的理解和认识，实现科学素质的自我提升。公众理解科学领域的著名学者约翰·杜兰特（J. R. Durant）就认为，在公众理解科学的广阔领域中，科学博物馆和科学中心都扮演着重要角色。[1]

---

[1] 刘锦春、刘兵：《科学中心：公众亲历和消费科学》，《科学技术与辩证法》2007 年第 3 期。

二 我国科技类博物馆的能力提升策略

鉴于科技类博物馆在科普教育和科学传播方面拥有许多独有的优势和作用，在促进公众理解科学、提升公众科学素质方面可以扮演重要的角色，世界上大凡重视科学技术作用、重视国民素质建设的国家，都非常重视科技类博物馆的建设，科技类博物馆也成为这些国家市民文化生活的一个重要组成部分。美国现有各类博物馆 1 万余座，科技类博物馆占到 1/5，利用博物馆获取科学信息的人数比例超过 60%；英国两千多座博物馆中，科技类博物馆超过 1/4，英国政府每年划拨大量经费保证科技类博物馆的良好运营，伦敦科学博物馆每年 85% 以上的经费即为英国政府拨款。[①] 在加拿大，有超过 3500 座博物馆，其中科学、自然、交通、工业类博物馆达到 890 座以上。[②]

在我国，科技类博物馆建设同样也受到国家和政府的重视，特别是近些年来实现了跨越式的发展，建设投入逐年增加，数量规模快速增长，受益公众逐年增加。据科技部的科普统计，2004～2010 年，我国的科技馆和科技博物馆数量就从 450 座增长到 890 座，观众人次从 2933.04 万人次增加到 9436.21 万人次（见表 2）。但从总体上看，我国科技类博物馆在规模总量上仍然不足、地区布局还不平衡，许多科技类博物馆也还不能很好地适应经济社会变化和公众科学素质提升的要求，展教理念和水平、科普教育效果和能力亟待进一步提高。

表 2 2004～2010 年全国科技馆和科技博物馆发展情况

单位：座，万人次

年份	2004	2006	2008	2009	2010
科技馆	265	280	285	309	335
科学技术博物馆	185	239	380	505	555
参观人次	2933.04	3307.02	6157.44	7918.25	9436.21

数据来源：根据科技部网站公布的科普统计数据以及《全国科普工作统计分析报告》、《中国科学技术发展报告》相关数据整理。统计对象为建筑面积在 500 平方米以上的科技馆（科技馆、科学中心、科学宫等）和科学技术博物馆。

---

① 任福君主编《中国科普基础设施发展报告（2009）》，社会科学文献出版社，2010，第 59 页。

② Museums in Canada/MUSEUM TYPE, http：//www. museevirtuel‐virtualmuseum. ca/Search. do? Ne = 8101&mu = on&lang = en.

1. 我国科技类博物馆发展面临的背景变化

博物馆对我国来说是一种舶来品，我国最早的一批博物馆大多是由西方人开办的。在新中国成立之前，我国只有很少数量的博物馆，并没有形成成熟的博物馆文化。新中国成立之后，整个博物馆事业得到较快发展，但由于长期处于相对封闭式发展的状态，对国际博物馆发展缺乏比较全面的了解，博物馆并没有在功能扩展、展教创新方面实现与时俱进的发展。我国科技类博物馆的发展大体也呈现同样的状态，而且受长期以来对科学普及简单化理解的影响，科技类博物馆在相当长的时期内主要还是定位在通过科普展览普及科学技术基础知识或常识，科普理念和展教模式相对比较落后。直到改革开放之后，展教创新才受到科技类博物馆的更多重视，科普理念也在不断提升，在追赶国际发展的道路上迈出重要步伐。

推进我国科技类博物馆事业在新时期的全面发展，依赖于国家、社会、科技类博物馆自身全面分析经济社会发展带来的种种新变化，充分认识这种背景变化给科普教育提出的种种新要求。这是科技类博物馆事业确立科学的发展目标、科技类博物馆自身确定正确创新方向的重要基础。在当下，我们尤其要关注经济社会发展转型、公众素质不断提升给作为科普教育基础设施的科技类博物馆所提出的一系列新要求。只有最大限度地满足了经济社会发展和公众素质提升的要求，科技类博物馆才能真正在社会的科技传播、普及、教育中发挥更大的作用，扮演更重要的角色，能力得到更大程度的提升。

20世纪（特别是20世纪下半叶）以来，随着科学技术的突飞猛进及其在社会生产和生活各领域的广泛应用，科学技术与经济社会发展的关系变得前所未有的紧密，社会生产生活也越来越受到科学技术创新和应用的深刻影响。经济社会发展和社会生产生活的这种发展特征促进了科学技术普及、传播和扩散的需求旺盛增长，也对国民的科学素质提出了更高要求。杜兰特就曾经说过，生活在复杂科学技术文明中的人们应该具有一定的科学知识水平，政府需要高素质的公民参与政治，实业家需要具备技术素养的劳动力加入他们的生产大军，科学家需要更多具有科学素质的公众支持他们的工作；许多公共政策的决议也都含有科学背景，只有当这些决议经过具备科学素质的公众的讨论，才能真正称得上是民主决策。①

当代经济社会的这种发展使来自国家、社会、公众各个层面的科普需求不断增长，要求政府和社会全面推进科普事业的发展，拓展各种科普渠道，加强科普基础设施建设，为社会和公众提供更广泛和更高效的科普公共服务。在我国，面对科教兴国战略、建设创新型国家等重大战略的实施，面对依靠科技创新推进经济发展方式转变的现实需要，全面推进包括科技类博物馆在内的科普基础设施建设，不断促进科普教育和科学传播的能力提升，为公众提升科学素质提供更多的机会，对促进我国经济社会发展具有特别重要的意义。事实上，这就是我国近年来大力加强公民科学素质建设工作的基本背景。

不仅如此，当代社会和公众科普需求层次的提升也对科普教育和科学传播提出了更高要求，这是我国发展科技类博物馆事业必须重视的另一个背景因素。随着社会的不断发展和科普工作的不断深入，公众的科学素质不断提升，欣赏水平不断提高，科普需求层次、要求自然而然也发生了一些重要变化。例如，当代公众不仅希望通过科普教育和传播获得必要的科学技术知识和方法，提高应用它们处理实际问题的能力，而且希望更多了解科学技术的发展信息，增长运用它们参与公共事务的能力；不仅希望科普教育和传播更能满足知识方面的需要，提升对科学的理解水平，获得更多思想上的启迪，而且要求科普教育能兼有更好的艺术性、趣味性、参与性，能够在快乐享受的过程中获得素质提升等。

对科技类博物馆的科普教育和科学传播来说，为更好地满足公众的这些要求，科技类博物馆需要在许多方面作出积极的变革。例如，在科普教育和传播实践中充分发挥自己的特殊优势，利用有创意的展品设计和多样化的教育活动，促进观众对科学的体验、参与、探索，获得更多思想上的启迪和深度的认知。科技类博物馆同时要充分认识自身的局限性，具备与其他科普教育途径的"竞争"意识，例如科技类博物馆对科学的传播在系统性上可能不如学校教育，在广泛性上可能不如大众媒体，在便捷性上可能不如互联网，如果科技类

---

① 转引自李正伟、刘兵《公众理解科学的理论研究：约翰·杜兰特的缺失模》，《科学对社会的影响》2003 年第 3 期。

博物馆不能很好地发挥自己的优势特点，将会在"竞争"中遭遇挑战。

近些年来，我国科普管理部门和科普界对科技类博物馆功能特点已有了相对比较明确的认识。2007年，建设部和发改委发布的《科学技术馆建设标准》就指出，科技馆以提高公众科学文化素质为目的，主要通过常设和短期展览，以参与、体验、互动性的展品及辅助性展示手段，以激发科学兴趣、启迪科学观念为目的，对公众进行科普教育，同时开展有关科普教育、科技传播和科学文化的交流活动；承担科普教育、观众服务、支撑保障功能，实施观众可参与的互动性科普展览、教育活动是科技馆的核心功能；科技馆是组织实施科普展览及其他社会化科普教育活动的机构，是实施科教兴国战略、人才强国战略、可持续发展战略和公民科学素质建设的基础性设施，是我国科普事业的重要组成部分。

为此，国家和政府近些年来相继出台了许多促进和支持科普场馆建设的专门政策。例如，2000年，中国科协发布了中国科协系统的《科学技术馆建设标准》；2003年，中国科协等部门发布了《关于加强科技馆等科普设施建设的若干意见》；2006年，国务院颁布实施的《全民素质纲要》将"科普基础设施工程"列为四大重点工程之一；2007年，国家发改委和建设部批准了中国科协编制的国家《科学技术馆建设标准》；2008年，国家发改委、科技部、财政部、中国科协联合出台了《科普基础设施发展规划》等。这些政策的出台为科技场馆建设和发展提供了强有力的政策和制度保障，促使我国科技场馆建设近年来实现了跨越式的发展。

2. 我国科技类博物馆科普展教存在的突出问题

改革开放以来，随着我国经济社会快速发展，经济实力不断增强，生活水平不断提高，我国科技场馆建设步入快速发展阶段。特别是近十余年来，科技类博物馆建设受到政府和社会的高度重视，全国出现了科技类博物馆建设的新热潮，建设投入逐年增加，数量规模快速增长，受益公众逐年增多，并建成了一批高水平、有影响的科技类博物馆，中国科技馆、上海科技馆、广东科学中心目前已位列世界规模最大科技馆的前列，中国科技馆年接待观众已超过300万人次，上海科技馆、广东科学中心的年接待观众规模也达到或接近200万人的量级。科技类博物馆界也更加重视学习国外的先进经验，积极运用新技术提升和强化展教功能。

但是，我国科技类博物馆建设和发展也还存在着许多亟待解决的突出问题，尚不能很好地满足公众提高科学素质的需要。从宏观层面上看，突出的问题包括数量规模整体上仍然不足、发展布局不合理、学科分布不均衡、地区之间不平衡、水准参差不齐。从微观层面上看，突出的问题则有：相当数量的科技类博物馆仍然整体水平不高、展教理念和模式比较落后、科普教育功能有待强化，整体能力有待进一步提高等。例如，在 2000 年以前，由于对于科技馆的性质功能存在模糊认识以及各种复杂的原因，全国各地以"科技馆"为名的场馆达到 300 余座，但真正以科普展教为主要功能的仅有 10 余座，相当多的科技馆实际上主要是办公楼或科技会堂。① 不少科技馆只重视"硬件"（基建工程）建设，忽视"软件"（展教功能）建设，科普展品偏少，内容更新不及时，难以很好履行科普教育的任务。

2000 年 12 月，中国科协曾专门召开全国科技馆建设工作会议，明确科技馆的主要功能是科普展教，发布了中国科协系统的《科学技术馆建设标准》。这是我国科技馆建设和发展中的一次重要转折，"楼、堂、馆、所"型科技馆建设势头开始扭转。2007 年，建设部和国家发改委又联合发布国家《科学技术馆建设标准》，就科技馆建设标准作出了明确规定，对展厅面积、展品数量等指标提出了要求，要求科技馆常设展厅不宜小于 3000 平方米。但到目前为止，在近 100 座"达标科技馆"中仍有 30 多座科技馆的常设展厅不足 3000 平方米，其中有 10 余座科技馆甚至小于 1000 平方米。近些年来我国科技馆平均观众量的增长也主要靠科技馆数量与规模增长来拉动。②

就科技类博物馆科普展教和科学传播方面看，许多科技类博物馆的科普展教和科学传播仍然偏重于基础和常识性知识普及，对科学方法、科学思想的传播以及前沿科学进展的关注不够，科学思想和科学精神的传播功能薄弱；对发展迅速、应用广泛、公众兴趣强烈的天文科学、生命科学、材料科学、信息科

---

① 吴铭：《科技馆效用发挥的难题》，《瞭望东方周刊》2012 年第 26 期。http：//www. lwdf. cn/wwwroot/dfzk/bwdfzk/201043/sh/255860. shtml。

② 吴铭：《科技馆效用发挥的难题》，《瞭望东方周刊》2012 年第 26 期。http：//www. lwdf. cn/wwwroot/dfzk/bwdfzk/201043/sh/255860. shtml。

学、生态环境等学科领域的最新成就展示不够；仍然对受众主动参与、互动体验、自主学习关注不够，策划意识淡薄，能够吸引观众主动参与、互动体验的展项和活动较少；而且展示技术手段相对落后，技术含量较低的简单装置所占比例较高，对迅速发展的数字技术、虚拟技术、多媒体技术运用不足，比较缺乏有艺术感染力和震撼力的有效手段。

朱幼文等学者通过比较国内外科技馆的科普展教特点后认为，我国科技馆在展览设计、教育活动等方面与发达国家先进科技馆存在很大差距。常设展览是科技馆最引人注目的科普手段，2001年以来我国科技馆展览的规模和展品数量增长了近10倍，但展示内容雷同、创新乏力、单纯传播知识、缺乏科学思想内涵的问题也非常明显，而且部分科技馆认为只要展出了展览展品，科技馆就完成了科普任务。事实上，国外科技馆都非常重视开展种类繁多、形式多样的其他科学教育活动，即使是在科普展厅中也有各种实验、表演活动，帮助观众理解展览和展品。[1] 这反映出我国科技类博物馆在科普教育和科学传播理念、模式、手段等方面亟待提升和改进。

目前我国科技类博物馆存在的这些问题与一系列复杂的原因相关联。政府部门和社会各界尽管对科技类博物馆的功能属性和重要作用的理论认识已经有所提高，但在实践层面上的实际落实仍然很不到位，对科技类博物馆功能建设的重视程度和支持力度仍然不足，也缺乏有效规范、引导、促进科技类博物馆功能提升的管理和制度手段。科技类博物馆建设仍然受到投资冲动的巨大影响，仍然在追求科技类博物馆的象征意义，硬件建设受到较高重视，但功能建设被忽视或轻视，科技类博物馆的软件建设和持续发展经费得不到有效保障。科技类博物馆自身也比较缺乏对科普展教和科学传播理论与实践的深入研究，比较缺乏理念创新和手段创新的意识，导致过于依赖"展品中心"的科普组织方式和"展品先行"的展览模式。

3. 我国科技类博物馆的能力提升策略

我国科技类博物馆事业的发展、科技类博物馆整体实力的提升，依赖于两

---

① 吴铭：《科技馆效用发挥的难题》，《瞭望东方周刊》2012年第26期。http://www.lwdf.cn/wwwroot/dfzk/bwdfzk/201043/sh/255860.shtml。

个基本方面，在宏观层面上仍然需要国家和政府加大投入、加强建设、增加数量、完善体系，加快科技类博物馆建设步伐，提升科技类博物馆的系统潜力，特别是在经济发展相对落后的西部和边远地区，投入更多资金，支持科技类博物馆的建设，解决数量规模不足、发展布局不合理、学科分布不均衡、地区之间不平衡的问题；制定激励政策，支持和鼓励地方政府、企业、社会各界参与科技类博物馆的建设，建立地域覆盖、学科覆盖较为完备的科技类博物馆体系；积极推进科技类博物馆的管理改革，通过建立科技类博物馆评估或认证制度，引导科技类博物馆自身不断提升能力、追求创新，促进科技类博物馆事业从数量规模增长向提升科普展教功能和能力的发展模式转变。

在微观层面上则要求科技类博物馆深入研究科技类博物馆理论，学习和借鉴国际优秀经验和做法，提升科普展教理念，变革展教组织方式，提高展教设计意识，发挥科技类博物馆的特有优势，提升科普教育和科学传播能力。宏观层面上的数量规模增加和结构布局改善是提高我国科技类博物馆整体实力的基础，而微观层面上科技类博物馆的功能提升才是提高整体实力的关键。针对目前科技类博物馆科普展教理念相对落后、展示内容偏重基础知识、展览模式和手段缺乏创新等问题，科技类博物馆的能力提升策略需要重点关注这样几个方面的问题。

第一，建立科技类博物馆的"整合传播"体系。现代科技类博物馆的科普教育与传播已发展到"整合传播"的时代，需要统合运用各种传播手段、传播形式、传播技术，通过"系列性展览和组合性教育活动"，满足受众多元化的科普需求，激发公众对科学的求知欲、好奇心、兴趣、动机、理解、思考，增强科技类博物馆对公众的吸引力，提升科普教育的综合效果。这是科技类博物馆提升能力的必由之路。目前，我国许多科技类博物馆展教形式与手段比较单一，甚至只有非常简单的展示展览，坐等观众上门。科技类博物馆具有重要的"平台"功能，可以组织开展各种形式的科普教育和科学传播活动，吸引不同兴趣和需求的观众。这是当代科技类博物馆的一个基本特征，也是其发挥优势、提高能力的一个重要基础。

第二，合理确定科普展教内容的基本定位。科技类博物馆的科普展教应通过有吸引力的内容和主题征服观众。科技类博物馆科普展教在内容上要结合前沿科技发展、地方产业特色、生态环保意识、日常生活科技，同时根据分众理论的要求，确定针对不同群体的主题定位和内容选择，强化科技类博物馆的科普展教与观众科普需求的有效对接。结合前沿科技发展、地方产业特色、生态环保意识、日常生活科技开展科普展教活动，不仅可以更好地满足观众的科普需求，而且可以扩展公众对现代前沿科技的了解，提升公众对现代科技的理解，让公众能够将科学技术与生活联系起来，从而提高普及教育的效果。我国科技类博物馆需要在全面分析观众需求的基础上，挖掘特色科普资源，走特色化的办馆之路。

第三，强化科普展览的主题设计策略。科技类博物馆的基础业务是组织科技内容的科普展览。早期的科技类博物馆属于以展品为基础的"展品中心"模式，后来随着科学技术的体系化发展，转变为"学科中心"模式。而当代科技类博物馆的展览模式则是"主题驱动"，科普展览以展览主题为线索，围绕展览主题展开，以展览主题指导展品展项的设计和展览的组织，利用所确定的展览主题作为组合知识的基本工具，梳理科学技术的知识体系，给观众提供认识和理解科学技术的认知框架。目前国内外许多科技类博物馆都通常采用结构化的主题设计策略，建立多层级的主题结构，将展览区分为不同展区。

中国科技馆的科普展览就采用了典型的结构化主题设计策略，设有"科学乐园"、"华夏之光"、"探索与发现"、"科技与生活"、"挑战与未来"五大主题展厅，每一展厅还有次一级的主题，例如"探索与发现"展厅又被分为"宇宙之奇"、"物质之妙"、"生命之秘"、"运动之律"、"声音之韵"、"光影之绚"、"电磁之奥"、"数学之魅"等不同展区，利用这种结构化的主题将复杂的科学技术知识进行有效统合，从而给观众提供了一个认识和理解科学技术体系的框架。特别是利用"探索与发现"、"科技与生活"、"挑战与未来"三大主题将科学、技术、应用与未来发展很好地组织起来，让观众可以通过参观，系统了解科学技术的发展及其面对的问题，理解科学技术与生活的密切关系。

第四，发展交互式展览展示模式。与强调科学知识普及的传统科技类博物馆不同，当代科技类博物馆强调促进观众动手、动脑的体验学习，重视动态、互动、情景式项目设计，发展交互式、情景式展览展示模式，目标是让观众在与展品的互动中触摸科学、感受科学、理解科学，让观众能够沉浸在特定的过程和情境中体验科学、领会科学、认识科学。区别于传统展品的知识表达，动态、互动、情景式的展品展项可以将抽象的科学知识动态化、过程化、情景化，变得更加生动形象和易于理解，观众可以动用各种感官体验和感受科学现象和科学过程，留下深刻的印象和记忆。交互式展览展示模式对发挥科技类博物馆的特有优势、增加科普展览的趣味性、提升科普教育效果具有显著的作用，已成为 20 世纪科技类博物馆科普展览的基本模式。

利用交互式展览展示模式和高动态性、互动性展项，让观众能在博物馆里动起来，让科学能在博物馆里动起来，让观众能够感到科学不再是冷冰冰的知识，已经成为科技类博物馆激发观众探索科学乐趣、提高展览吸引力的利器。香港科学馆有超过 500 件的馆藏展品，其中约 70% 是老幼咸宜的互动展品，观众在这里可以利用飞行模拟器学习飞机驾驶并在香港上空翱翔，可以通过声音来控制声控老鼠的移动，可以利用"肥皂泡"展品造出大小不同的肥皂膜或肥皂泡发现表面张力的特点，也可以在安全的情况下体验触电的感觉，或是体验被高空坠下物件击中的惊险感觉，等等。其中最为著名的展品是以磙球展现势能—动能转化的"能量穿梭机"，展品高达 22 米，是目前世界同类型展品中最大的一件。每当能量穿梭机启动，观众都可以获得目不暇接的视听效果。

第五，强化现代技术手段的运用。科技类博物馆展教活动经过长期的发展，已经在开发、设计、制作展品展项方面拥有了许多比较成熟的方法，形成了许多成熟的技术和工艺，但同时要积极引进新技术、新方法和新工艺，不断进行技术手段的创新，特别是在动态、互动、情景式展品展项的设计中，利用机电一体化技术、自动化控制技术以及现代影视技术、多媒体技术、仿真技术、虚拟现实技术等，使科普展览能够更加立体全面地展现科学的魅力，更为形象直观地表现科学的现象，更好地吸引观众对展品展项的注意，更多地刺激观众的多种感官，让展品展项具有更高的吸引力、感染力、震撼力，让观众能够产生更强烈的心理体验。

综合运用多种技术手段增加科普展览的趣味性、震撼力，已成为当代科技类博物馆调动观众各种感官、增加观众体验、提高展览吸引力的另一利器。加拿大一家博物馆就运用了科技手段设计了一个表现加拿大远古历史冰川纪的大型场景：广阔的原野刹那间乌云翻滚，电闪雷鸣，风雨大作，滴水成冰，猛犸象咆哮嘶鸣……场景极具震撼力。[①] 利用技术手段进行动态情景化设计，显然比传统上利用静态展品或静态场景更能给人留下深刻印象。事实上许多经营性的娱乐场所，都在积极利用这类设计，开发科技主题的娱乐项目，洛杉矶迪斯尼公园就有"时间隧道"、"飞向未来"等科技娱乐项目，观众可以利用"时间隧道"进入恐龙时代，可以乘坐太空船遨游宇宙、飞向未来。[②]

第六，激发和引领观众的科普需求。科技场馆拥有丰富的展教资源，具有多种特殊的优势，科技类博物馆不能只满足于公众当下的、显性的需求（特别是知识层面的浅层需求），而是要重视激发和引领观众的科普需求。获取知识只是公众在科学技术方面的基础和表层的需求，科技类博物馆需要利用一切可能的手段激发观众更深层的需求，刺激公众可能还没有意识到的更多需求，更高程度地调动观众的好奇心和兴趣，促进观众更愿意主动学习科学的方法和思想，提升对科学的深层理解能力，让观众能够在科技类博物馆中获得终生难忘的学习经验。这比单纯的知识普及会更有价值，也会对观众的行为、动机、意识、情感、素质等方面产生更持久的作用和影响。

第七，重视科技类博物馆的公众营销和科普衍生产品开发。对于科技类博物馆来说，吸引观众才是硬道理，科技类博物馆需要强化公共关系职能和公众营销工作（包括设立专门的公共关系部门），主动走出去营销自己，走进机关、学校、企业、社区，通过组织科学技术的专题巡展、举办科普讲座或报告会等活动，扩大科技博物馆在公众群体中的知晓度和影响力，吸引更多观众来到博物馆。同时，积极进行科普衍生产品的开发经营。科普衍生产品具有重要的科普功能，观众从博物馆购买科普产品，不仅可以将科普知识带回家，而且可以留下对博物馆的持久记忆。公众营销和科普衍生产品经营不仅是科技类博物馆提高科普教育影响力、扩展科普教育功能的一个重要方面，而且在科技类博物馆免费开放的背景下也具有极为重要的现实意义。

---

① 马英民：《加拿大博物馆的理念与实践》，《中国博物馆》2006年第4期。
② 李成芳、李锐锋：《科技体验——推动我国科普进步的有效方式》，《武汉科技大学学报》（社会科学版）2006年第4期。

三　科技类博物馆科普展教和科学传播评估

　　为了提升博物馆的公众教育功能、确立博物馆公共服务标准，推广优秀博物馆的成功经验、引导各类博物馆的良性发展，目前国际上博物馆行业比较发达的国家，大都建立了博物馆的评估或认证制度。美国自20世纪70年代就开始对博物馆实施认证工作，目前已经建立了一套比较成熟的博物馆认证制度。从发达国家实施博物馆评估或认证制度的经验看，实行博物馆评估或认证对于强化博物馆行业管理、推进博物馆事业发展、促进博物馆业务提升、建立博物馆良性发展机制，具有非常重要的作用。博物馆评估或认证是可以整合多重目的、达成多种目标的一种重要的制度手段。

　　从国际博物馆评估认证的通行做法看，对科技类博物馆的评估认证通常都被纳入博物馆评估认证制度的框架内。我国国家文物局自2008年也开始推进博物馆评估工作，但从评估指标体系的设计以及评估的管理体制来看，国家文物局实施的博物馆评估适用于对全国各地历史文化类博物馆的评估，并不十分适用于对科技类博物馆进行评估。为了推进我国科技类博物馆事业的发展，提升科技类博物馆的科普教育和科学传播功能，有必要在积极借鉴国际博物馆评估认证办法和成功经验、深入研究科技类博物馆功能属性及其展教特征的基础上，科学设计科技类博物馆的评估指标体系，建立更切合科技类博物馆实际的评估制度。

1. 国内外博物馆评估认证的一些基本做法

　　目前博物馆行业比较发达的国家或地区实行的博物馆评估或认证通常都由博物馆协会主导实施，目标是通过评估认证过程给博物馆以全面的专业指导，利用评估认证标准引导博物馆更好地满足公众需求，促进博物馆不断"审视自我"、"强化学习"，发现自己的长处和短处，从而通过制定新的规划和战略，提升博物馆的公众服务能力。认证或评估在程序上大都采取自愿申请、自我评估、同行专家考察、评估或认证结果评议等基本步骤，评估方式包含定性评估和定量评估（通常以定性评估为主）。评估或认证在内容上通常强调对博物馆的任务使命、机构治理、藏品管理、公众服务等方面进行全面而专业的评

价和考察。

美国博物馆界有两个影响广泛的项目——"美国博物馆认证项目"和"美国博物馆评估项目"。"美国博物馆认证项目"（Museum Accreditation Program，MAP）由美国博物馆协会（American Association of Museums，AAM）下属的认证委员会组织实施，始于 1970 年，目前已有数百个博物馆通过了认证。该项目提出的认证标准由认证的核心问题、优秀博物馆特征、认证基本要求三个层次构成。其中，"核心问题"包括两个：①博物馆在实现其所宣传的使命和目标方面成绩如何？②博物馆的业绩在多大程度上达到了博物馆界公认的且与该馆实际情况相符的标准及最佳做法。"优秀博物馆特征"又称"可认证博物馆特征"，包括 7 个方面 38 条（见表 3）。①"基本要求"则对博物馆的使命宣言、治理、规划、藏品管理、道德准则、风险管理提出了一些相对具体的要求。②

表 3 "美国博物馆认证项目"的"可认证博物馆特征"

1. 公众信托和责任	1.1 博物馆受公众所托,保管好所拥有的资源; 1.2 博物馆明确其服务的社区,并就如何为它们服务作出恰当的决策; 1.3 尽管有明确的服务对象,但仍要尽力成为所在地区的良好参与者; 1.4 博物馆尽力做到包容,为不同人群的参与提供机会; 1.5 博物馆坚持自己公共服务的角色,并且把教育置于这一角色的核心; 1.6 博物馆承诺让公众能够在物质及智力上利用博物馆及其资源; 1.7 博物馆担负公共责任,保持其使命和运行的透明性; 1.8 博物馆遵守当地、州和联邦适用于其设施、运营和管理的法律、法规以及规章
2. 使命与规划	2.1 博物馆对其使命有清晰的理解,并阐明其为什么存在以及谁从其活动中受益; 2.2 博物馆运行的所有方面都整合和聚焦于实现其使命; 2.3 博物馆的治理机构和员工战略性地思考和行动,以获得、开发和分配资源去促进博物馆完成其使命; 2.4 博物馆为自己制定体现其特点的可持续规划,包括吸引观众和社区的参与; 2.5 博物馆建立衡量成功与否的标准,并利用这些标准去评价和调整自己的活动

---

① AAM. Characteristics of Excellence for U. S. Museums，http：//www. aam－us. org/resources/ethics－standards－and－best－practices/characteristics－of－excellence－for－u－s－museums；AAM. Accreditation Program Standards：Characteristics of an Accreditable Museum，http：//www. aam－us. org/museumresources/accred/upload/Standards. pdf；中国博物馆学会：《美国博物馆认证指南》，外文出版社，2011，第 9～13 页。

② 中国博物馆学会：《美国博物馆认证指南》，外文出版社，2011，第 57～86 页。

续表

3. 领导及组织结构	3.1 管理者、员工及志愿者的结构和处理事务的程序能有效地促进博物馆的使命； 3.2 治理机构、员工和志愿者对自己的角色和责任有清楚和共同的理解； 3.3 治理机构、员工和志愿者合法地、合伦理地、有效地履行自己的责任； 3.4 博物馆管理层、员工及志愿者的组成、资格及多元性，能使博物馆实现其使命和目标； 3.5 在治理机构与支持博物馆的任何组织之间存在有一个清晰的正式的责任分工，不论博物馆是分立的有限责任制，还是在博物馆内部或是它的上级组织内运行
4. 藏品保管	4.1 博物馆拥有、展示或利用与其使命符合的收藏； 4.2 博物馆合法地、合伦理地且有效地管理、记录、保管和使用藏品； 4.3 博物馆在开展与藏品相关的研究时要遵循相应的学术标准； 4.4 博物馆战略性地策划藏品的使用和开发； 4.5 博物馆遵守其使命，在保证藏品存续的同时能够使公众接触到其藏品
5. 教育和诠释	5.1 博物馆清楚地阐明其整体的教育目标、理念和宗旨，并证明自己的活动符合这些目标和理念； 5.2 博物馆了解目前的以及潜在观众的特点和需求，并且利用这种了解去指导自己的诠释； 5.3 博物馆的解说内容是基于适当的研究基础上的； 5.4 博物馆在从事基础研究时，遵守学术标准； 5.5 博物馆采用适合其教育目标、内容、观众及资源的技术及方法； 5.6 博物馆为每位观众都提供准确的、合适的内容； 5.7 博物馆在其解说活动中展示出始终如一的高质量； 5.8 博物馆对其解说活动效果进行评估，并利用评估结果来策划和改进其活动
6. 财务稳定性	6.1 博物馆合法地、合伦理地并且负责任地获得、管理和分配财力，以促进其使命； 6.2 博物馆的运行在财务上是负责任的，以促进长期的可持续性
7. 设施及风险管理	7.1 博物馆通过分配空间和利用设施来满足藏品、观众及员工的需要； 7.2 博物馆有合适的措施以确保人员、藏品（及物品）以及拥有、使用的设施的安全； 7.3 博物馆有保管和长期维护其设施的有效计划； 7.4 博物馆清洁，保养精良，满足参观者的需求； 7.5 博物馆采取恰当的措施来预防潜在的风险和损失

"美国博物馆评估项目"（Museum Assessment Program，MAP）是由美国博物馆和图书馆服务协会管理的一项联邦资助项目，始于 1981 年。该项目包括 4 个类型：①机构/组织评估，②藏品管理评估，③治理/领导力评估，④公共关系/社区参与评估。"机构评估"是对博物馆的管理和运营进行评估，帮助博物馆确定优先问题、制定战略规划，实现更有效率的运作，更好地为社区服务；"藏品管理评估"是对博物馆的藏品使用、规划及其相关政策进行评估；"治理评估"是对博物馆治理机构的角色、职责和能力进行评估，帮助博物馆

改善治理能力，更好地履行管理职责；"公共关系评估"是通过考察博物馆展品和服务以及社会和观众的评价，评估博物馆的公共关系、观众沟通。与"博物馆认证项目"不同的是，参加评估的博物馆可以从 4 个类型中选择，不必同时参加全部 4 个方面的评估。[①]

英国的博物馆认证制度在内容上包括组织健康、藏品、用户及其经验 3 个方面。"组织健康"包括明确的宗旨声明、管理机构章程、适当的管理安排、有效的规划、确保包括藏品在内的建筑物的租期、财务状况、员工在数量和经验上足以胜任博物馆的职责和规划、获得专业人员对政策决策的建议、清楚可行的应急计划、环境可持续性 10 个方面。"藏品"则包括令人满意的藏品所有权安排、藏品开发政策、归档政策、保管政策、归档计划、保管计划、存档程序、专家对安全措施的评价 8 个方面。"用户及其经验"则要求"获得认证的博物馆是受欢迎的和易于接近的，它们展示藏品，并且能够很好地识别和满足用户及其需求，为用户提供高质量的服务。"[②]

作为博物馆大国的日本同样重视博物馆评估工作，博物馆进行自我评估早就被列入了"博物馆法"的基本要求。在日本文部科学省委托日本博物馆协会 2009 年开发的博物馆自评系统网络版中，博物馆评价指标涉及博物馆及馆长的责任、观众、展览、教育普及、博物馆专业职员和一般职员、调查研究、藏品和收藏、设施和环境 8 个部分，包括 110 项指标。[③] 除博物馆协会发布的

---

① AAM. Assessment Types, http：//www. aam – us. org/resources/assessment – programs/MAP/ assessment – types.

② UK museums association, Accreditation Scheme for Museums and Galleries in the United Kingdom：Accreditation Standard, http：//www. artscouncil. org. uk/media/uploads/pdf/accreditation_ standard_ english_ web. pdf; Accreditation Scheme for Museums and Galleries in the United Kingdom：Guidance for section one – organisational health. http：//www. artscouncil. org. uk/media/uploads/pdf/ Accreditation_ guidance_ section_ one. pdf; Accreditation Scheme for Museums and Galleries in the United Kingdom：Guidance for section two – collections. http：//www. artscouncil. org. uk/media/ uploads/pdf/Accreditation_ guidance_ section_ two. pdf; Accreditation Scheme for Museums and Galleries in the United Kingdom：Guidance section three – users and their experiences. http：// www. artscouncil. org. uk/media/uploads/pdf/Accreditation_ guidance_ section_ three. pdf.

③ 日本博物館協会，2009，わが国博物館における評価の実際（先進事例），博物館評価制度等 の構築に関する調査研究書，東京：日本博物館協会；日本博物館協会，2009，「博物館自己 点検システムWeb 版」開発の経緯と方法、システムの構成，博物館評価制度等の構築に関 する調査研究書，東京：日本博物館協会。

博物馆评估系统外，日本还鼓励博物馆自行设计评估体系和评估方式进行自我评估，或邀请馆外专家对博物馆进行"外部评估"。

发达国家的博物馆评估认证通常都不对博物馆进行等级划分式的结论评价，而是将目标定位于帮助博物馆实现自我提升，通常都采取自愿申请的方式，采用博物馆界普遍认同且适用于各种规模和种类博物馆的标准，既没有"一刀切"的硬性规定，也没有过高的要求，不仅适用于对历史、文化、艺术、科技等各种类型的博物馆进行评估认证，而且强调鼓励博物馆的多样化发展。美国博物馆协会在其《美国博物馆认证指南》中就明确指出，"认证项目中并没有一套可以用来衡量所有博物馆的固定标准，也不可能有，因为博物馆是多元的"。① 美国博物馆认证项目就强调让每座博物馆都能通过认证而达到优秀。

为推进我国博物馆的评估工作，国家文物局于 2008 年制定并发布了《全国博物馆评估办法（试行）》、《博物馆评估暂行标准》等文件，开始对我国博物馆实施评估。评估工作由国家文物局组织开展，遵循自愿申报、行业评估、动态管理、分级指导和公平、公正、公开的原则，按照自评、申报、评定、公布的程序进行。与国际上大多数评估认证制度不同的是，国家文物局的博物馆评估具有鲜明的等级评价、评估认定特点，通过评估确定博物馆的相应等级（一级博物馆、二级博物馆、三级博物馆）。评估指标体系包括综合管理与基础设施、藏品管理与科学研究、影响力与社会服务 3 个部分，共计有 240 余个具体指标（四级指标）。评估中以对每项指标打分的方式确定博物馆的等级结论。

2. 国内外科技类博物馆评估的研究和实践

科技类博物馆评估可以分为整体运营评估、科普展教评估、展教效果评估等不同层面。目前国际上还没有专门针对科技类博物馆进行评估或认证的成熟方案或相应制度，但相关的一些研究和实践可以为未来建立科技类博物馆评估方案提供一些重要的启发和借鉴。英国前沿经济公司在其《评估英国科学中心影响》的报告中认为，可以通过收集科学中心的参观人数、拓展

---

① 中国博物馆学会：《美国博物馆认证指南》，外文出版社，2011，第 9 页。

（Outreach）活动、公众对话活动、观众参观科学中心的平均时长、参观者的平均成本、教育项目/培训班种类、与国家课程的相关性、参观者对项目的满意程度、项目测度的有效性等定量或定性指标来评价科学中心的功能、作用和效果。[①]

加拿大科技博物馆公司（Canada Science and Technology Museum Corporation，CSTMC）在其2006年发布的《CSTMC馆藏发展战略》报告中强调，CSTMC馆藏评估包括三个部分：理想馆藏、现有馆藏以及馆藏需求。理想馆藏通过分析科学技术的发展、加拿大的历史这种历史性评估来确定，通过历史评估辨别科学领域中的重要概念和思想，并将它们与"塑造加拿大"的主题联系起来。现有馆藏指的是科技博物馆藏目前拥有的馆藏。通过对比理想馆藏和现有馆藏，就可以确定博物馆的馆藏需求。[②] 馆藏评估可以为科技类博物馆馆藏更新和开发活动提供指导。

作为亚洲地区具有代表性、设备最完善的科技类博物馆之一，香港科学馆历来重视通过严格的藏品、展览、公众教育项目甄选标准来促进科普展教活动的开展。香港科学馆的藏品筛选标准包括：物件和制品的科学重要性、对人类生活的影响、作为发展里程的代表性、作为自然界中生物或样本的代表性、正确性、物理状况、耐久性、罕有程度、陈列的吸引力、价格、经常维修费用。展览的甄选标准包括：科学价值、教育意义、展示方法的有效程度、展品的吸引力、观众的入场人数、价格。教育项目的甄选标准则有：项目或活动的理念、原创性、科学价值、吸引性、可行性、教育价值及预算是否合理，申请者的过往经验、学术水平、与市民沟通的能力及组织能力等。[③]

科技类博物馆评估近些年来也引起了国内研究机构和学者的关注。中国科普研究所"全国科普基础设施发展状况监测评估总体协调组"就在2009年对我国科普基础设施发展状况的监测评估进行了专题研究，建立了一个包括规模

---

① Frontier Economics Ltd. Assessing the Impact of Science Centres in England：A Report Prepared for BIS．July 2009，London．http：//sciencecentres. org. uk/govreport/docs/impact_ of_ science_ centres. pdf.

② CSTM，Collection Development Strategy 2006，http：//www. sciencetech. technomuses. ca/english/ collection/pdf/collection_ development_ strategy_ 2006. pdf.

③ 香港科学馆：甄选准则，http：//sc. lcsd. gov. hk/gb/hk. science. museum/au/acc. php。

指数、结构指数、效果指数三个维度，用于监测我国科普设施发展状况的监测评估指标体系。监测评估报告最后以"科普蓝皮书"的形式发布，其中对我国科技类博物馆发展的监测评估也进行了专门研究。郑念、廖红、谭岑等学者对科技馆的常设展览效果评估、绩效评估等问题进行了研究。[①] 郑念、廖红在《科技馆常设展览科普效果评估初探》一文中，提出了一个包括教育效果、吸引力、社会效果三类指标的常设展览效果评估指标体系（见表4）。

表4　科技馆常设展览效果评估的指标体系

教育效果 （功能指标）	学习效果	学习到了新的知识、方法
		对科学产生了兴趣
		增加了对科学的理解
	展品与展览设置	展览内容的知识性与科学性
		展览内容的先进性和丰富性
	体验效果	展品的可参与性
		展品的操作简便性
吸引力 （管理指标）	展览环境	空间布局合理性
		展览照明的合适度
		展览/展厅安全性
		标示牌的易懂性
	综合环境（展厅及其他空间）	整洁度
		休息处和餐饮的方便度
		意见、建议的处理与反馈
		特殊设施的考虑
社会效果 （影响指标）	知名度	名称知晓度
		功能知晓率
		参观比例
	认可度	媒体关注程度（报道频率）
		休闲活动
		科普设施
		科普知识来源
		重复参观率

资料来源：见郑念、廖红《科技馆常设展览科普效果评估初探》，《科普研究》2007年第1期。

---

① 郑念、廖红：《科技馆常设展览科普效果评估初探》，《科普研究》2007年第1期；谭岑：《基于公共服务的科技馆绩效评估模型研究》，《经济研究导刊》2010年第8期。

3. 我国科技类博物馆及其科普展教的评估

根据发达国家博物馆评估认证制度的经验，博物馆评估认证制度的实施在宏观上可以强化对博物馆行业的专业管理，推广优秀博物馆的成功经验，强化博物馆的公共服务，促进博物馆事业的良好发展；在微观上可以促进参加认证评估的博物馆不断提升业务水平，不断改善运营管理，建立良性发展机制，发挥更好的功能作用，获得更好的社会认可。就我国目前科技类博物馆事业的发展来看，建立健全科学评估的标准、制度、办法，不仅有助于强化对科技类博物馆行业的规范化管理，提升科技类博物馆体系的整体实力，而且有助于强化对科技类博物馆的业务指导和方向引导，促进科技类博物馆不断提升管理水平和服务能力，因而是目前阶段促进科技类博物馆事业良性发展的一个重要突破口，是促进科技类博物馆提升公共服务能力的一个重要抓手。

科技类博物馆评估在评估内容上应该与国际博物馆评估一样，涵盖博物馆的任务与使命、组织与治理、运营与管理、藏品与展览、教育与活动以及风险管理、公共关系、财务状况等各个方面。根据科技类博物馆的功能属性和展教特点，评估应集中于科普展教资源评估、科普展教活动评估、运行保障条件评估三个基本方面。其中，科普展教活动评估主要评价科技类博物馆的科普教育功能与效果，科普展教资源和运行保障条件评估主要评价科技类博物馆支撑和保障科普展教、观众服务、持续发展的资源和条件状况。科技类博物馆评估还应促进科技类博物馆对成效显著的"特色项目"进行挖掘、总结和凝练，激励科技类博物馆强化特色发展战略。

（1）科技类博物馆科普展教资源评估。科技类博物馆科普展教资源是博物馆举办科普展览和教育活动、履行科普教育职能的基础保证条件，科普展教资源评估要对科技类博物馆拥有的各类支撑保障条件进行评估，评估的内容可以包括人（人力资源）、财（运行经费）、物（设施和装备资源）三个重要方面，具体可以利用定性、定量或定性与定量相结合的方式，通过考察和分析科技类博物馆在编人员规模及结构、科普志愿者和专家顾问队伍、经费规模及来源、科普工作的经费保证、展教活动和公众服务场所等设施条件、展品展项和业务研究等装备资源来判断。

（2）科技类博物馆科普展教活动评估。举办科普展览、开展教育活动是科技类博物馆的核心职能，因而科普展教评估是科技类博物馆评估的重点和核心。科普展教活动评估既要考察科技类博物馆科普展教的功能，也要考察科普展教取得的效果。科普展教评估在评估内容上可以包括常设展览、临时展览、科普教育活动三个方面，评价指标上可以设置常设展览的主题、展品展项、展览内容、观众参观情况，临时展览的数量和属性、观众参观情况，科普教育活动的数量和内容、公众参与情况，以及反映科技类博物馆社会影响力的公众知晓度、声誉、媒体关注度等基本指标。

（3）科技类博物馆运行保障条件评估。运行保障条件评估针对科技类博物馆运行与管理状况和条件进行评估。运行保障条件影响科技类博物馆的运行效率和能力提升、影响观众服务质量和参观品质，是科技类博物馆评估的重要内容。可以从科技类博物馆的治理机制、管理运行、展览环境和观众服务、公共关系、科普衍生产品经营等几个方面来进行评价，评估指标可以包括治理机制、管理制度及执行、展品管理、队伍业务提升、博物馆信息化建设、安全保障、开放情况、展览环境、观众服务、公共关系、衍生产品开发与经营等。

这三个方面构成科技类博物馆综合评估的基本内容。如果将评估集中于科普展教及其效果，则可以对"科技类博物馆科普展教活动评估"进行充分的细化，设置更为具体的评价指标。例如，就科技类博物馆的常设展览进行评估，可以通过考察反映科技类博物馆吸引力和影响力的观众参观人数、重复参观率、观众满意度、观众参观平均时长、公众知晓度、社会认可度、媒体关注度、国外及远程观众等指标进行定量化评估，同时利用观众调查和访谈获取观众参观后在学习科学知识、方法方面的收获，在理解科学思想、精神方面的提升，在科学技术兴趣、体验方面的增加，在认识、思考科学问题方面所受的启发等信息，通过分析这些信息，定性地判断展览所产生的实际效果。

科技类博物馆科普展教活动的效果评估需要反映当代科普教育和科学传播的新理念。传统的科普教育和科学传播强调对基础和常识知识的普及，目标是促进公众对科学知识的接受；随着公众理解科学运动的发展，科普教育和科学传播开始强调促进公众对科学的理解、体验和自主学习，科普展教的理念、模式、手段由此也发生重大变化。对科技类博物馆科普展教活动效果进行评估，需要考虑科技类博物馆理念上的这种变化，体现国际上对科技类博物馆功能认

识的新发展，将科技类博物馆科普展教的理解性（促进公众理解科学）、启示性（促进公众对科学问题的思考）、提升性（提升公众的科学素质）效果作为评估的重要内容，将观众参观后得到的实际收获作为评估的重要依据。

在中国科协科普部"2012 年度科普发展对策研究类项目"的支持下，我们曾对科技馆的评估问题进行了专题研究，提出了一个包括科普展教资源评估、科普展教活动评估、运行保障条件评估 3 项一级指标（外加"特色项目"）、12 项二级指标、28 项三级指标、92 项四级指标的科技馆评估指标体系。① 并提出，为了推进我国科技馆事业的深化发展，中国科协及相关管理部门有必要尽早起草并颁布"全国科技馆评估办法"、"科技馆评估标准"等规范文件，明确科技馆评估工作体制，出台相关支持政策，推进我国科技馆评估制度的建设。

从我国科技类博物馆目前的发展现状看，建立科技类博物馆评估制度，需要在中国科协领导下，通过设立"全国科技类博物馆评估委员会"来逐步推进。评估对象可以包括在我国正式登记注册的专门服务于科学技术传播、普及、教育的，拥有科普展览以及科普教育功能，面向社会公众开放的各级各类科技类博物馆。科技类博物馆评估可以按照自评、申报、评定、公布的程序进行。科技类博物馆按照评估标准开展自评，然后向评估委员会提出评估申请，由评估专家组进行实地考察和评估，再由评估委员会根据科技类博物馆的自评情况、专家组考察意见进行评议、讨论，最后向社会公布评估结论。

科技类博物馆评估工作在基本目标上应坚持"以评促建、以评促改、以评促管、重在提升"的原则和方针，以评估工作促进科技类博物馆的建设和发展、改革与创新、管理和运行，提高科技类博物馆科普展教工作的水平、能力、功能。在实践操作上应坚持"公平、公正、公开"的原则，公平公正地对待所有不同类型、不同规模的科技类博物馆。在价值导向上应坚持"科学评价、专业指导、促进特色、激励发展"的方针。科技类博物馆评估工作由评估委员会聘请业内同行专家进行专业化的评估，鼓励科技类博物馆办出特

---

① 翟杰全等：《我国科技馆评估研究》，"中国科协科普部 2012 年度科普发展对策研究类项目研究报告"，2012 年 8 月。

色，激励科技类博物馆不断提升。

　　同时，科技类博物馆评估还应贯彻"符合度"的思想和理念，重点考察科技类博物馆所确立的目标、任务、定位、办馆思路、发展方向是否符合社会发展和科技进步的要求，是否符合公众提升科学素质需求和科技类博物馆自身的实际情况，科技类博物馆的科普教育资源建设、科普展教活动以及管理服务工作的状态、质量、绩效是否符合科技类博物馆已经确定的目标定位要求、符合周围环境（政府、社会、公众）的期望，通过评估促进博物馆不断"审视自我"，寻找博物馆自身的优势和不足，帮助博物馆制定新的规划和改进措施，确立特色发展战略和目标，从而建立博物馆的良性发展机制。

B.4
我国科普场馆展览展项创新设计的理念、方法与对策

李象益　李亦菲*

摘　要：

　　本文针对当前我国科普场馆展览与展项设计中存在的主要问题，系统分析了科普场馆展览与展项创新设计的理念与方法，提出推进我国科普场馆展览与展项创新设计的主要对策。重点强调应用非线性动态交互主题设计模式，将国际创新理论新进展等创新理念以及过程教育、成果转化等设计方法应用于科普场馆展览与展项的创新设计，提升我国科普场馆展览与展项的设计水平。

关键词：

　　科普场馆　展览展项　创新设计　理念　对策

　　改革开放以来，我国经济持续快速增长，综合国力不断增强，科学技术得到长足发展，党中央、国务院对科技进步和科普工作越来越重视，相继出台了一系列鼓励科技创新和加强科普工作的政策法规。1994 年，中共中央、国务院发布了《关于加强科学技术普及工作的若干意见》（以下简称《意见》）。《意见》强调："随着经济、社会的不断发展和财政收入的不断增加，国家将逐步

---

* 李象益，教授，中国自然科学博物馆协会名誉理事长，北京市政府科普顾问，北京师范大学科学传播与教育研究中心常务副主任，北京大学、北京师范大学兼职教授。原国际博协执委、国际博协科技馆委员会副主席、中国科技馆馆长、中国科协普及工作部部长、中国自然科学博物馆协会理事长。主要研究方向包括：科学教育、科普教育创新、科普场馆创新理念及设计方法等。电子信箱：Xiangyi_ l@ yahoo. com. cn。李亦菲，北京师范大学科学传播与教育研究中心副主任，博士后研究员，主要研究方向包括学习心理与教育评价、科技教育与创新人才培养等。通信地址：北京师范大学 918 信箱；电子信箱：bjliyifei@ 139. com。

增加对科普工作的投入，并给予长期、持续、稳定的支持。各级政府也要采取切实可行的措施，保证对科普工作的经费投入。"明确地指出："各地应把科普设施特别是场馆建设纳入各地的市政、文化建设规划，作为建设现代文明城市的主要标志之一。"①

2000 年以来，我国加大了科技馆的建设力度。"十五"期间，改建和新建的科技馆达到 20 个。2008 年我国科技类博物馆数量已经达到 721 家②，其中，自然类博物馆（包括地学类博物馆、生物类博物馆和标本室、天文馆、自然史博物馆等）287 个，约占总数的 40%；科技馆 280 个③，约占总数的 39%；行业（专题）博物馆（简称行业馆）154 个，约占总数的 21%。预计在今后 5～10 年，全国所有的省、自治区、直辖市都将至少有一座具有一定规模和水平的科技馆。

然而，我国科技馆的数量、质量与发达国家或地区相比存在较大差距。从数量上看，我国内地平均约每 540 万人才拥有一座科技馆，科技馆数量与人口总数的比值仅相当于美国的 1/4、英国的 1/2.4、日本的 1/8 和我国台湾地区的 1/7。并且，由于建设缺乏总体规划，区域布局不尽合理，造成资源分散，共享率低，难以满足广大公众的需要。从质量上看，现有科技馆中，符合《科技馆建设标准》的达标科技馆只占总数的 12%，科普教育的功能远未充分发挥。

从展览和展项的情况来看，由于对科技场馆的性质、作用和特点理解并不完全到位，个别地方政府有关部门把建设科技场馆（特别是综合性科普场馆）作为地方政绩，存在盲目追求建设规模、忽视展览和展项的创新设计与有效利用等问题。概括地说，从深化教育的视角审视我国科普场馆展览与展项设计，存在四个问题：①缺乏创新设计理念，导致展览"同质化"严重；②重视科学知识的普及，忽视科学思想方法的传播；③自身缺乏展览与展项设计的专业力量，导致可持续发展乏力；④在设计中较少考虑教育活动的需求，导致

① 《中共中央国务院关于加强科学技术普及工作的若干意见》（1994 年 12 月 5 日）。

② 本文数据均来源于中国自然科学博物馆协会承担中国科协"我国科技类博物馆现状与发展对策研究"项目 2008 年的调查数据。此次数据仅为中国内地的科技类博物馆，不包括香港、澳门特区和台湾地区的科技类博物馆。

③ 中国科技馆课题组一次调查数据：截至 2010 年底，全国共建有以科技馆命名的场馆约 350 所。

"展教分离"。

上述问题的存在，说明我国科普场馆展览与展项设计理念和方法与发达国家相比，仍有较大差距，已经影响了我国科普场馆教育的深化，并且阻碍了我国科普场馆事业的可持续发展。针对这一情况，本文针对我国科普场馆展览展项设计中存在的问题，提出展览与展项创新设计的基本理念，倡导非线性互动交互的主题式设计模式等，以此为基础，系统阐述了科普场馆展览与展项创新设计的方法和对策。

一 科普场馆展览与展项创新设计的基本理念

早期的博物馆兼具收藏、研究、教育三大功能，随着科学技术的发展及其对生产和生活的影响越来越普遍、深入，科普场馆逐渐从博物馆中分离出来，其收藏、研究功能逐渐淡化，而教育功能不断强化，教育方式不断更新。具体说，在科学工业博物馆阶段，出现展示科学现象和显示机器运转的模型，强调通过演示和参与，使公众了解科学和技术的新奇。在20世纪上半叶兴起的现代科普场馆（科学中心）阶段，出现为演示自然现象、科学原理、生产工具等而专门研制的展品，强调引导观众通过参与互动理解科学知识、感受科学思想方法，并逐渐成为科普场馆的主流教育形式。

20世纪80年代以来，科技教育日益强调促进公众科学素养提高和公众理解科学。在这一背景下，科普场馆教育也在原有关注科学知识和科学思想方法传播的基础上，加强了对科学态度的培养和科学精神的弘扬，并日益重视公众对科学技术与社会的关系（STS）的理解。与此相适应，科普场馆展览与展项创新设计也必须突破以科学知识普及为主要目标的思想，全面加强科学思想方法、科学态度和科学精神的传播，有效促进公众对科学技术与社会关系的理解，提高科普场馆展览教育的水平和效果。为此，需要正确认识科普场馆展览教育的本质特征，明确科普场馆展览与展项创新设计的基本理念。

（一）科普场馆教育的本质特征

作为非正式教育和非正规教育的重要组成部分，科普场馆教育不仅以其鲜明的特色区别于基于学校的正规教育，而且区别于基于大众媒体的非正式教育。

作为正规教育的主体，学校教育的内容是全面的、基础的，并根据学科逻辑结构组织起来，内容的载体主要是印刷品和音频视频材料，实物形态的教具和学具为辅助。作为非正式教育的主体，大众媒体教育不仅在条件上极大地突破了学校教育所受到的时间和空间的限制，使教育对象上得到了充分的扩展；而且在内容上极大地突破了学校教育的容量限制，能够紧跟自然和社会变化的节奏、科技发展的步伐，将最新的自然现象、社会现象、科学知识、科技成果以多种文字、音频、视频等多种媒介形式及时地展现在公众面前。

从内容方面来看，科普场馆教育在内容的系统性上不及学校教育，在内容的广度和及时性上不及大众媒体教育，因此，只能在内容的典型性、深刻性上下功夫。在典型性上，应围绕最常见、最重要、与人们生活关系最密切的科学知识进行展览与展项设计，并以此为基础开展形式多样的教育活动；在深刻性上，科普场馆教育不应拘泥于科学知识的普及与传播，而应强调科学思想方法、科学态度和科学精神的传播，促进公众科学素养的提高。

从形式方面来看，科普场馆教育主要以实物形态的展项和展品为依托，印刷品、影视节目为辅助，在生动性、互动性上比学校教育和大众媒体教育都有优势。随着现代信息技术的发展，虚拟现实、增强现实等各种新媒体在创新展览形式、营造展示氛围等方面得到越来越广泛的应用，进一步增强了科普场馆教育的生动性和互动性。

基于以上分析，我们认为，科普场馆教育的本质特征是：通过实物展项与展品生动地再现自然现象的奥秘、科学原理的奇妙、科技实践的艰辛、技术成果的应用，为观众营造一个直接感受和理解科技的开放性学习环境。

（二）科普场馆展览与展项创新设计的基本理念

以科普场馆教育的本质特征为基础，并借鉴当前社会发展的需要和相关学科的研究成果，可以从整合科技内容、关注公众需求、支持过程教育、拓展教育形态四个方面，对科普场馆展览与展项创新设计的指导思想简述如下。

1. 整合科技内容，提高科学素养

科普场馆教育的总体目标是提高公众科学素养。这一目标是创新科普场馆

展览与展项设计的出发点，也是评价展览与展项质量的重要依据。然而，科学素养是一个多维度目标，国内外学者对这一目标的要素与结构还存在不同的理解。

2005年，李象益和李亦菲从科学知识、科学方法、科技事业（强调科学技术与社会的关系）等方面解读"科学"一词，从"读（理解）"和"写（表达与应用）"两个方面解释"素养"一词，并以此为基础，提出了科学素养的"六要素模型"（见表1）。

表1 科学素养六要素模型

素养科学	读（理解）	写（表达与应用）
科学过程	理解科学过程与方法	亲历科学过程，开展科学研究
科学知识	理解科学知识（事实、术语、概念、原理等）	表达科学知识
科技事业	理解科学技术与社会的关系	应用科学知识和科学方法解决个人和社会问题

这一结构模型从"科学"与"素养"两个维度分析科学素养，既明确了科学素养的内涵和要素，又展现了科学素养诸要素之间的关系。在"六要素模型"中，不仅包含了米勒的模型中对科学知识、科学方法与科学事业的理解，还包含表达（交流）科学知识的能力、开展科学探究的能力、解决个人和社会问题的能力。

在这一模型中，没有包含个体对科学过程、科学方法、科技事业（或技术成果）的情感态度（即科学精神和科学态度）。为弥补这一不足，周立军和李亦菲在"素养"的"读（理解）"、"写（表达与应用）"两个水平之外，增加"悟（情感与态度）"这一水平，从而将"六要素模型"扩展为"九要素模型"（见表2）。

表2 科学素养九要素模型

素养科学	读（理解）	写（表达与应用）	悟（情感与态度）
科学过程	理解科学过程与方法	亲历科学过程，开展科学探究	乐于探究，严谨求实
科学知识	理解科学知识（事实、术语、概念、原理等）	表达与应用科学知识	尊重（不相信迷信） 质疑（不盲从权威）
技术成果	理解技术成果的具体功能	应用技术成果解决个人和社会问题	感悟科学技术与社会的关系（STS）

在"科学素养的九要素模型"中，"科学方法"、"科学知识"与"技术成果"是科学和技术的内容，既可以通过科普场馆展项表现出来，也可以通过科普场馆教育活动中的其他辅助资源（如印刷材料、辅导员讲解等）表示出来，以这些内容的具体呈现（Occurrence）为基础，个体可以分别在读（理解）、写（表达与应用）、悟（情感与态度）三个层面表现出其科学素养，分别称为科学素养的知识目标（Knowledge Objectives）、过程与方法目标（Process Objectives）、情感态度目标（Affective Objectives）。基于"科学素养九要素模型"的科普场馆展项或教育活动的内容与目标之间的关系可以用KAPO模型表示，见图1。

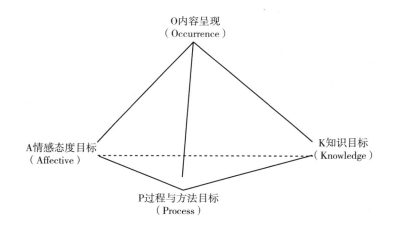

图1　科普场馆展项与教育活动的 KAPO 模型

在科普场馆展览中，大部分展品和展项都是对科学知识或技术成果的展示，科学过程往往是蕴含在其中的。根据 KAPO 模型，理想的展项或教育活动不仅应该引导观众获得对科学知识、技术成果、科学方法的理解，而且要培养相应的表达科学知识的能力、开展科学探究的能力、解决个人与社会问题的能力，同时，还要使他们形成正确的科学精神和科学态度。因此，科普场馆展览与展项的设计应该支持和促进科学素养多维度目标的实现。

2. 关注公众需求，聚焦社会热点

随着科学技术的发展和与人们生活的关系越来越密切，科普的发展也日益

呈现与社会、公众需求更加紧密结合的趋势。人们越来越认识到，科普不仅是培养科学家和工程师的活动，而且是一种面向大众的文化建设活动。为此，科普在服务于科学技术自身发展的同时，也要服务于社会的进步，服务于公众生活质量的提高，为人们导入科学的生产、生活方式。

在科普场馆展览教育中，越来越多的观众已不再满足于充当科学知识的被动接受者，而是开始更多地主动关注科技发展对经济和社会的巨大影响，关注科技的社会责任问题。在这一背景下，科普场馆教育要尽力摒弃单纯的科学知识教育，围绕公众生活中的困惑和难题，引导他们以科学精神和态度，利用科学方法作出正确的判断，提高自身的生活质量。具体地说，科普场馆教育的目的应定位于激发公众对科学的兴趣，促进公众对科学事业的了解，提高公众的整体科学素养。这就需要把自上而下的、俯视的、单向教化的、静态的、以普及科学知识为主的传统的科学普及，转变为平视的、双向交流的、动态的、以促进公众理解科学为核心的现代科普上来。

公众理解科学包括对科学知识的理解、对科学过程的理解、对科学与社会关系的理解，其核心是对科学精神的理解。在这一背景下，科普场馆教育从传统的侧重于科学知识和技术发明的传播，扩展到关注科学技术与公众的关系、科学技术与社会发展的关系、公众对科学技术的态度及其对政府决策的影响等方面的内容，实现科技与社会相结合。

技术成果是科普场馆教育内容的源泉，反映着科学技术对社会的巨大推动作用。作为人的一类社会活动，科学技术和其他类型的社会活动，如经济活动、政治活动、军事活动、教育活动、思想文化活动之间，无不存在着互动关系。科学技术与其他社会活动的互动，从总体上看是一种双向作用。

一方面，作为推动人类文明和社会发展的有力杠杆，科学技术正在改变着人们的生产方式、生活方式、思维方式和社会发展方式。科学技术能对其他社会活动产生的影响作用称为科学技术的社会功能。另一方面，其他社会活动对科学技术具有制约作用，这类作用构成科学技术发展的社会条件，使科学技术朝着社会需求方向发展，也反映了人民群众对于科学技术的需求。

根据科学技术与其他社会活动的双向互动，在科普场馆展览与展项设计中，不仅应通过观众最易接受的方式，展示科学技术对社会的巨大推动作用，而且应关注社会热点，向观众展示社会急需的技术成果。

3. 支持过程教育，促进深度理解

科普场馆展览的主要任务是普及科学知识，主要是经典的、基础性的科学知识。其中，科学知识大多是科学事实、科学概念和科学原理。20 世纪以来，人们对知识的理解突破了事实、概念、原理等陈述性知识的局限，扩展到包括陈述性知识、程序性知识、元认知知识的广义知识观。根据广义知识观对知识的分类，学习的含义从通过阅读、听讲等方式记忆和复述陈述性知识，扩展为通过模仿、练习等方式掌握程序性知识，通过感悟、实践等方式生成元认知知识。在这一理解下，教育的目标不能局限于理解陈述性知识，而是要扩展到掌握程序性知识，发展解决实际问题的能力；扩展到生成元认知知识，发展积极的情感态度。

从学习的角度看，人们对"有效的学习是如何发展起来的"这一问题的认识，也逐步由过去的"死记硬背的练习"转变为"促进理解与应用的学习"上来。前者是浅层记忆的学习（"浅学习"），后者是深度理解的学习（"深度学习"）。所谓深度理解，是指能够透过文字、数据、图形等符号的表面意义，获得其中所蕴含的陈述性知识、程序性知识和元认知知识，并利用这些知识理解外部世界、解决实际问题、发展情感态度。能做到深度理解的个体不仅能够获得各种符号所描述的事实性知识，而且能够深入理解隐藏在事实背后的概念性知识，掌握解决特定问题所需的过程性知识，并能对所学知识作出适当的价值判断。

现代信息技术的进步使得资料和数据的复制、保存、编辑和检索变得非常容易。面对庞大和繁杂的数字化信息资料，许多人只是快速浏览，对于貌似有价值的信息，通常也只是通过简单的复制和粘贴，将它们转移到自己的硬盘上，放在文件夹中。在这一背景下，人们普遍用"信息浏览"代替了"知识获取"，用"浅阅读"（"浅学习"）代替了"深度阅读"（"深度学习"）。

"浅阅读"逐渐取代"深度阅读"的一个直接后果，就是人们虽然在各种电子存储设备中保留了数量庞大的资料，但在面临实际问题时却经常找不到适当的知识和技能。在科普场馆教育中，这种情况尤其明显。由于以参观为主的科普场馆教育主要依赖于实物的参观学习，口头和书面的文字只是作为辅助，

因此，观众主要获得具体的形象信息，并且不能记笔记、不能复制信息。在这种情况下，如何改变以参观为主的科普场馆教育方式，促进观众对展览内容的深度理解，就成为创新科普场馆展览与展项设计不能回避的挑战。

过程教育为促进观众对展览内容的深度理解提供了有效的支持。过程教育源自科学教育中的"做中学"（hands-on）项目，基本理念是"听会忘记（You hear，you forget），看能记住（You see，you remember），做才能会（You do，you learn）"，倡导"提出问题—动手做实验—观察记录—解释讨论—得出结论—表达陈述"的教育模式，强调通过自身经历的探究过程，理解科学原理、亲历科学过程、感悟科学精神。

显然，过程教育是促进深度理解的有效方法，将引导科普场馆展览与展项的创新设计拓宽思路并拓展创作空间。具体地说，通过多种展示手段的有机结合，能实现在观众参与展项操作与体验时，让他们沉浸于浓厚的学习氛围中，自选学习内容、自主操作并干预学习进程、与学习伙伴交流和互动；同时，还能让展项的自身系统成为观众学习的"组织者"和"指导者"。利用这些多元表现形式来组织展教活动的开展，是实践过程教育的需求和体现，大大增强了展览教育的效果。

4. 拓展教育形态，提升教育水平

展览教育活动是科普场馆教育的典型方式和主要形式，在展览与展项设计中，必须从一开始就考虑展览教育活动的需求。然而，在科普场馆中，观众驻留在单一展品前的时间非常短。观察表明，互动性展品也通常只能让儿童停留5～10分钟，他们按一下按钮、转动一下把手，仿佛将科普场馆看成游乐场。他们会沉迷于自己感兴趣的事情，除非老师有要求，他们一般很少做记录。

完全开放的参观和游览属于非正式教育形态，难以保证科普场馆教育的有效性。为提高科普场馆教育的水平，就需要在科普场馆展览与展项设计时，对科普场馆教育活动进行系统的规划和设计，使其有主题、有重点，并利用问题或活动设计引导观众与展品进行积极的互动，并在互动过程中理解科学原理、亲历科学过程、感悟科学精神。

根据国外科普场馆实施的学校项目（School Program）的经验，可以采用参观前、参观中、参观后的"三阶段教学模式"来提高科普场馆展览教育的效果。在这种"三阶段教学模式"的安排下，科普场馆教育就由没有计划的、完全自由的非正式教育变成了有计划、有组织的非正规教育。

对展品进行一些操作固然能引发观众停留，但要引发学生对科学知识、科学方法、科技成果的思考与学习，仍需透过解说文本与观众对话。在辅助科学概念学习上，除了对展品的操作设计、现象呈现外，还可以开发辅助性的"学习单"与展品配合，对展览作适当延伸，增加展览没有充分展出的与展品相关的背景知识，丰富展览内容，可以使它成为辅助展品学习，促进科普场馆非正规教育的有效工具。

二　科普场馆创新展览与展项的主题式设计模式

近 10 年来，"主题式设计"逐渐成为我国科普场馆展览与展项设计工作中的热门词语。然而，在许多科普场馆展览与展项设计项目中，无论是建设单位还是设计单位，都没有准确把握"主题"的内涵，要么将"主题"理解为概括展览内容的专题名称，称为"主题展览"，如"航空主题展"、"海洋主题展"等；要么将"主题"理解为展厅的标题，称为"主题展厅"，如"××之光"、"××家园"等。

这种现象表明人们对"主题"一词的理解存在简单化、标签化的倾向。从词义解释来看，"主题"一词有狭义和广义两种理解。从狭义上看，主题是指统领或涵盖作品内容的基本观点；从广义上看，"主题"也指作品的题材，通常是社会生活或现象的某方面具体内容。在英文中，通常只将作品的要点、中心思想或主要观点（即狭义的理解）称为主题（Theme），而将作品的题材（即广义的理解）称为"话题"（Topic）。显然，将主题理解为"展览名称"或"展厅标题"，实际上是将话题当成了主题。

20 世纪 90 年代中期以来，围绕跨学科"主题"展开教学成为学校教育中提高学习质量的一个重要措施[1]。在教育领域中，主题是指学习内容的要点、

---

[1]　P. L. Roberts，R. D. Kellough 著《跨学科主题单元教学指南》，李亦菲等译，中国轻工业出版社，2005。

中心思想或主要观点，是将分散的信息整合到一起的"黏合剂"。在跨学科主题单元的学习中，主题有助于帮助学生发展有意义的知识框架。

从陈述方式来看，一个主题可以是一个代表重要意义的词，比如"生存"；也可以是一个短语或短句，比如"人们可以在各种环境下生存"；还可以是一个问题，如"人们的行为是如何帮助他们在不同的环境中生存的？"；主题还可以是一个以问题为中心的探究活动（Problem-Centered Inquiry），如"在一个不熟悉的环境中，什么可以帮助人生存下来？"

主题不仅仅是一个话题，它包括学生在主题研究中涉及的基本学习内容（要点）、交流活动（信息）和观点（概念、准则、模式、设计）。此外，一个主题不仅涉及与话题学习有关的信息，而且可能涉及情感因素。例如，研究的主题可能是一个词组："自我接受或接受他人"、"克服恐惧"、"去除偏见"等；主题也可以是一个词：公正、正直、道德；主题还可以是对人类情感的直觉或理解。这种理解能培养学生对生命的尊敬，包括对动物的生命、植物的生命和人的生命的尊敬。

在设计工作中，通常根据对象中部分和整体的先后顺序，区分出自上而下的设计和自下而上的设计两种模式。所谓自上而下的设计，就是先有一个整体轮廓或核心主题，再分别对组成部分进行有计划、有步骤的详细设计，形成具体的部件，最后再组装为实际的整体；而自下而上的设计，则是在没有总体轮廓或核心主题的情况下，通过搜索和积累的方式建立部件，然后组装为整体。

以上两种模式都是线性的、单向的设计模式。其中，自上而下的设计模式是最主要采用的模式。在实际的设计工作中，经常需要将两种设计模式混合使用，即"自上而下与自下而上相结合的模式"。

对于主题式设计来说，这三种模式都是存在的。下面，分别对三种模式的特点加以简要描述，并举例说明各种模式在科技馆展览与展项设计中的应用。

（一）自上而下的主题式设计模式

自上而下的设计这一概念源自系统工程学，指对一项工程整体理念的具体化，表现为理念和实践之间的蓝图，总的特点是具有"整体的明确性"和"具体的可操作性"，在实践过程中能够"按图施工"，避免各自为政造成工程建设的混乱无序。按照自上而下的设计模式，要完成一项大工程，必须从全局的视角出发，对项目的各个层次和要素进行统筹规划，做到理念一致、功能协同、结构统一、资源共享、部件标准化。

在科技馆展览与展项设计中，自上而下的主题式设计模式也被称为"主题展开"设计模式，一般按照提炼展览主题、表达展览主题、表现展览主题的流程展开。下面，以一个地方科技馆的设计过程为例，说明"主题展开"设计模式的做法和可能存在的问题。

某地方科技馆在建设初期，委托设计公司进行内容规划。设计公司结合当地的地域特色，采用自上而下的主题式设计模式，提出了"海·陆·空"的设计思路。海——海洋，重点讲述海洋环境和海洋生物特征，突出当地依托海洋发展经济的特点；陆——环境，讲述人类的生存环境；空——宇宙，重点讲解天文学的知识，以弥补当地没有天文馆的不足。

然而，这一主题的缺点是，没有体现科技馆教育的本质，即以多样化的展项再现科技原理及其应用，为观众理解科学创建开放的学习环境；也没能贯彻 STS 教育的理念，不能反映出科学技术进步对社会发展的巨大推动作用和社会发展对科学技术进步的影响；更没能强调科学技术的综合交叉与在社会中的广泛应用。

为体现科学技术是社会进步的动力，应在"海洋"主题中，体现人类如何使用科学技术开发和利用海洋；在"陆地"主题中，讲述交通、能源等新技术的发明给人们带来的便捷，人类如何利用科学技术改造和适应环境；在"宇宙"主题中，展现航空航天技术的不断发展进步，如何让人们认识和开发太空。

在建设过程中，建设单位过于依赖国外设计公司，而忽视了与国内科研院所、高等院校、企业的充分交互与交流，也没有着力搜集和储备与主题相关的展品来呼应主题，不重视各阶段之间的互动与反馈，从而导致创新度不够。

（二）自下而上的主题式设计模式

自上而下设计模式的顺利推进是有前提条件的：一方面，建设者和设计者对于要达成的目标及其路径要有基本共识；另一方面，设计者对设计对象有着较强的把握能力，对设计流程也非常熟悉。在实际设计工作中，以上两个条件往往不能满足。在这种情况下，可以采用自下而上的设计模式。

具体到科技馆展览与展项设计中，如果一开始不能确定一个明确的主题，则可以先划定主题范围，通过广泛征集和优选展品的方式来逐步明确展览主题，形成展示方案。这种做法就是自下而上的主题式设计模式，其缺点是难以产生创新型展品，并且可能出现主题陈述和展品选择不一致的现象。

例如，扬中市是长江中的一个小岛，地域特色是水产丰富，尤以河豚出名；经济特色是电气制造基地。为了丰富课堂教学内容，使得中小学生在娱乐中体验科学知识的奥妙，提高青少年的科技素质，扬中市教育局决定建设市青少年科技馆。

科技馆筹备小组明确提出，要建立一个主题型科技馆，并确定了"体验科学、探索未来，生态之城、先进制造"四大主题框架。在广泛征集近300件展品资料的基础上，选择出典型的、能表现关键问题的展品进行编辑整理与提炼工作，最终形成展示大纲。

在以上设计过程中，筹备小组有明确的建主题馆的意识，但主题的陈述流于抽象的口号，没有从主题出发进行内容规划和概念设计，而是在征集展品的基础上进行主题对应和展览分区。这种自下而上的主题式设计模式，特点在于在优选展品的基础上，归纳出主题。简单的"穿靴戴帽"或只优选展品而不提炼主题的做法，都不是真正意义上的主题设计。

（三）非线性动态交互的主题式设计模式

20世纪80年代以来，国际创新理论肯定并接受了非线性动态交互的创新模式。在这一模式下，创新是一个有多个内部和外部行为主体的参与，由多个层次和多个环节构成的完整价值实现的过程。在这一过程中，各层次、各环节以及各参与主体之间发生着复杂的交互作用，新发现、新观念或新思想可以首先出自其中任何一个参与主体和相应的环节，并在其他环节和参与主体的交互作用下引发整个创新过程。这一过程不仅仅是各环节和参与主体之间的相互影响和协同合作，更重要的是其中复杂的、多重的反馈机制，往往是多层次、多环节、多参与主体间的一场"混战"。①

---

① 葛霆、周华东：《国际创新理论的七大进展》，《中国科学院院刊》2007年第6期。

在非线性动态交互的创新模式中，创新的效率则取决于创新过程中各层次、各环节和各参与主体间的联结是否畅通。尤其重要的是，这些联结关系通常是随机的、难以预料的，是在竞争中选择的，并且是通过学习逐渐积累起来的。

对于科技馆展览与展项的主题式设计来说，涉及的参与主体包括科技馆建设单位、设计单位、施工单位，以及产生科技成果的科研院所、高等院校等；经历的阶段包括前期研究、内容规划、概念设计、初步设计、深化设计五个环节。由于参与主体的多元化和设计过程的复杂性，参与主体之间、各环节之间必然产生非线性的、动态的交互作用，使设计成为一个自上而下和自下而上相结合的过程（见图2），这就是所谓的"非线性动态交互的主题式设计模式"。

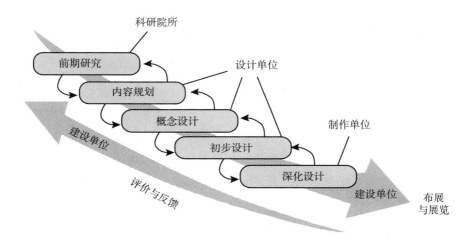

图2 非线性动态交互的主题式设计模式

在非线性动态交互的主题式设计模式中，前期研究需要明确以下几个方面的内容：

（1）明确展览受众（服务对象），这是展览规划的原点，解决是面向一般公众、政府部门、社区居民还是其他特定人群的问题；

（2）明确展示范畴，如在空间上是全球性、国家性还是地域性内容，在时间上是过去还是现在的内容，或是综合性的内容；

（3）确立教育理念和目标，如除了解决知识和技能层面目标之外，还需

115

要解决态度、情感、价值观，科学思想、科学方法层面的目标等；

（4）确立设计原则，如学术交流、科技成果展示、公众与科学交流平台等作用。

三　科普场馆展览与展项创新设计的主要方法

（一）重视需求拉动，实现创新价值

创新是技术推动和需求拉动之间复杂的交互作用的过程，并且需求往往起着决定性的作用。参观者需求是科普场馆建设的出发点和落脚点。因此，在科普场馆的建设过程中，要做到真正的创新，实现展览与展项设计创新的价值，就是要切实有效地分析和满足参观者需求。具体地说，为了在科普场馆展览与展项创新设计中通过需求拉动实现创新价值，应切实做到以下四个方面。

1. 把握时代主题

不同时代具有不同的时代主题，参观者最关心的是与其自身密切相关、身处其中的时代主题。科普场馆对这些内容的展示不仅能提高参观者的知识水平，更能增强他们的时代感与使命感，对整个社会起到正面的推动作用。

当前，环境与气候变化成为重要的时代主题。正在建设中的杭州低碳科普场馆就紧紧把握住了"低碳"这个时代主题。展览将首先展示生活的碳的世界以及碳的重要性；接着介绍工业社会以来人类毫无节制的高碳活动，产生和排放了大量以二氧化碳为主的温室气体，引起全球变暖，严重地威胁着地球的气候和生态环境；最后指出，必须建设低碳城市、实现低碳生活、以不懈的努力去创造低碳未来，这是人类社会可持续发展的唯一选择。

此外，杭州低碳科普场馆建筑本身按照"国家绿色建筑三星级"标准进行设计和建设，采用了太阳能光电、雨水利用、地源热泵系统等技术，是具有示范意义的绿色建筑。在引领老百姓低碳生活方面，该馆巧妙设计了许多前卫概念和互动展示，如"零碳小屋"、"低碳婚礼"、"穿衣服的减碳学问"、"办公也减碳"等环节，让人们在体验前卫和智慧的过程中，学会"低碳"生活方式。低碳科普场馆专门设立了儿童科技乐园，让小朋友在互动小游戏中认识

"低碳"。作为中国首个以此为主题的科普场馆，为向参观者传递低碳生活理念做了全新的探索和实践。

2. 捕捉社会热点

社会热点是特定领域的人们在特定时间内关注度比较高的问题，具有较强的针对性与时效性。建设者要注意通过观察获得尽量多的社会信息，深入思考这些社会热点所折射出来的现象和内在的本质以及来龙去脉，进行归纳和梳理，从中发现具有规律性的东西，加深对于社会热点的判断。对社会热点捕捉的精准与否将直接影响科普场馆对参观者总体吸引程度的高低。

国内某民航博物馆在初期设计时，仅由各个部门内部抽调人员进行研究讨论，最后给出的设计大纲主要围绕着该领域发展历史的展览，导致最后的设计内容上没有明确的受众定位。事无巨细，只要跟其发展有关的内容都添加到其中。这一方面导致展示内容过于庞杂，另一方面内容的设计上总给人隔靴搔痒的感觉，没有击中需求要害。究其原因，实际上就是没有考虑参观者对民航的需求是什么，进而导致即便有设计，内容也没有创新的针对性，其创新没有充分的价值体现，也就不可能真正认识其对现代经济与社会的重大作用。

认识到这一点之后，通过对创新的价值实现理论的理解和应用，该博物馆建设者深入分析了参观者（大部分是民航的消费者和潜在消费者）对这一领域所关注的问题，得出参观者关心的热点需求问题是民航如何做到安全、舒适、高效与经济。以此为依据，建设者对展览大纲进行了调整，侧重讲了民航如何实现安全、舒适、高效与经济的技术的发展，同时增加了体验展区，通过情境与互动的方式加深观众对民航的理解，大大增强了对观众的吸引力。

3. 贴近公众生活

贴近生活的设计就是要把参观者日常生活中常见的东西通过艺术化和科普化的方式进行转化，在科普场馆中加以展示。按照这样的思路设计出的展品给参观者以亲切感，从而使他们能积极主动地去参与互动，另一方面常见的东西在理解上不会存在较大的障碍，便于将科学原理讲得通俗易懂。因此针对这样的内容进行创新，将有助于展项以及其要阐述的科学原理的价值尽可能地发挥到极致，实现真正意义上的创新。

日本奈良"我的工作室"职业科普场馆就是将贴近生活的思路融入展览

与展项设计中的例子。职业科普场馆的设计者们强调的理念是："只要是社会公众需要的，受欢迎的，能创造好的社会效益的就是成功的。"秉承这一思路，"我的工作室"针对当地青少年职业培训、职业选择教育、社会职业介绍等内容创办的，馆中介绍了日本生活中最为常见的47种职业，如建筑设计师、护士、家庭插花师等，参观者可以在其中找到任何一种在生活中遇到的职业，现实中可能没机会去尝试，而在这里都可以参与其中，既了解了相关职业，也了解了自己在这方面的潜能，可以说是把对人的需求做到了更深的层次。正因为如此，"我的工作馆"职业科普场馆自开放以来取得了良好的社会效益。任何一位参观者都是来自生活的，对生活都有着自己的感悟与兴趣点，从这一角度来看，只要能善于挖掘、梳理贴近生活的知识点，任何科普场馆都可以走出一条属于自己的创新之路。

4. 开展需求调查

要改变以往确定展项设计方案只听专家意见的设计路线，通过对参观者采用抽样问卷调查和召开受众调查座谈会等方式进行广泛的社会调查，并在取得大量系统的调查数据和资料的基础上，进行详细的、全面的分析研究。在听取受众意见和满足需求的基础上确定展示内容，并以此需求意向来指导规划工作，提供决策参考依据，特别是以受欢迎程度为主要依据来选择展示内容，注重通过优选有明确教育目的的、互动性强的、有趣味性的支撑性展品提高展览水平，从而更好地满足受众的需求，提高观众对科普展示的满意度。

例如，广东科学中心在建设之初就与广东省社会科学院牵头，联合全省各市科技局、教育局开展了全省性的社会调查。为保证调查质量，专门制作了生动、直观的科学中心介绍影视片，进行了细致的基层组织工作，调查对象达3763人。其间还在广州、佛山、珠海等5个城市组织召开了6场教育、旅游、科协、团委、街道等方面代表参加的受众调查座谈会。在取得系统调查数据和有关资料的基础上，进行全面、科学的分析研究，最终完成了约100万字的《广东科学中心受众需求调查分析研究报告》。该报告为科学中心以公众需求意向规划设计展示内容提供了指导性意见。

此外，在展品开发过程中也应进行多种评估以便了解受众需求，展览开发前的前置评估、展品完成后的展示效果评估。这些评估，特别是前期的评估对保证展览的最终效果起到了举足轻重的作用。实践证明，在展览开发过程中及时了解观众的看法和问题非常重要，往往由此能发现展览开发人员事先未预料到的问题，如原本没想到的观众的知识盲点，甚至会意外地了解到观众新的兴趣点，这些都是展品创新的基础和来源。

（二）整合三维目标，提升创新水平

整合科学素养三维目标的 KAPO 模型不仅可以指导科普场馆展览与展项的设计创新，而且还可以指导展览教育活动方案的策划和实施。根据这一模型，仅围绕知识目标（K）设计展项或开展教育活动（O），只能使观众理解科学知识或科学技术与社会的关系；而围绕知识目标（K）和过程与方法目标（P）两方面设计展项或开展教育活动（O），就能使观众感受到科学过程中蕴含的科学思想方法；如能够围绕知识目标（K）、过程与方法（P）和情感态度价值观（A）三个维度设计展品或开展教育活动（O），才能使观众在情感和态度层面上理解科学精神，树立科学的价值观。以上三种情况逐层递进，构成展览与展项或教育活动的三种水平（见图3）。

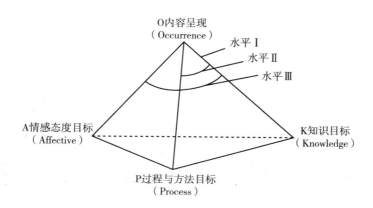

图3　基于 KAPO 模型科普场馆展项与教育活动的三种水平

在展览与展项设计中，可以从以下三个方面促进三维目标的整合。

首先，要深入理解和反映整个科学技术发展的某些历史进程。在展览与展项设计中，要善于抓住科学历史中具有里程碑意义的重大发现，通过实验的演

示、体验，游戏的互动、参与和多媒体的展示以及必要的历史场景还原，再现当年的科学发现氛围，揭示取得重大科学发现过程的思想方法，折射出科学探索从低级到高级运动形式，从个人研究到团队合作，从学院式到社会化的发展脉络。

其次，要注意到科学知识与科学方法之间的内在联系。科学方法往往就蕴藏在发现客观规律的探索过程中。离开知识载体谈科学方法，将变成无的放矢。要做到这一点，就要在展览与展项设计的过程中，更重视科学发现、技术发明过程的演示，使观众能够从中学到和掌握必要的科学方法。

最后，要注意引导观众体验科学方法，并从中获得切身感受。科学体验是指后人仿效科学家的探索轨迹、思想方法，对已知的科学知识和方法进行实践感受、重新发现的过程。突出科学思想方法的传播，将科学思想融入科学实验中，辅以模拟实验和虚拟实验，将实验游戏化、动漫化是科学中心一种科学体验模式。

例如，广东科学中心的"实验与发现"主题展馆，把展示的主题定位为：让观众在当年科学发现的氛围中，动手并动脑参与求解科学谜团，体验各种有趣的科学实验和游戏，完成一次难忘的实验与发现之旅。

"实验与发现"展馆中的"电磁大舞台"这一组合展项有机整合了"科学知识"、"科学思想方法"与"科学精神和价值观"三维目标。通过多媒体剧本——"电娃与磁娃"，以人类在电磁统一这个认识上的艰难跨越为故事线，将动漫形象、主持人互动、电磁表演、观众参与结合在一起，提升了传统展项的效果，也表达出统一电磁运动形式的科学思想方法。以电娃和磁娃是一对孪生兄弟的形象，串起人类认识和把握电磁运动规律，推进文明进程；以富兰克林、法拉第、特斯拉等科学家的形象表达先驱艰难的科学探索和献身精神，而这些又与深受公众喜爱的传统电磁表演连在一起；加上近在咫尺、与其呼应的"重温法拉第"、"磁力线"、"铁粒舞蹈"、"空屋子"、"电磁波"等展项，构成完整的以电磁感应定律为主线的"法拉第实验室"展区。

电磁大舞台这一组合展项以 KAPO 模型为指导，将原有 11 项电磁单个展品汇集起来，运用相关知识链，能体现科学思想方法和科学精神的展项，是这一原则应用的一个典型案例（见图4）。

图 4 电磁大舞台

（三）挖掘地方特色，实现展览创新

如何使科普场馆具有自己的特色，常常是人们讨论的热门话题，而地方特色又是体现特色的一个重要方面和常用的设计手法。当前，我国科普场馆展览展项设计中对于如何表现地方特色进行了积极的探索，取得了许多成绩，但"简单移植"等现象依然较多地存在。因此，如何挖掘地方特色成为我国科普场馆展览与展项创新设计的一个现实课题。

深挖地方特色的内涵需要建设者注意与地方科技产业相关方面结合考虑。注意把握当地受众的关注热点，关注地方产业的发展动向，并与恰当的形式相结合，使参观者在过程教育中激发对地方特色的深入理解，从而激起更加热爱家园的情感。这就要设计者在设计时深挖地方特色的内涵，通过多种多样的展示方法将这些内容有机地融入设计中。

安徽省马鞍山市科普场馆（与市青少年宫、市妇女儿童活动中心三馆合一）从策划创意之初就注意把握当地特色，把"创新和特色"作为核心理念进行设计，以区别于周边已经建成或正在建设的综合性科普场馆。马鞍山享有

"钢城"之称，马鞍山科普场馆在展区设计中通过重点展示马鞍山特有的钢铁产业科技知识，将公众引入这些产业领域，通过"学习基础知识、体验科学方法、探索科学未来、展示钢城科技、和谐科学发展"这一展示主线，启迪公众的创新和创造性思维，告诉公众如何正确面对未来发展所面临的重大挑战，树立建设创新城市的信念。

在深挖地方特色的内涵时，需要科普场馆建设单位能清晰准确地描述科普场馆的功能定位。只有明确科普场馆需要向参观者提供什么样的服务，才能明确在科普场馆内展示哪些内容。

三馆合一的上海科技馆，其中的自然博物馆也是重要的一部分。收藏和研究是自然博物馆的重要功能和使命。在收藏方面，多元的收藏模式将形成上海自然博物馆新馆的本土特色，并为生态保护、生物多样性研究提供丰富扎实的基础材料，挖掘地方特色，有利于建立本土自然资源标本实物和非实物资料库。在研究方面，将尝试利用自然博物馆科学传播的平台，与相关单位开展广泛的交流与合作，充分发挥自然博物馆的社会功能，逐步提升自身的研究能力和研究水平。通过这种不牵强附会的方式来体现地方特色，既实现了建馆的根本目的，又最大限度地满足了公众对地方科技特色的认知。

需要强调的是，深挖地方特色的内涵并不是闭门造车，而是要在国内外广阔视野下展示地方特色。只有这样，才能兼顾国际、国内与地方三方面，将各自的展示特色加以叠加，最终将地方特色的展示效果充分发挥出来。例如，上海自然博物馆在展览与展项设计之初，基于上海"四个中心"建设的要求，决定将该馆建设成为自然博物馆创新模式的典范和引领行业的龙头。因此，上海自然博物馆新馆在内容体系的构建、展示主题的确立和展示形式的规划等方面都将充分体现国际化的视野。在展示案例的选择上，上海自然博物馆新馆将适当地体现"本土"元素，以突出中国、上海在自然物证和自然科学研究领域的特色。有这样开放创新、兼容并包的设计思路，才能造就既具有地方特色，又拥有国际视野的创新性科普场馆。

最后，在选择了合适的具有地方特色的展示内容之后，还要寻找最好的展示方法。浙江省科普场馆为了展示钱塘人氏北宋大科学家沈括，根据这位科学家量身定做，编写4D影片脚本，设计了沈括在钱塘江寻找重要著作的情节。

影片利用高科技手段沿江而下，并穿越时空，情节曲折，险象环生，把钱塘江的有关景点及人文历史巧妙地结合起来，其间穿插 4D 的特效功能，更是引人入胜，给人留下深刻印象。

东莞市科学技术博物馆于 2005 年开馆，在国内科普场馆中属于首创的专题科普场馆，在国内率先建设以展示制造业科技、信息与高新技术为主题的专题布展设计技术路线。东莞是我国的制造业名城，为配合当时市政府打造"现代制造业名城"和"文化新城"的战略目标，科普场馆定位为建设成为具有地方特色的专题科普场馆，强调突出"现代制造业名城"，充分展示现代制造业的技术水平和发展方向，宣传推介现代制造业发展观念和科技思想。为了突出地方特色，东莞科普场馆确定了展示主题，即"制造业"和"信息与高新科技"两大主题。其中，制造业科技主题分四个展区：制造业科技概览、先进制造技术、机器人、制造业与人和社会；信息与高新科技主题分为信息科技与高新技术科技两个展区。馆内展品展项大量采用了多媒体、声光电、计算机系统集成、虚拟现实等高新技术，把先进制造技术的工业与展示有机融合，突出了互动参与和开放创新的特色。

东莞科普场馆展示地方特色，不是简单直接地再现东莞企业的产业内容，而是将机械制造业和信息产业的技术特色融入展览设计，并转换为参与互动的展项，具有较强的科普价值。当地受众参观时，对地方特色的展品感觉亲切，具有很强的感染力；外地公众参观时，能够在了解科学知识的同时，对东莞市的经济、文化也有较深入的了解。

（四）在学科交叉边缘寻找创新点

当前，学科交叉已成为科学技术发展的重要趋势，学科交叉往往会产生新概念、新定律、新科学问题、新技术手段这些新的科学生长点。钱学森精辟地用一句话概括了交叉学科的含义："自然科学和社会科学相互交叉地带生长的一系列新生学科，叫作交叉科学。"有学者将交叉学科分为五个组成部分：边缘学科、横断学科、综合学科、软学科和其他新兴学科。

科学技术发展的另一个趋势是逐步关注横向价值链。科学技术领域的横向价值链反映同一研究领域的不同研究者之间，科研方向、科研成果发展增长的

过程。同一领域的科研人员，要充分考虑该领域内部的潜在竞争与合作，发挥自身科技特长，获得科研竞争优势，提高科学技术研究的竞争力，使得科学研究朝着良性健康方向发展和创新。

科普场馆教育以多样化的展项生动再现了科技原理及其应用，为观众理解科学创建了开放的学习环境。这个本质特征决定了其教育内容不是学校教育的翻版，而应该考虑的着力点之一就在于，注重体现其教育内容的科学性、知识性、趣味性。而这一目标，在学科内容的交叉点和延伸点上，更容易得以体现。具体做法如下。

1. 关注各学科精细化、交叉融合产生的新理论和新技术

现代科学研究事物的观点和方法发生了巨大的变革。传统物理学是——能量、质量、信息三大支柱支撑的，而现代物理学则深入到：场、粒子、对称性、非线性时空观等。其他学科表现也很明显，甚至催生了新的理论和新的学科。

1963年，美国气象学家洛伦茨提出了混沌理论，非线性系统具有的多样性和多尺度性。混沌理论解释了决定系统可能产生随机结果。混沌理论在许多科学学科中得到广泛应用，包括：数学、生物学、信息技术学、经济学、工程学、金融学、哲学、物理学、政治学、人口学、心理学和机器人学。多种系统的混沌状态在实验室中得到观察，包括电路、激光、流体的动态，以及机械和电磁装置。在自然中进行的有对天气、卫星运动、天体磁场、生态学中的种群增长、神经元中的动作电位和分子振动的观察。

分形通常被定义为"一个粗糙或零碎的几何形状，可以分成数个部分，且每一部分都（至少会大略）是整体缩小尺寸的形状"，此性质称为自相似。17世纪人们开始认识到自相似性，1975年被正式提出。这一广泛存在于自然界的现象，也开始逐步应用于科学研究的各个领域，包括地理学、医学、地震学、生物学、经济学等。

这些基础和前沿理论的提出，有一个共同特点，就是第三次工业革命开始后，在学科广泛交叉、相互融合过程中，逐步被发现和形成的。这些新的理论、新的学科，使人们重新审视这个世界，通过这些内容的展示，能够让观众认识到，世界是非线性的，混沌、分形无处不在。关注这些新的理论、新的科学研究方法和科学思想在科普场馆中的运用，并将这些先进的理念传播给观众，是科普场馆应承担的时代使命。

国内部分科学中心已经引入"混沌摆"展项，这个展项能够很好地说明混沌理论中受初始状态影响的敏感性，初始条件非常微小的变动也可以导致最终状态的巨大差别。图5展示的分形，可以通过展项，让观众了解分形存在于大自然的各个角落：大到宏观的宇宙，长到海岸线，小到一片树叶。

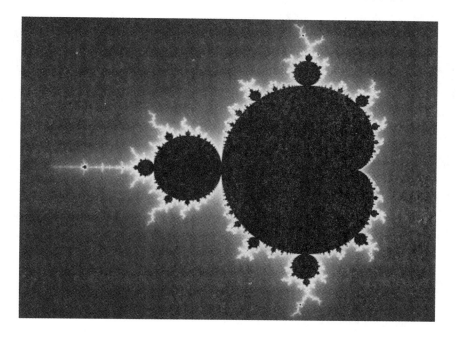

图5 分形

2. 从科学与艺术结合的角度寻找创新点

科学与艺术的结合，是科普场馆中应着力研究的重要课题。在这一结合上，科普场馆内做得并不好，尚有很大的研究空间。

科学与艺术的本质都是创造性。科学和艺术的关系是同智慧和情感的二元性密切相连的。具体地说，对艺术的美学鉴赏和对科学观念的理解都需要智慧，随后的感受升华与情感又是分不开的。没有情感的因素和促进，人类的智慧无法开创新的道路，而没有智慧的情感也不能够达到完美的意境。

科普场馆中的展项创新，应学会利用科学与艺术的结合，来增强观众认知，最终达到深化教育的目的。目前许多科普场馆和社会力量已经做过一些有益的探索。由著名科学家李政道先生和著名艺术家吴冠中先生担任学术委员会主席的"艺术与科学国际作品展"曾在北京做过尝试，将科学与艺术结合，展览很成功。

成功的原因在于，展项内容与艺术的结合，以科学为基础，从科学的本质出发向推进艺术化方向去表现。"科学与艺术"的结合，实践中往往有两种做法，一种是从科学的本质出发达到科学与艺术结合的效果，另一种是以单纯的就艺术的形式反映科学的本质，后者往往是不成功的。2010年瑞士在中国的"爱因斯坦展"中的"相对论"展项，较好地将科学与艺术结合（见图6）。观众努力踩脚踏车，当观众骑车的速度达到光速的99%时，观众在屏幕上直观地看到了相对论中描述的楼房轮廓的直线变成曲线的情景。这个展项很好地将相对论的概念通过形象化和艺术化的形式展现给观众。

图6　爱因斯坦展"相对论"展项

3. 在知识的外延上选题寻找创新点

在知识的外延上选题，更容易找到创新思路，凸显科学思想与方法，培养创新思维。例如,有的科普场馆在讲视觉时,不是简单地演示眼睛的原理,而是在知识点的延伸点上,讲视觉感受。所设计的展项采用"戴上偏光眼镜投篮"进行投篮的体验,其设计理念不是简单地重复学校教材中眼睛成像的原理,而是讲到了偏光视觉,观众不会感到乏味(见图7)。

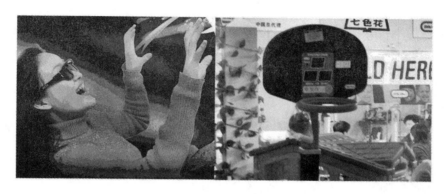

图7 戴上偏光眼镜投篮展项

又如,讲听觉不是简单地讲人耳的构造,而是在知识的延伸点上进行设计。上海科普场馆的"鬼屋"展项,充分调动人的听觉,将立体声的概念深入观众内心,极为生动,富有感染力。这些展项设计,充分关注了生理、光学、教育学等各学科的交叉,是在学科交叉边缘上,进行创新展项设计的具体案例。

(五)将科技成果转化为有教育价值的展项

将科技成果转化为有教育价值的展品,是推动创新的重要手段。借鉴大专院校、科研院所的先进研究成果,并将其应用到科普场馆展示中,是科普场馆展项创新的重要源泉。实现这一转化可以在下列方式中探讨。

1. 科研与科普结合

科研与科普结合可以让观众从真实的科研过程中了解和领悟过程中的研究方法以及这种方法所体现的科学思想,这是提升展览和展项创新设计的一个重要途径。这样的例子在国外和国内都不少见。

在国外,日本科学未来馆的机器人展区将企业的机器人研发中心搬到科普

场馆来的做法就是一个典型的例子。在机器人展区中，观众不仅能够欣赏到智能机器人的精彩表演，而且能了解机器人研究的真实过程；同时，研究人员也可以倾听观众对机器人设计的意见（见图8）。

青少年还可以学习机器人的设计方法和制作技巧，并加入机器人的设计和制作中去。在经历过简单的智能机器人开发过程之后，学生不仅更加深入了解了机器人的设计和制作，而且学到了研制过程中的科学思想和科学方法。

图8 日本科学未来馆机器人制作工坊

在国内，广东科学中心的"ITS都市"是科研与科普结合的一个例子。"ITS都市"利用占地260平方米的广州城市沙盘模拟未来都市智能交通系统，展示了动态路径诱导、主通信息服务、不停车收费、停车诱导、自动化道路系统（AHS）和先进安全车辆（ASV）、智能交通信号控制等技术。华南理工大学的汽车学院就在这个沙盘模型上进行真实的科学研究，而观众也可以了解科研人员的真实研究过程，在模拟驾驶舱里驾驶无线遥控小车在这个沙盘上行驶。通过模拟驾驶体验和都市沙盘观览，将ITS相关技术及其科学原理如何应用于都市交通鲜活地呈现在参观者面前，使参观者对ITS的应用有比较直观和全面的了解。通过这个展项，观众可以了解到科学研究过程和研究方法，并能领会其中蕴含的科学思想（见图9）。

图 9　广东科学中心的"ITS 都市"展项

2. 科研成果转化为互动展项

科普场馆展示高新技术让公众在科普场馆可以通过真实的互动参与或体验，感受高新技术给生活带来的福祉，真切体会高新技术成果的魅力，培养观众对学习和从事科学技术行业的兴趣。然而，直接的科研成果往往并不能更好地实现教育功能，这就必须要按照科普场馆的教育理念予以转化。具体地说，可以通过三种方法实现这个目的。

第一，充分运用多种展示手段，将高新技术成果转化为互动体验展品。

记忆合金是近几年跨学科交叉后，材料科学最新的研究成果，如果单纯把记忆合金放在柜子里，那就看不出和其他合金有什么区别。中国科技馆的"记忆合金水车"展项，就是以记忆合金材料做成的像是"永动轮"式不停地旋转的水车，非常有趣而生动地表现了记忆合金的特性，让观众深刻地理解其科学原理和应用（见图 10）。

第二，将科研成果的核心技术转化为科普场馆互动体验的展项。

广东科学中心"数字家庭体验馆"是将广东省科技重大成果，通过展示性改造，突出科研成果的核心技术，而转化为 23 个观众喜闻乐见的展项。下面以广东科学中心"数字家庭体验馆"的形成为例子，进行分析。

"数字家庭体验馆"是一个介绍数字技术的发展历程、人类对数字技术的

图10　中国科学技术馆"记忆合金水车"展项

应用、数字技术发展现状，及展示各种数字家庭生活体验、互动交流，以观众参与操作为主的展馆。这些科技创新产生的新技术、新产品和新成果，是否可行，是否实用，是否能够转换成商品，需要市场来验证，需要消费者认可。科技创新首先必须向社会宣传，让公众了解，因此科技创新有向公众宣传推广的需求。广东省在数字家庭领域，有较多的科研创新成果。为将广东省产业发展和技术应用与科普展览教育相结合，探索科普场馆新的展示形式，广东科学中心与广东省数字家庭公共服务技术支持中心合作，在科学中心建设"数字家庭体验馆"。

　　"数字家庭体验馆"的设计理念就是将科技成果转换为参与、互动、体验型展品，使观众从中体会数字技术对提高生活品质的巨大作用。该展馆分为五个区域：时代轨迹、数字剧场、数字长廊、数字生活剧场和新品前沿，共设置了23个展项，其中最具代表性的有数字剧场、条形码ID注册、智能穿衣镜、家庭保健、虚拟高尔夫和互动自行车等（见图11）。

图11　广东科学中心"数字家庭体验馆"

第三，角色扮演与场景的引入，吸引参观者。

航空航天、建筑、交通等领域的科研成果转化，可利用角色扮演和场景化布展的形式，让观众以第一视角，参与展项，达到让观众多元参与深化教育，场景化调动情感，体验与感知相结合拓展到现实中的应用。如，各地科普场馆中的航天控制发射台展项，让观众在场景中扮演各种不同的角色，深化体验与认知。

需要强调的是，科普场馆不是展览馆。把科技成果直接摆置在科普场馆中并辅以文字说明的展示方式是早期工业博物馆的展示方式，已经不能满足时代需求。在展示过程中缺少趣味性，更无法让观众动手探索实践，也就无从培养观众的科学思想、科学方法和科学精神。因此，转化过程中要运用公众喜闻乐见的表现形式，让公众在愉悦的身心体验过程中，探索科学思想、科学方法，真正实现"科普场馆的终极目标是观众的最大受益程度"的目的。

（六）综合运用剧场及新媒体技术增强展示效果

以往科普场馆的展示手段局限于图文展示、实物模型陈列、简单机械互动等。近年来，随着多媒体技术、剧场特效技术、自动控制技术、网络通信技术、仿真技术的发展，科普场馆中逐渐将这些技术用于展示，并且更加重视展示技术的综合运用。

在新媒体理论和技术发展的今天，上海世博的展示技术，可以说采用了"视觉媒体＋机电一体化＋环境效应（包括声光电组合）"的新媒体工程，这

对科普场馆今后在技术与形式运用上将产生重大影响。科普场馆的展示实物是基础，但恰当地采用多媒体、剧场等技术，对于科普场馆与时俱进和深化教育具有重要意义，应该在采用实体展项和媒体技术两方面统筹运用，扬长避短，发挥特色。具体地说，新媒体技术的多元表现形式在科普场馆展示中的功能主要有以下几个方面。

1. 创设体验情境

情境体验就是运用多媒体、剧场等多元表现形式，创设一个生动、逼真的情景，引导观众体验展示内容，用全部的心智去感受、关注、理解展示中的事件、现象。通过情境体验，观众才能把一个陌生的、外在的、与己无关的对象变为熟悉的、可以与之交流的存在，才能在头脑中形成深刻印象，才会引起他们探究展示内容的兴趣，让他们在体验中探究，在探究中体验，达到形成概念、构建知识的目的。如"灾害剧场"中，利用多媒体技术和特效技术，营造一个生动的有雷电、骤雨、地震、海啸的模拟环境，让观众体验台风的巨大威力，感受灾害带来的严重后果，从而了解和深刻认识自然灾害现象。

2. 强化观众之间的交流与互动

建构主义学习理论认为"情景"、"协商"、"会话"和"意义建构"是学习环境中的四大属性（要素）。运用该理论，在展项设计时要有针对性地增强观众与观众之间的交流与互动。如在部分场馆中设置的"航天发射指挥控制中心"，设计了由多名观众共同协作来完成将飞船发射升空的模拟体验活动。剧场共设置了十几个不同的工作岗位，每个工作岗位由一名观众负责操作，大家各司其职、密切配合，共同来完成从点火起飞到成功入轨的整个航天发射任务。这种设计能将观众置身于浓厚的学习氛围中，通过群众参与活动的交流与互动，以及相互间的协作与激励，无形中获得了更多的知识，这也成为一种重要的展览和展项创新设计方法。

3. 利用多元技术结合，实现观众自主学习

使用自动控制技术与多媒体技术结合等，有助于观众变被动学习为主动学习，不再束缚观众的体验。这种体验方式，能充分发挥自主式学习的优势，让观众充分体会探索科学的乐趣。例如，以如何实现最小耗油率为内容的汽车模拟驾驶项目。

4. 架设展项与观众间沟通的"桥梁"

在无辅导、讲解员的引导下，缺乏展项与观众间的"对话"，难以实现深度理解与深度学习。为了改进这种情况，可以利用多媒体剧场的虚拟主持人、展项的 RFID 或二维码等形式，与观众完成互动过程。在剧场节目内容中加入"虚拟主持人"，能有效地在展项与观众间建立起交流与沟通的"桥梁"。而有些场馆，已经在展项上设置了 RFID 智能标签或者二维码，观众使用自己的手机、平板电脑等能够读取数据的终端，就可以获得展项的相关信息，独立完成互动过程。

（七）应用过程教育，深入体现科学思想方法

运用过程教育的理念和方法，是推动展览与展项创新设计的重要途径。

近年来，科普场馆展览教育更多关注的是观众学习的"过程教育"，即引导观众进入发现和探索科学的过程，了解知识产生的来龙去脉的教育。其目的在于引导公众形成对于科技本质的认识，理解科技的演进及其在社会中的应用，以达到在启迪中培养观众对科技的兴趣和好奇心，提高公众科学素质的教育目标，体现了"以人为本、以观众为中心"的思想。

例如，美国波士顿科学博物馆的展项"蒸腾作用"很好地将科学探究理念融入展项中。展项通过罩上塑料袋与不罩上塑料袋植物的对比实验，发现罩上塑料袋的植株内有水珠出现，这样就把问题引申出来，让观众通过观察，进行分析，探索其中的奥妙（见图 12）。

此外，曾在世界各地巡展的"谁是凶手"主题临展，也属于过程教育这种展教方式的典型例子。该展览布设了一个案发现场场景，同时设置了一系列互动展项，观众根据任务要求，通过主动探索，学习和运用刑侦、DNA 鉴定、逻辑分析等知识，最终找出嫌疑犯。这种展览能有效地将观众被动的学习方式变为主动，引导观众形成科学的认知和思维方式。

广州科学中心"实验与发现"展区，本着过程教育的设计理念，从展项设计的各个环节入手，让观众"玩"中体验，"想"出真知，引导参观者在类似的环境中思考解决问题的方法，既加强了对科学知识的理解，培养了学习的

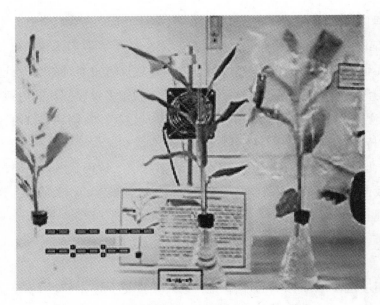

图 12　美国波士顿科学博物馆的展项"蒸腾作用"

兴趣，也有利于学习能力以及实践中解决问题能力的提高。在展示内容上，主要有以下几点。

1. 挖掘重大科学发现蕴含的科学思想方法

重大科学发现的知识，公众一般都能了解，但蕴含其中的科学思想方法并非每个人都能领会，该展区给公众创建一个在过程中挖掘的条件，会让观众有"发现一个新大陆"的感觉。

2. 重视科技发展中的重大事件或发现，深化过程教育

"实验与发现"主题展区抓住科技发展中具有里程碑意义的重大发现，通过实验的演示、体验，游戏的互动、参与和多媒体的展示以及必要的历史场景还原，再现当年的科学发现氛围，揭示取得重大科学发现过程的思想方法。例如，万有引力实验与发现。

3. 不割裂知识和思想方法之间的联系

近代科学形成过程中的实验方法，针对特定的研究对象，在特定条件下具有实验的可重复性，从而得出对客观规律的认识，科学思想方法往往就蕴藏在发现客观规律的探索过程中。

（八）从互动式教育走向体验式教育

体验式教育是展示教育的深化发展，是适应时代发展的展示教育形式，并且越来越受到观众的欢迎。体验式教育是互动式教育的更高层次，不仅注重展项本身的互动性，更加强调互动展项跟周围布展环境的密切结合，因此，如何设计出与环境融为一体、表现形式生动、让观众沉浸其中的展项就成为体验式教育与展项设计创新相结合的关键。

早期科普场馆的展品多采用个体陈列方式，一般与展厅环境关系不大，展品注重实用，对造型、色彩的设计要求不高。随着观众艺术鉴赏力的提高，多元信息激发情趣以深化教育，成为关注要点。因此，展览的设计者已逐渐将注意力从只侧重环境设计向环境与展品相融合的方向转化。现代科普场馆的展览已经不存在脱离展览整体环境的个体展品设计的情况，不仅展品的外形、色彩与环境相融合，甚至在结构上成为一体。展览的形式设计就已成为包括环境、展品、人流等诸多方面综合考虑的系统工程，这将大大有利于体验式教育的开展。

科普场馆的展项强调互动性，互动形式多种多样，多媒体类、陈列类（实物、模型、场景、图板）、简单机械互动设施类、机电一体化设施类、剧场、视频类等类别，不同的展示方式有着各自的特点及优势，但在激发观众主动探索学习上还显得不够。如果能够应用体验式教育的理念，深入挖掘，增强展项的体验性，将展项本身的展示形式跟场景，包括声音、灯光等外部环境紧密结合起来，则能够更好地利用多元信息激发观众探索的欲望。

拉维拉特儿童展区的"小小建筑师"展项让儿童穿上建筑工人的服装，参加模拟的建筑施工活动，感受劳动过程中的互助与合作。这种角色扮演的理念和设计原则，正是世界科学教育"主动学习、体验教育、科学实践"先进理念的体现（见图13）。

索尼公司推出的家庭节能系统，通过对其中吊灯自动明暗调节的展示，很形象地说明了智能家电的应用，具体体验过程如下：参观者进入房间后，当室外自然光强度发生改变，例如，天色逐渐进入黄昏时，客厅内部悬吊的3个智能灯依次点亮。首先亮起的是客厅最深处的灯，其次亮起的是客厅中间的灯，

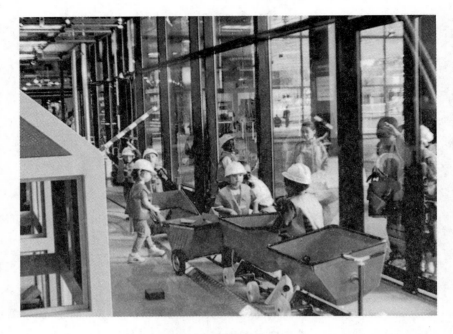

图 13　小小建筑师

最后亮起的是靠近窗户的灯。灯亮起的顺序符合由白天进入夜晚光线逐渐变暗的过程，观众通过这样的浸入式体验非常容易理解设计者节能的巧妙构思，这就是体验式教育所带来的更加直观形象的展示效果。

此外，通过创设特定的情境，让观众在参观体验的过程中更加深刻地理解所要表现的效果。例如，日本大阪市立阿倍野防灾中心，在地震灾害场景展区，通过逼真模拟当年阪神大地震灾后的各种场景，让参观者深刻体验到地震对人类家园造成的巨大破坏和给人类心灵带来的巨大创伤。这种场景再现式的情境教育比单纯的图文板静态展示，以及机电一体化和多媒体等简单互动展示手法所带来的震撼效果要大得多，同时充分说明了在科普场馆展示中引入情境教育的必要性（见图14）。

日本大阪市立阿倍野防灾中心的地震体验平台，通过计算机控制机械式地震体验平台，再现了地震过程，观众站在体验平台上抓牢扶手，地震平台的晃动程度会随着前方投影幕上所显示地震等级的上升而逐渐增强。在地震过程的体验中，让观众最直接地感受到地震的巨大威力，提高观众在地震来临时的自我防护意识，这样的体验教育是最直接、最有说服力的（见图15）。

图 14　阿倍野防灾中心地震灾害场景展区

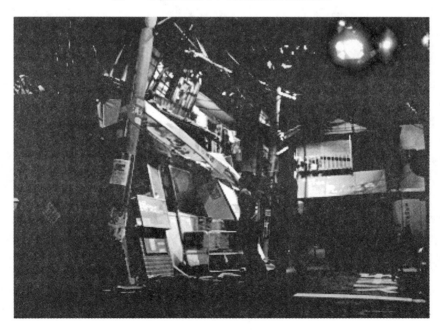

图 15　阿倍野防灾中心地震体验平台

浙江省科技馆从概念设计初始就一直强调将体验式教育融入展项设计当中。在地下水道展项中，观众站在由光电屏幕组成的下水道模拟场景中，下水道场景氛围的营造格外重要，当观众紧握栏杆，屏幕图像出现变化的时候，观众仿佛置身于真实的下水道当中。这种体验就会给观众留下深刻的印象，比起简单的下水道图文展示和多媒体介绍更有说服力。这实际上是一个"情境教育＋过程教育＋体验教育"的一个实例（见图16）。

图16 浙江科技馆"地下水道"展项

（九）运用元认知理论深化展览与展项设计

传统展项注重事实性知识的呈现，让观众通过参观过程记住一些事实、理解一些原理，这些都属于认知加工的结果。20 世纪 70 年代，心理学家提出元认知的概念，即"关于认知的认知"，强调个体对自己认知过程或结果的再加工，包含两方面的内容，一是对认知过程的调节，二是对认知结果的反思。应该说明的是，元认知与认知活动在功能上是紧密相连、互相促进的，两者共同作用，使个体更好地理解外部知识，并利用这些知识解决个人与社会的实际问题（见图17）。

在科普场馆常说的一句话——"问题比答案更重要"，正是元认知理念的

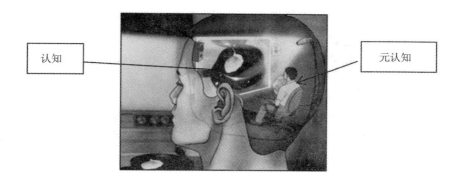

图 17　认知与元认知

体现。具体地说，在科普场馆展览与展项设计及科普场馆教育上运用元认知理论，一方面可以拓展设计思路，促进深度设计；另一方面，可以强化科普场馆的教育效果，促进深度理解。科普场馆展览教育运用元认知理论支持深度理解的模型可以用图 18 表示出来。

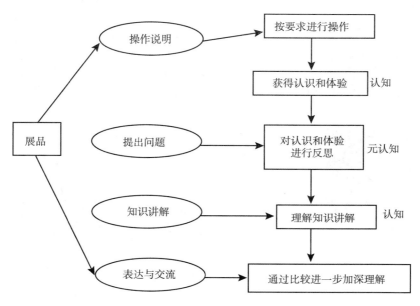

图 18　元认知推动深度理解模型

根据元认知理论进行展项设计，告诉观众"是什么"变为"为什么"，通过设置问题，引发观众的思考，激发学习的兴趣，并提高解决实际问题的能力。

例如，广州科学中心"实验与发现"主题馆比萨斜塔实验，首先是一个思想实验，伽利略以雄辩的逻辑驳倒亚里士多德"重物比轻物先落地"的错误结论。伽利略自由落体实验的展项设计，没有采用高速摄影机来判断是非，直接告诉观众问题的"答案"，而用激发兴趣、牵动思维的不同落体组合，让公众在游戏中思考："'合二而一'的重物应该落得更快还是更慢？""轻物一定比重物落得慢吗？""同重物体一定同时落地吗？"这一类问题。公众可同时得到真实实验和思想实验的体验，进而理解研究自由落体运动规律时，伽利略排除空气因素，强调"真空"条件的必要性，并设计制作了《我和伽利略对话》的多媒体，延伸了科技史上著名的《关于两大世界体系的对话》。

在展品说明牌的设计中，也可以应用元认知理论，通过问题引导，激发参观者的参与兴趣，促使参与者思索，能起到优于传统方式的教育作用。在"滤光镜"展项的说明牌中，不仅指导观众通过亲自观察，了解到通过不同的滤光镜看到周围景物颜色不一样；而且为这一现象提供了解释，引导观众通过阅读理解原因。"观察"和"阅读"都只是认知活动，不能促进观众的深度理解。如果能在说明牌上追问"为什么"，就能激发观众的元认知，促进对现象的深度理解（见图19）。

图19　元认知在说明牌上的应用

（十）展览与教育同步开发

当前，创新人才的培养已成为社会关注的热点，加强以创新能力培养为核心的教育创新是时代赋予的重要使命。在这一背景下，无论我国学校教育还是科普场馆教育仍存在许多不足和缺失。

在学校教育方面，我国在 21 世纪初启动了新一轮声势浩大的基础教育课程改革，采取了一系列有利于培养学生创新能力的措施，对于我国中小学教师更新教育观念、变革教学方式产生了积极的促进作用。然而，在具体实施中，人们越来越认识到：创新教育需要大量的活动场所、设施和专业教师，并不是靠中小学校的常规办学力量就能有效实现的，因此，必须打破学校教育与校外教育的界限，采取多种渠道和形式，促进以科普场馆为主的各类社会资源单位与中小学校的有效衔接，实现课程资源的有效整合。

在科普场馆教育方面，针对创新人才培养的要求，出现了许多新情况与新问题，主要表现在以下几个方面：围绕场馆教育资源的开发利用不足；缺乏对展品教育内涵的深度开发；创新教育活动的目标不够明确，过程缺失；核心教育理念导入意识匮乏；教育活动缺乏主题确定的前期研究；缺乏与教育系统紧密联系的有效机制；科普展教人员的素质有待提高等。

显然，加强科普场馆教育与学校教育的有机衔接，是促进解决以上问题的有效途径。从展览与展项设计的角度看，必须提升教育理念，在传播科学知识的基础上，深度挖掘展览与展项中蕴含的科学思想、科学方法和科学精神等，进而围绕科学思想、科学方法和科学精神的普及，采用多种形式开展教育活动，推进科技馆教育与学校教育的融通、融合、共享、共赢，为广大公众尤其是青少年创建开放的学习环境，引导他们在自主的体验、探究和实践活动中增长知识和技能、发展创新思维、培育创新人格。

在国内科普场馆中，广东科学中心"实验与发现"主题展馆是展览与教育同步开发的典型范例（见图 20）。"实验与发现"主题展馆把展示的主题定位为科学思想方法的传播，从展示内容、展示形式和展项研发三个方面，探索展览与教育同步开发的新路。具体说明如下。

1. 展示内容：挖掘科学发现中的思想方法

"实验与发现"展品的内容大多属于经典学科领域，涉及机械运动、电磁运动和生物运动等从低级到高级的运动形式，包括天文学、力学、电磁学、生物学知识，许多都是学校教育中学科课程的重点学习内容。因此，对于这些内

图20 广东科学中心"实验与发现"展馆

容，具有中学文化水准的公众一般都能了解，中小学生也很感兴趣。但是，从另一个角度考虑，虽然公众和学生对这些知识比较熟悉，但蕴含在这些内容中的科学思想方法并非每个人都能领会，例如，伽利略发现自由落体定律时的"数学—实验"方法；牛顿统一天体与地物，发现万有引力定律时的科学方法；法拉第统一电与磁的本质，发现电磁感应定律时的科学方法；科学家发现生命遗传奥秘和 DNA 双螺旋结构时的科学方法等。

近代科学形成过程伴生的科学思想方法形成了一个完整的体系，广东科学中心选取了具有里程碑意义的重大发现——自由落体运动规律、万有引力定律、电磁感应定律以及生物遗传规律，集中表现了科学探索过程的思想方法，让观众有"发现新大陆"的感觉。例如，"重温法拉第"展项，围绕法拉第发现电磁感应定律过程的磁力线形象思维，抓住磁通量变化这一特征，设计了五个子项，力图展现法拉第的磁力线在形象表达、帮助思维、概括规律方面的作用。

2. 展示形式：构建主题馆的逻辑体系

科普场馆表现科学思想方法难于表现科学知识，重要原因之一就是未找出其中的逻辑体系。而突破表现科学思想方法难关的一个重要途径恰好就在于找到这样的逻辑体系。在"实验与发现"主题展馆的设计中，广东科学中心面对近代科学思想方法庞大的体系，采用"一个发现、一条定律、一簇方法、一组展项"的"故事线"（逻辑线索），理顺展馆、展区、展项与展品的关系，一个展区反映一个科学发现，一组展项表达一组科学方法。据此，就有了展区布局的依据、展项研发的靶子、多媒体设计的蓝图和环境设置的参照。

3. 展项研发：以实验为主线，为学习单的开发奠定基础

在世界各国以及我国的香港、台湾等地区，几乎所有的科普场馆都有支持教师带领学生参观的纸质资源，但对这些资源所取的名字各有不同，如导航、参观单、活动单、工作纸等。从与学校教育相衔接的角度看，可以称为"学习单"，并将其定义为"使青少年参观者更好地参观和理解科技馆的展品而设计的辅助性教育资料"。科普场馆中的学习单是展览的延伸和补充，主要有节省人力资源、强化实物学习、引导参观路线等方面的作用。

在"实验与发现"主题展馆中，实验必不可少。实验设计思想、方法是近代科学思想方法的重要组成部分，而在该主题馆，展示实验、体验实验的主要目的，不在于验证科学知识本身，也不在于培养实验技能技巧，而是在实验的过程中揭示、体验精辟的实验设计思想和实现方法。广东科学中心"实验与发现"展厅运用与教育同步开发的理念，重视教育内涵的挖掘而设计，所设计的展项成为开馆后开发学习单等非正规教育的重要资源，是运用这理念进行展示创新的有益尝试和典型案例。

综上所述，展教同步开发，对于解决当前存在的"重展轻教"的普遍问题有重要意义。这就要在展示及展项的创新设计中，从一开始就要树立展教同步开发的理念和意识，按照诸如上述列举的方法，选择有深度开发的展示主题或展项，或在展项设计之初，就对展项开发后延展的教育空间有充足的预估，如，"小型技巧机器人"展项的设立，同时可作为开放实验室多元的教育资源。比如，初级班可以拆装机器人；中级班可作简单编程；高级班可开展智能化设计。因此，对推进展示及展项创新设计，展教同步开发既是一种理念也是一种方法。

四　科普场馆展览与展项创新设计的对策

（一）实施自主创新与全面开放相结合的技术路线

关注新馆建设的技术路线，成为当前提升创新建设的重要思考。科普场馆

在设计与建设过程中应在坚持自主创新的同时，加大全面开放的力度，实现展览与展项的创新。

在自主创新与全面开放相结合的技术路线中，首先是提高自主创新能力，具体说可以从以下几个环节入手。

1. 开展调研考察

要广泛开展对科普场馆的调查，有条件的要鼓励到国外进行有目的的学习、交流与考查，以开阔视野，拓宽思路，深入理解科普场馆的创新本质。在每个调研前，要写好调研提纲，明确调研考察的目的性和针对性。对于非科技场馆的考察，也十分必要，如到国外考查，有条件时应到国外公司进行全面能力的调查。也可安排参观迪斯尼等，了解和学习迪斯尼如何运用技术和形式深化目标建设，这些都有开阔视野，增进启迪的有益作用。

2. 积累展项资源

创新能力的提高需要依托资源的积累。在新馆建设之前和过程中，通过调查研究以及其他方式（包括网上搜集），广泛搜集和整理世界科普场馆的优秀主题和展品展项，了解世界科技发展的前沿和热点、发展趋势等。

3. 掌握创新设计程序

要熟悉科普场馆创新展览与展项的设计程序，了解每个阶段所要求的目标，以及下一个阶段应该做些什么。

在坚持自主创新的同时，应该充分利用相关的社会力量，采用自主创新与全面开放相结合的技术路线。具体地说，就是在遵循科学的设计程序、进行充分调研的基础上，有效利用科研院所、高等院校、相关企业及其他社会力量，高质量地完成科普场馆展览与展项的设计。

在现阶段，尤其要注重吸收国外公司在设计上的经验。具体做法是在依靠本馆的科研技术力量的同时，大多是采用国外公司来进行顶层设计、概念设计和初步设计。中国科技馆、广东科学中心、浙江省科技馆在新馆建设中都采用了这种模式。

以浙江省科技馆建馆为例，该馆在建馆过程中强调了主题式设计，由于当时国内的设计单位对主题式设计经验不足，浙江省科普场馆邀请了6家国际知名的科普场馆专业展项设计公司参加初步设计方案竞标。通过竞争性谈判，日本丹青社为中标单位。以此为依托，浙江省科技馆采用国外公司的创意并进行初步设计、国内公司进行深化及施工的中外结合的模式，初步设计单位在不参加后期施工的情况下，深化设计和施工单位严格遵循初步设计方案，从而避免走样变味，保证了原创风格和最终的成功。

在贯彻这样的技术路线下，浙江省科技馆吸纳国外公司进行顶层设计，有利于实现"人无我有，人有我新"的创新思路。事实证明，这样做，创新意识贯穿于设计和施工的全过程，无论是展项的内容规划、实现手段、外观形状还是参与方式都凸显了创新，从而使展示效果给人以全新的感觉。在初步设计阶段，为确定设计方案与丹青社召开了四次工作交流会；在深化设计和施工阶段，仅丹青社参加的工作交流会议就达十余次之多，从展示效果、科学内涵的体现，到展项的外观、色彩、灯光甚至按钮的选择，事无巨细一律慎重处之。

该馆在和国外公司合作中有许多体会。如，细节决定成败，好的设计与创意要变为成功的案例都需要从细节入手，加强全过程的监管，才能达到理想的效果。对于重点展项则更是从细节入手，例如4D影院、量子论剧场、能源剧场、全息音响等几个重点项目，从节目脚本制作开始就反复推敲论证，使得这些项目不仅内容新颖、特色明显，而且设备配置、展示手法和总体效果都得到了有效地掌控，成为展厅的亮点。

浙江省科技馆开馆半年后发放千份调查问卷收获的信息，确实是真实的写照：对于参观的总体感受，31.4%的观众认为非常满意；53.0%的观众认为满意；97.5%的观众愿意再来，观众中已来两次的为16.4%，三次及以上的为5.5%；38.3%的观众认为科技馆趣味性强，有吸引力，12.1%的观众认为科技馆适合组织团队活动。

浙江省科技馆在总结中谈到：丹青社在初步设计中，以其丰富的经验，资源的积累，无论就展示方案的理念和提供的展品支撑上，给人以耳目一新的感觉；丹青社作为深化设计的监理单位以严谨的态度与敬业精神，给人留下深刻的印象。浙江省科技馆的建设经验说明，实施正确的建馆技术路线，采用适合本馆创新建设的模式，是推进创新建设的前提。

需要强调的是，总的来看，国外公司一般具有按系统的设计程序开展设计的经验，并且有较丰富的展览与展项资源的积累，但就一个国外公司而言，也

不是十全十美的，其创新度也是有限的。因此，在委托外国公司进行展览与展项设计时，需要重视对公司的情况进行全面、细致的考察，要对其人力资源、管理方式、设计经验等进行详细的了解，做到心中有数。

（二）大力推行非线性动态交互的主题式设计模式

主题式设计的核心思想，是在坚持走开放式、与社会的广泛交互中，实现深化教育。改变科普场馆教育中单纯传播科学知识的倾向，向传播科学思想方法、培育科学精神、激发创新意识方面转变。在展览设计中，必须通过周密的前提研究确定展览主题，并围绕主题阐述整个展览所要表达的核心概念（Big Ideas）和故事线索（Story Line），将主题思想贯穿所有展项之中，形成一个逻辑自洽的、形式和内容高度统一的展览体系。

根据科普场馆教育的理念，展览主题应聚焦以下几个方面的内容：①科学过程中所蕴含的科学思想方法和科学精神；②科学和技术应用对政治、经济、人文的影响；③人与自然和谐相处及可持续发展理念；④自然科学与人文科学的结合。

在主题式设计中，可以采用自上而下、自下而上以及自上而下与自下而上结合三种模式。其中，前两种模式为线性模式，由于设计阶段单向推进、阶段之间缺乏交叉反馈、参与主体之间缺乏动态交互，两种模式（尤其是自下而上的模式）都难以产生创新型的展览与展项。与这两种模式不同，自上而下与自下而上结合的模式具有以下三个特点。

（1）设计阶段不是单向推进的，主体流程是由主题到展览的自上而下的展开，但随时可以转换为由展品到主题的自下而上的推动（即优选展品、提炼主题）。

（2）在阶段之间存在多元的交叉反馈，一方面，先前阶段人员会跟踪到后面的阶段，确保后续阶段的落实不走样，不层层缩水；另一方面，后续阶段也不断对先前阶段提供反馈，评估先前阶段的观念是否合乎实际情况，如果不适合，则需要修改先前阶段的内容。

（3）在设计过程中，各参与主体之间通过多种形式的交流和沟通，确保动态交互式的联结。

由以上特点可以看出，自上而下与自下而上结合的模式属于非线性动态交互模式。根据国际创新理论的最新共识，这是最有可能产生创新设计的模式。为实现科普场馆展览的创新设计，也必须大力推进非线性动态交互的主题式设计模式。为此，需要打破单向的线性思维，在展览设计的各个阶段采用非线性动态交互的工作方式。

在前期研究阶段，需要明确展览的指导思想和展览定位，在此基础上，应做好以下几个方面的工作。

（1）主动与大专院校、科研院所进行交流，学习学科体系及相关理论，了解该领域的研究内容与研究方向，关注研究过程中的重要实验，了解该领域展开研究的思想和方法。

（2）通过行业交流、专题考察、网络、出版物、征集等一切有效途径，筛选、收集展项创意和典型展品，并建立数据库，从展品终端形成展览的感性认识并关注展品设计与运营维护的关系，为内容规划及后续设计储备资源。

（3）开展对国内外优秀科普场馆、设计公司的专题考察工作，重点了解设计理念及程序、展览内容及形式、展览维护及运营过程中的问题、公司实力及特长等，在考察的基础上，与优秀设计公司建立联系和意向，为实施展览规划、设计寻找合作伙伴。

（4）开展有关高校、研究院所、企事业单位的调研和动员工作，了解它们的研发水平和专业特长，收集有可能转化成科普资源的科研成果，成立相关专家委员会或课题小组，为展览规划设计整合社会资源并进一步收集素材。

在内容规划阶段，需要根据前期研究结果确立展览主题。在确立展览主题时，既要忠于总体指导思想和展览定位，又要基于展品基础素材的储备，同时加强与相关社会资源的互动。

在概念设计阶段，要根据已有资料确定展览和展项的内容，并明确具体的表现形式。在内容规划的后期，科普场馆建设单位可以向国内外设计单位征集方案，以获得初步的展览内容描述和展项实例。以此为基础，也可以委托一家设计单位，进一步充实和完善概念设计。

在初步设计阶段，不应把展览内容和展示形式割裂开来，分别设计；而应采用内容和形式一体化设计，实现对展示风格、区域划分、参观动线与展示内

容的统一规划，有利于展览主题的准确落实。在设计过程中，建设单位与设计方需要安排一系列工作会议，对设计方案进行充分的交流和研讨。为确保会议的研讨结果能够得到有效落实，可以引入展项工程监理机制。对于设计中遇到的技术难题，可以适时地寻求相关专家的帮助。

在深化设计阶段，重点是解决好与初步设计相衔接的问题。为此，一是要进行充分的设计交底，二是聘请初步设计公司继续担任设计效果监理，深化设计过程由建设单位、设计公司、效果指导公司、布展设计公司、监理公司、专家组成强大设计队伍。

（三）大力加强中小馆展览与展项创新设计的研究

中小科普场馆中许多存在展览展项缺乏自上而下的主题化设计的现象，"遴选展品、撮堆戴帽"的做法较为普遍，且我国现有科普场馆中小馆所占比例较大，因此如何提升中小科普场馆展览展项创新设计能力，涉及提高我国科普场馆建设的整体水平。

1. 努力实践非线性动态交互的主题式设计模式

中小馆常因为顶层设计能力不足而放弃非线性动态交互的主题设计模式。我们认为，采用社会化的工作方法，凝聚相关主题的科学家、学者，吸纳社会智力开展主题创意，不失为解决这一难题的一个思路。因此，中小科普场馆应大力提倡和实践这一模式，只要明确了理念，又掌握和善于运用社会化的工作方法，实现设计方式的转变和创新是完全可以实现的。

2. 优化自下而上的主题式设计模式

对于部分缺乏创新和顶层设计能力的中小科普场馆，可以采取先优选展品，后提炼主题的自下而上的模式，为此，在这个过程中就要特别注意选取具有关联性的展品，以利于提炼出能够反映展示内容的主题。采用这种模式的另一个目的是便于利用提炼出的主题开展后期教育活动。这也是从实际出发，为中小科普场馆改变"撮堆戴帽"，推进创新展览与展项设计开拓一个新的思路，而如何总结出具有概念和有创意的主题，应在实践中努力探索。

3. 重视主题馆和专题馆建设

对于中小科普场馆而言，加强主题馆、专题馆的建设是一条重要的创新之路。当前的思想障碍，主要是认为主题馆或专题馆与各地建设综合馆的意愿不一致。事实上，主题馆和专题馆均可以实现"小主题、大内容"，同样可以像综合馆一样涵盖丰富的展览内容。

以"环境科学"专题展览为例，这一专题涉及海洋、空天、资源、能源、材料、家居、农业、城市、信息、人口健康、生命科学等多个科学与技术领域，涵盖丰富的、综合性的展览内容（见图 21）。如果能够提炼适当的主题，并与当地在自然和技术方面的特色相结合，就能够形成一个有主题、有特色的专题馆。

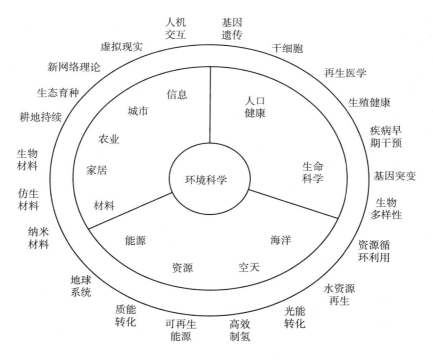

图 21　环境科学主题涉及的学科领域

以上几种方法的实施，能够弥补中小科普场馆自身创新设计能力的不足，在过程中提升自身团队的创新能力和创新意识，从而提高我国科普场馆的整体创新设计能力。

（四）利用信息技术和新媒体技术实施展览与展项的形式创新

科普场馆展览运用的各种展示方式主要有多媒体、陈列（实物、模型、场景、图板）、简单机械互动设施、机电一体化设施、剧场、视频等，不同的展示方式有着各自的特点及优势。当今，各种技术手段的快速发展和变化，在科普场馆中的应用也越来越广泛。新技术的不断出现，为展示形式的创新提供了新的契机。现代科普场馆展览中，越来越多地关注并采用形式与内容一体化设计，确保了展示形式与内容的完美结合。综合运用各种技术手段将展示内容与展示形式相结合，不但提升了展示效果，更重要的是为展览提供了浓厚的科学氛围和良好的学习环境，以此激发观众的兴趣，触动情感，利于观众更好的体验与学习。

信息技术及新媒体技术的产生适应时代发展需求，运用在展览中有较强的技术优势，其基本特征表现在以下几方面。

（1）高复合性：新一代媒体技术能够把传递信息的文字、图形、声音、影像等媒体与计算机有机结合起来，并根据展示内容的需要，将各种媒体通过计算机的整合、处理，为展示提供生动有趣、形象直观的内容，同时也极大地丰富了信息资源。信息技术能够拉近科普场馆与观众的距离，将大量丰富的信息传递给观众。

（2）可编辑性：信息技术和新媒体技术中的信息均已数字化，数字化的信息易于复制传播，便于修改，包括文字、声音（语言、音响）、图像（静态与动态）、数据等经过数字化的压缩都可以灵活地进行编辑，而且信息系统结构组合是自由的、可变的。

（3）强交互性：多媒体技术利用图形交互界面和窗口技术，使观众能通过"人机对话"来操纵控制多媒体信息。信息技术和新媒体构建了新的交互途径。交互性是新技术应用有别于传统信息交流媒体的主要特点之一。传统信息交流媒体只能单向地、被动地传播信息，而新技术则可以实现人对信息的主动选择和控制。

在科普场馆展览与展项设计中，要充分利用现代化技术手段，采用剧场等体验方式进行创新，要摒弃单纯采用模型、舞台表演、影视等的静态体验形式，更多应用虚拟仿真技术、自动控制技术等先进技术，实现观众参与操作和互动体验。这些展项能够让观众获得沉浸式体验，以第一人称为视角参与到科普场馆的教育活动中来，已经越来越多地成为表现科普场馆展示主题与展示内容的新的教育形式。

（五）深化展览资源的教育化开发与应用

科普场馆经过几百年的发展演变，越来越注重展览与展项的教育功能。但科普场馆在教育应用方面，仍存在许多问题。表现在：围绕场馆教育资源的开发利用不足；缺乏对展品教育内涵的深度开发；创新教育活动的目标不够明确，过程缺失；核心教育理念导入意识匮乏；教育活动缺乏主题确定的前期研究；缺乏与教育系统紧密联系的有效机制；队伍素质和能力建设有待提高等。要解决上述问题，必须从机制、理念、方法等多方面综合根治，既要走出去，也要请进来，实现馆校间的深度合作。只有这样，才有利于展览与展项资源的教育应用，有利于提高科普场馆展项的教育水平和深度，实现科普场馆展项的可持续发展。

要增强展览资源的教育应用，就要走出去，在设计时要深入、仔细地了解当前学校教育的需求，对学校教育进行有效的补充。当前在学校教育方面，我国启动了新一轮声势浩大的基础教育课程改革，采取了一系列有利于培养学生创新能力的措施，如开设综合实践活动与研究性学习课程，实行国家课程、地方课程、校本课程的三级课程管理体系，大力推行以自主、探究、合作为核心的教学方式，鼓励学校积极开发并合理利用校内外各种课程资源和信息化课程资源等。

科普场馆要了解这些教育需求，加强与学校的合作，通过与一线教师座谈以及科普场馆进校园等活动，了解相应教育课程的设置情况，了解他们对展览与展项设计的需求与意见。进一步重视深层次的开发教育，必须深度挖掘、整合科普场馆的展品资源，提升创新理念，推进科普场馆教育与学校教育的沟通、融合、共享、共赢。一方面使得在设计和完善展览与展项时考虑学校教育的需求，为正规教育的不足之处进行补充；另一方面也扩展展览与展项的教育内涵，为今后在科普场馆内开展非正规教育活动提供有利基础。

要实现展览与展项的教育应用，还要请进来，积极在科普场馆内进行非正规教育的有益尝试。在具体实践中，人们越来越认识到：创新教育的实施需要大量的活动场所、设施和专业教师，并不是靠中小学校的常规办学力量就能有效实施的，而要利用社会非正规教育的资源与渠道加以解决。科普场馆应该紧紧抓住这一契机，打破学校教育与校外教育的界限，采取多种渠道和形式，利用现有展项在馆内开展教育活动，为广大中小学生创建优质的开放学习环境，引导他们在自主的体验、探究和实践活动中增长知识和技能、发展创新思维、培育创新人格，从而实现全面的、充分的、多元的、有差异的发展。同时在科普场馆内使用学习单等辅助资源，为补充和完善展项的教育内涵提供铺垫，实现科普场馆教育活动的可持续发展。

因此，创新展览展项的设计，必须在深度理解和挖掘展览展项教育内涵上，拓展创新设计思路，重视展览展项创新设计的延展性、拓展性，为开展深度教育提供必要的空间。一个优秀的设计也正是来自这些最本质的、基础的东西。

（六）加强科普场馆展览与展项设计人才培养

科普场馆建设从本质上说是一个创新的过程。展览与展项创新设计的人才和队伍建设成为根本。要提高自主创新能力，就要建设一支有事业心，懂得科普场馆教育理念、有技术专长的技术干部队伍。技术专业的核心能力应表现在熟悉机电一体化、计算机应用、多媒体设计与制作等，同时应汇集教育学、心理学及相关专业人才。当前科普场馆的顶层设计，创意与策划成为制约创新的重要因素，因此，综合多学科人才的吸纳，更显得必要。

为培养我国科普场馆展览与展项设计人才，国内不少科普场馆采取"请进来、走出去"的方式，做了有益的实践。"请进来"，就是定期召开国际科普场馆学术交流研讨会，请国外科普场馆专家来我国交流合作，发现和认识自身发展中存在的问题，学习和借鉴其他馆的经验；"走出去"，除了加强国内馆际交流之外，就是积极参加 ASPC、ASPAC、欧洲工业科学博物馆联盟组织等国际交流。积极国际学术会议，积极参加国际相关的学术组织，突破自身发展的局限，开阔眼界和思路。

在"请进来、走出去"的同时，应从以下几个方面，做好国内科普场馆展览与展项设计人才的培养与培训工作。

首先，建立专题培训和研讨会运作模式。科普场馆之间、科普场馆内部及时有效地对新问题、新思路进行交流并展开专题研讨，通过这种模式，不仅可以将新思想、新方法有效地传递给科普场馆展览、展项创意策划人员，而且可以扩充和吸纳展项策划的新生力量。

其次，对专业人员而言，在依托其自身专业知识的基础上，努力培养其展示创意、策划及设计能力；要积极推进科普场馆内部学术风气的建立，关注时代主题、社会热点、前沿科学的发展，并善于归纳和总结，加强学习和研究，为科普展览展示创意、策划及过程实施做铺垫。

最后，要加强科普场馆领域高端人才的培养。建立良好的人才培养机制，加强科普场馆教育、展示策划的高端人才的输入，是科普场馆可持续发展的根本。中国科技馆与中国科技大学、广东科学中心与广州工业大学，这些单位对口进行科普场馆专门、高端人才的培养，做了良好的尝试，该合作模式应予以支持和鼓励。

（七）加强展览与展项设计的理论研究和学科建设

推进科普场馆展览与展项创新设计的关键是熟悉并掌握科普场馆教育的目的、本质和特征，因此，必须加强对科普场馆设计人员的基本的理论建设；要明确建设一个什么样的科普场馆，以及怎样建设两大问题，并且在掌握科普场馆相关理念指导下进行认真的实践，才有可能建设一个成功的科普场馆。

在科普场馆教育的理论研究和学科建设方面，国内有近十所高校建立了科普场馆建设的相关专业或研究中心，如中国科技大学、中科院研究生院现设有科技传播系或二级专业，招收科技传播专业的本科及硕士生；北京理工大学、中国农业大学、湖南大学、复旦大学、清华大学等学校是在新闻传播或科技哲学专业中设立科技传播研究方向；北京大学科学传播中心、北京师范大学科学传播与教育研究中心等也不定期开设科学传播在职研究生课程班或进行短期培训课程。

以上情况一方面反映了社会对科普场馆教育人才培养的需求，一方面也可

以看出目前的科普场馆教育的研究和培养工作主要集中在科技传播上，在能体现科普场馆展览与展项设计方面还没有专门的学科。因此，加强科普场馆展览与展项设计的理论研究和学科建设是摆在我国科普场馆界的一项迫切的任务。

在理论研究方面，要在总结我国科普场馆建设过程中的经验与教训的前提下，积极应对科普场馆建设发展新形势，在充分调查和多方论证的基础上，制定具有切实指导意义的理论研究和学科建设的中长期规划，推动科普场馆展览与展项设计工作沿着正确的道路可持续发展。

在人才培养方面，要根据需求分析、预测，确立办学层次、学科、专业结构比例。在层次上，确定研究生、本科生、专科生以及成人教育的发展规模。在学科结构上，确定基础学科、应用学科、综合性学科的发展比例。加强科普场馆设计专业的重点学科建设，形成优势明显，具有特色，相对稳定，对学科、社会和国民经济发展有重要作用，具有一定影响的学科带头人和学术结构、职称结构、专业结构、年龄结构等合理的、相适应的教师队伍。

为了支持和推动科普场馆展览与展项设计的理论研究和学科建设，需要重点做好以下三个方面的工作。

首先，要搭建起包括科普场馆过去、现状和走向的网络交流平台，将世界上多数科普场馆的信息资源都整合到这一平台上，为理论研究提供全面丰富信息资源库。

其次，要力争创办一份或者几份能在国际上站得住脚、有重要影响力的科普场馆展览与展项设计的学术刊物，及时发表科普场馆建设研究者就各种理论问题所做的具有创新意义的学术研究论文。

最后，每年定期举办一次或多次高水平的学术交流会议，将科普场馆的建设实践者、理论研究者以及其他相关领域研究人员聚集在一起，通过对话分享经验、充分讨论，加深对学术问题的理解，并通过信息的筛选、添加、组合和分类等，对现有知识进行重构，引发出新的观点，从而创造新的知识，为解决当前问题提出建设性意见，为未来的发展方向找到具有深远影响的突破口。

（八）提升科普场馆相关企业展览与展项研发与制作的创新水平

科普场馆相关建设单位是指展项研发与制作企业，主要有以下几种类型：

机电一体化展项为主的企业、多媒体展项为主的企业、数字技术为核心的企业以及多元形式包括影视、剧场为主的企业等。

总体上说，当前我国科普场馆相关企业建设尚在发展阶段，创新能力不足，主要表现在两个方面：一是在利益机制的驱动下，重效益，忽视研发的倾向，较为普遍的存在；二是就创意，策划对设计，制作的导向作用，认识不足。因此，不断关注提升企业创新能力，关系到科普场馆整体的创新发展。

为了推进我国科普场馆相关企业展览与展项研发与制作的水平，可以采取以下几个方面的措施。

1. 坚持政策支持和政府引导

政府应该加大扶持力度，组织实施企业减负专项行动，鼓励科技类企业创新，出台创新奖励政策，使得企业不以经济利益为唯一目标，而转向创新以谋求长期发展。

2. 倡导正确竞争，形成错位竞争

在国内科普场馆招标过程中，时常发生的现象是：企业在经济利益的驱使下，为了能够多中标而采用压低报价和广泛撒网的策略，结果导致了低价中标和所中标段再行分包的现象发生，创新展品的设计和质量有所下降。

针对以上问题，可以从以下两方面解决，一是馆方应广泛深入考察调研，了解各企业所擅长的领域；二是鼓励企业投自己所擅长的标段，形成错位竞争，发挥自身优势技术，做好每件展品，不断创新，使企业真正做大、做强。

3. 鼓励与国外公司合作共同提高

某些国外设计公司，尤其是美日欧设计公司，例如美国 West Office 展览设计公司、日本丹青社等国外公司有着较强的设计实力，往往能够依托本国强大的科技实力和先进的设计理念，作出创新的展览展项设计。但其对国内需求及地方特色不了解，需要同国内企业合作，共同研究，才能够在合理把握展示内容的同时，做好展项设计工作，实现双赢。

因此，应该鼓励国内设计公司与国外设计公司合作，共同做好国内科普场馆展览展项设计，在过程中提升自身设计实力。国外设计公司强调前期设计对后期设计的指导作用，因此偏重做前期设计。一般来说，国外设计公司的创新设计能力较强，能够将最新的科技成果和展示技术应用到展

项设计中来。因此，如果能够内外结合，由国外公司做初步设计，国内公司做深化设计和施工图设计并完成制作，则能够较好弥补国内企业设计能力不足和创新意识不强的缺陷，更重要的是，在长期合作中，能够提升国内企业的创新意识和创新理念。

4. 大力推进产学研相结合

着力提高企业自主创新能力，充分保护和开发利用自主创新成果，目的是为了提高企业的持续竞争力，在应用当代产品的同时，重视下一代产品的研发。

科普场馆相关企业的创新能力较为有限，因此要大力推进与产、学、研相结合。科研院所、大专院校的研究实力强，科技成果较多。企业与科研院所、大专院校结合，将科研成果转化应用到科普场馆展项中来，能够丰富展项的展示内容并提升展示效果。

安徽省于 2008 年即开始进行产、学、研相结合的创新模式探索，2010 年注册成立了安徽省科普产品工程研究中心。该中心是由安徽省科协、中国科技大学、合肥通用机械研究院、中科院合肥物质科学研究院、国轩高科以及科大讯飞、蚌埠科普场馆等省内从事科研和科普单位利用各自优势合作共建的，具有策划、设计、集成、工程、服务五项功能，建设目的在于集中优势资源，增强自主创新能力，强化科技传播研究，做大做强科普产业。安徽省科普产品工程研究中心的建立，从机制上实现了与大专院校、科研院所的结合，形成了一个科普产品研制的企业集群。通过资源共享、优势互补，已经将一批科研成果转化到科普产品中去，拓宽了安徽科普产业的发展空间和竞争力。取得科普产品技术专利百项，充分体现了产、学、研结合模式的巨大优势。

5. 关注提高科普场馆相关企业的创意策划能力

相关企业对展览展项的设计不能很好体现创新，关键问题在于创意策划能力不足。缺乏对创意、策划对设计制作的导向作用的重要意义的认识，顶层设计能力不足，已成为制约创新的重要因素。实际上，上海世博会从本质上说，是一个创意的竞赛，因此加强对科普场馆创意策划能力建设，就成为增加企业自身竞争力的要义。

（1）加强创意策划人才的吸纳：不应仅考虑限于跟展项设计制作联系

紧密的机电一体化、计算机应用、多媒体等专业人才，而应该广泛吸纳各专业人才，例如教育、策划、美术等专业的人才，并加以培养，才能提高企业的能力。

（2）引入团队设计理念：国外顶级设计公司给我们的启示是，强调团队设计的理念，从一开始的设计团队的组建就强调对各类人才的吸纳，发挥整体设计理念，有利于提高形式内容一体化设计水平，提高企业整体创新能力。

此外，作为科普场馆，对企业创新有重要的需求和反馈作用，在推进企业创新和产业升级的同时，进一步发挥科普场馆自我创新能力建设，将对推动企业自主创新能力的提升以及产业的升级产生积极的影响。

B.5
科技馆免费开放及影响研究

吴秋凤　危怀安*　程　杨

摘　要：

作为提供科普服务的公益性科技教育机构和公益性科学文化设施，科技馆实行免费开放成为大势所趋。本文比较全面地阐述了我国科技馆实行免费开放政策的理论依据与现实需求，考察并归纳了美英等发达国家科技馆免费开放的实践探索与有益启示，系统地分析了免费开放政策给我国科技馆事业发展带来的机遇与挑战，进而提出了我国科技馆免费开放的发展策略。

关键词：

科技馆　免费开放　机遇与挑战　发展策略

一　我国科技馆免费开放的理论依据与现实需求

（一）科技馆的内涵与特点

科技类博物馆主要是指以面向社会公众开展科普教育为主要功能，主要展示自然科学和工程技术科学以及农业科学、医药科学等内容的博物馆。科学技术馆一般也称作科学技术博物馆（Science and Technology Museum，简称"科技馆"），是科技类博物馆的重要组成部分，是以科普展览和科普教育为核心功能的公益性科技教育机构。它通过常设和临时展览，以参与、体验、互动性

---

* 吴秋凤，武汉工程大学教授，硕士生导师，主要研究方向是科技管理与科技伦理；危怀安，经济学博士，华中科技大学公共管理学院教授，博士生导师，主要从事科技管理与政策、科技创新、科普研究等。

的展品及辅助性展示手段，激发公众科学兴趣，启迪公众科学观念，开展公众科普教育；也可开展一些科技传播、科技培训和科学文化交流活动等。①

科技馆与科学中心、科学探索馆等都属于科技馆类型。它们具有以下特点：一是公益性。作为以展示教育为主要功能的公益性科普教育机构，科技馆是重要的公共文化资源载体，政府投资兴建或国家财政拨款等赋予其鲜明的社会公益性。二是科学性。科技馆的展品展览或体验式活动都要准确地表达某个科学原理或其应用，使观众能够感受或体验到某种明确的科学知识。三是趣味性。科技馆通过声、光、电等高科技手段，增强展品展览和各种体验式活动的新奇性、科幻性、动态性，激发参与者的求知欲与积极性。四是参与性。与历史博物馆不同，科技馆允许观众在亲自参与中感受科学探索和科技应用的过程，从而获得科技知识。五是教育性。科技馆通过展示教育、科技培训、科学实验、科技报告等多种形式的科普教育活动，促进公众理解科学，体会科学方法，感受科学精神，提高科学素养，树立科学的世界观、人生观和价值观。

（二）科技馆免费开放的理论分析

1. 科技馆免费开放是科技馆基本功能正常发挥的客观需求

联合国教科文组织在《科学技术博物馆的建设标准》中指出，科技馆的基本功能是通过普及科学技术知识，激发人们对科学技术的关注和研究兴趣。我国《科技馆建设标准》也明确规定，科技馆具有科学普及、学术交流、科技教育、科技服务四大主体功能。其中，核心功能是科普展览和科普教育功能。

科技馆的科普教育是对学校科技教育的有益补充。学校科技教育重点是帮助学生获得对科技的理性认识，强调学习内容的系统性和体系化，这往往使学校的科技知识的学习变得枯燥、抽象，学生的科技兴趣、科技视野、创新思维、创新能力都因此受到一定的限制。科技馆的科普教育强调教育内容的主题性，通过科学性、知识性、趣味性相结合的展览，以及丰富多彩的参与性、互

---

① 中华人民共和国建设部，中华人民共和国国家发展与改革委员会：科学技术馆建设标准【建标101 – 2007】，2007。

动性、体验性的科普活动，向参与者普及科学技术知识、开展科学思想与科学方法的宣讲和演示，拓宽公众的科技视野，引发他们关注科技现象的兴趣，激发他们积极参与科技创造的乐趣，培养他们特别是青少年的观察能力、思维能力、动手能力和创造能力。科技馆是让公众感受和享受科学的最好的地方，而不是让他们学习科学的地方，在这里要让人们特别是学生们做那些在教室里无法进行的事情；给更多的人以更多了解和理解科学的机会，使之科学知识更加丰富。因此，科技馆的科普教育有助于公众理解科学、崇尚科学，形成科学的世界观、人生观和价值观。

在国外，有很多小学生的课程都放在科技馆里进行，以便从小培养他们的科学精神，提高他们的科学文化素质。我国也有部分学校老师带学生去科技馆上课，学生反映不错，但几十元的门票导致教学成本实在太高，教学往往难以为继。实行科技馆免费开放，去掉收费门槛，就会使更多的愿意接受科学教育的公众，不受限制地进入科技馆学习，在一种比较轻松、自由、愉快的氛围中了解科技、学习科技。只有接受科普教育的人多了，全民科学素质教育的成效才能显著，科技馆的科普教育阵地作用才能得到更充分的发挥。

2. 科技馆免费开放是科技馆社会公益性和准公共产品属性的内在要求

作为提供科普服务的公益性科技教育机构和公益性科学文化设施，科技馆一般由政府投资兴建。这就要求科技馆为社会公众服务，不是以营利为目的，而是以社会效益最大化为根本目的，即促进社会公众科学素养的提高、科学技术和人类文明的进步。科技馆的社会公益属性，决定了科技馆的发展方向是为社会全体公众服务的，也就是说科技馆的服务对象包括政府工作人员、社区居民、劳务工、农民、青少年、科学家等全体公民，所有社会公众都可以到科技馆参观，从科技馆中获得启发和知识，使社会广大公众都能从科技馆中受益。如果科技馆不实行免费开放制度，那么势必会导致一部分公众（例如，以基层工人、普通农民为主体的低收入阶层和暂无经济来源的学生群体）被阻挡在科技馆大门之外，无法共享公益性科技教育机构和公益性科学文化设施的权益。而且，科技馆是由政府投资兴建或享受政府财政资助的，实际上是取之于民、用之于民，向大众免费开放具有一定的合理性。实现科技馆的免费开放，体现了政府把"科学文化惠民"措施落到了实处，能够更好地发挥科技馆公益性科学文化设施的价值，彰显社会效益。

科技馆属于准公共产品中的拥挤性公共产品。所谓拥挤性公共产品，是指那些随着消费者人数的增加而产生拥挤，从而降低每个消费者所获得满足程度的公共产品。在一定时间内，当科技馆的参观者人数超过临界点（即可容纳的标准人数）之后，就可能引起秩序混乱和参观拥挤，甚至出现损毁科技馆基础设施的现象。所以，科技馆是具有消费拥挤性和供给非营利性的公益性公共产品。为了防范过度拥挤，国外科技馆大都采取收费制度，通过收取费用实现一定程度的排他，即付费者享用；或者通过门票制来调节进而缓解公共产品的拥挤性。我国绝大多数科技馆都是通过设置价格门槛，将不愿付费者排除在外。收费模式既可以在一定程度上有效调控科技馆的参观者数量，又可以在一定程度上缓解科技馆运行资金的短缺。但收费模式的缺陷也是显而易见的，它通过设置价格门槛达到了排他性消费，同时阻挡了低收入群体参观科技馆的脚步，导致了科技馆的公益性缺失。也就是说，收费模式使一部分低收入阶层和暂无经济来源的弱势群体享受不了科技馆科普教育的滋养，这样不仅无法完全体现科技馆应有的科普教育机构的公益性，无法最大限度地完成科技馆的科普教育任务，也是对社会公共资源的一种巨大的浪费。

可见，科技馆的社会公益性要求它不以赢利为目的，而是要把社会效益放到首要位置，这就决定了它对社会公众开放应该是免费的；科技馆的准公共产品属性，决定了它具有向任何人开放的非排他性，社会全体成员可以同时享用它的科技文化资源，因此，它可以对社会公众开放实行免费，并通过门票制来调剂参观人数，缓解科技馆的拥挤性。同时，科技馆只有免费开放，它的社会公益性和准公共产品属性才有可能真正得以体现。只有降低进入门槛，实行一定程度的免费政策，才能让公众特别是青少年观众更为经常地、不受限制地进入科技馆学习，激发他们追求科学技术的兴趣，满足他们了解和学习科学技术的要求与愿望，帮助他们提高获取、运用科技知识的能力和科学生活、享受现代文明成果的能力，帮助他们提高科学文化素质和个人全面发展的能力，从而实现科技馆的社会效益最大化。

另外，科技馆实行免费开放政策，与联合国教育、科学及文化组织的相关规定也是一致的。联合国教育、科学及文化组织大会于 1960 年 12 月 14 日通过《关于博物馆向公众开放最有效方法的建议》中第 2、第 5、第 7、第 8、第 9、第 10 条对博物馆的开放和门票制度给出了具体的建议。例如，第 2 条规定各国政府应当采取一切适当措施保障所有博物馆（含科技类博物馆）向所有参观者开放。第 5 条规定所有博物馆应当采取一切措施，尽可能地延长博物馆每天的对外开放时间和增加其开放天数，让所有的人都有机会适时参观博物馆。第 7 ~ 10 条规定，博物馆应当制定弹性收费制，因人、因时、因事、因地采取差异性门票制度，有的门票全免费，有的维持少量门票费，有的实行优惠收费等。[①] 因此，作为博物馆体系中的重要组成部分，科技馆实行一定程度的免费开放政策，符合联合国教科文组织大会通过的《关于博物馆向公众开放最有效方法的建议》相关规定。

因此，只有实行科技馆免费开放政策，才能够更好地实现科技馆的公共性和公益性价值，从而有助于科学知识的普及、科学思想的传播和公众科学素质的提高，体现公共科普事业全民共享。科技馆的免费开放是凸显科技馆社会公益性和准公共产品的需要，是把政府"科学文化惠民"措施落到实处的体现，是实现科技馆公益性科普教育的社会效益最大化的途径。

3. 科技馆免费开放是科技馆提高全民科学素养目标的价值追求

公众的科学素养是评价一个国家国民综合素质的重要指标。大力提升公众的科学素养有利于增强国家的综合国力。新中国成立以来，我国公众的科学素养有了很大提高，但与发达国家相比仍有不小差距。据第八次中国公民科学素养调查结果显示，2010 年我国具备基本科学素养的公民比例达到 3.27%，比 2005 年（1.60%）和 2007 年（2.25%）分别提高了 1.67% 和 1.02%，如图 1 所示。虽然目前全国公民科学素养水平有了明显提高，但仅相当于日本（1991 年的 3%）、加拿大（1989 年的 4%）和欧盟（1992 年的 5%）等主要发达国家和地区 20 世纪 80 年代末 90 年代初的水平。[②]

提升公众的科学素养水平很重要的一个方面是要大力发展我国的科普事

---

① 蔡琴：《博物馆开放方式研究》，《国际博物馆》（全球中文版）2008 年第 1 期。
② 《第八次中国公民科学素养调查结果发布（2010 年 11 月 25 日）》，《科技传播》2010 年第 23 期。

业。因为科技馆的科普教育可以帮助公众打开科技视野，引发科技兴趣，激发科技创造乐趣，培养创新能力，形成科学的世界观、人生观、价值观以及崇尚科学、追求真理的良好社会风气，有利于生态文明、精神文明、社会文明建设。我国《2012 年全民科学素质行动工作要点》明确规定"研究完善不同类别科技馆免费开放的政策和方案，选择有代表性的科技馆现行开展免费开放试点"。科技馆免费开放可以使更多的人能够接受科普教育，接受科学的熏陶，培养科学兴趣，从而有利于提高公众的科学素养。

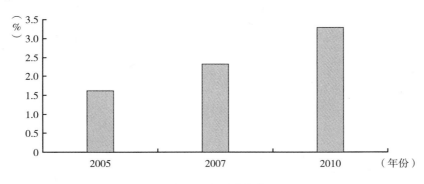

图 1　我国公众科学素养水平

（三）我国科技馆免费开放的现实需求

1. 我国科技馆发展现状

我国科技馆是伴随着新中国的建立而起步的，并随着新中国的成长而发展的。新中国成立 60 多年来，特别是改革开放 30 多年来，我国科技馆事业获得了快速发展。大体说来，我国科技馆事业的建立和发展主要经历了三个阶段。[①]

第一个阶段，从新中国成立至改革开放前，是科技馆事业的起步与艰难探索阶段。20 世纪 50 年代新中国成立不久，中央政府有意建立国家科技馆并已在北京选址，后来由于多方面的原因暂时停建。不过，山东、广东、云南等省份还是建立了类似科技馆的科普场所。有的叫"科技馆"，有的叫"科技宣传

---

① 参考田英《对科技馆建设历史沿革的比较与思考》，《科协论坛》2009 年第 3 期。

馆"，还有的叫"科学宫"。它们共同的特征是展厅面积偏小，展览方式也很简单。

第二个阶段，从 1978 年到 1998 年，是科技馆数量快速增长阶段。1978 年中国召开举世瞩目的科学大会，提出了"科学技术是第一生产力"的伟大论断，为 20 世纪 80 年代迎来科技馆建设的第一个高潮期奠定了思想和理论基础。从 1978 年到 1998 年的 20 年，全国建立的科技馆近 200 座。但是，由于对科技馆的性质、功能等认识的偏差，导致这个时期建立的绝大多数科技馆并不符合科技馆的性质，布局和科普展教功能不达标。因此，这个时期建设的科技馆与真正意义上的科技馆还有一定距离，基本上是一些多功能的科技活动中心。

第三个阶段，从 20 世纪末到现在，是科技馆数量与质量并重发展阶段。2000 年 12 月，中国科协召开首次全国科技馆建设工作会议，明确了科技馆的主要功能是科普展教，发布了中国科协系统《科学技术馆建设标准》，要求各地按照这一标准对未达标的老馆进行积极改造或改建，新建实现达标。2006 年国务院颁布的《科学素质纲要》要求到 2010 年，各直辖市和省会城市、自治区首府至少拥有 1 座大中型科技馆，这为我国科技馆事业带来前所未有的发展机遇，形成了新一轮科技馆的快速发展。2007 年 7 月，建设部、国家发展和改革委员会联合颁布了《科学技术馆建设标准》【建标 101－2007】，表明我国科技馆建设迈进了综合性现代化科技馆建设的新时期。这个时期科技馆的建设已从过去只注重科技馆数量转变到注重科技馆的规模和结构，从只关注科技馆建筑主体转变到更多地注重科技馆的展览面积、展品数量和展教方式等展示教育的直接载体。例如，2000 年中国科技馆二期开放，建筑面积增加到 4.3 万平方米，展厅面积增加到 2 万平方米，展品数量达到 720 件左右，分别比一期增加 1 倍多、3 倍和 6 倍。"十一五"期间，按照《科学技术馆建设标准》建设并开馆的省级以上（含省级）新建科技馆有 10 座，分别是河北科技馆新馆（2006 年）、贵州科技馆（2006 年）、四川科技馆（2006 年）、广东科学中心（2008 年）、广西科技馆（2008）、新疆科技馆新馆（2008 年）、宁夏科技馆新馆（2008 年）、浙江科技馆新馆（2009 年）、中国科技馆新馆（2009 年）、重庆科技馆新馆（2009 年）；改扩建后重新开馆的科技馆有 3 座，分别是江苏科技馆（2006 年）、福建科技馆（2006 年）、江西科技馆（2008 年）。

经过 60 多年的探索与建设，我国科技馆的数量快速增长、质量不断提升，但地区分布还不够均衡、规模分布还不够合理。据中国科普统计，截至 2010 年底，全国共有科技馆 353 个。从归口管理部门看，科协系统归口管理的有 252 个，占总数的 71.39%；其他部门管理的有 101 个，占总数的 28.61%。从分布地区看，东部地区 12 个省份共有 140 个，中部地区 9 个省份共有 170 个，西部地区 10 个省份共有 43 个，各地区的科技馆数分别占全国总数的 39.66%、48.16% 和 12.18%；从建设规模看，特大型科技馆 16 个，大型科技馆 19 个，中型科技馆 33 个，小型科技馆 285 个，各类型科技馆分别占全国总数的 4.53%、5.38%、9.35% 和 80.74%。① 可见，我国科技馆的地区分布不均衡、规模分布不合理。此外，虽然我国科技馆的数量得到快速增长，但科技馆数量与总人口的比例远远落后于发达国家水平，与美国、日本相差甚远：美国为 1∶41 万人，日本为 1∶22 万人，中国为 1∶223 万人。离接近平均每 100 万人常住人口拥有 1 个科技馆或自然科学博物馆的奋斗目标还有差距，与《科学素质纲要》和《科普基础设施发展规划》的要求也相距较远。②

2. 我国科技馆免费开放问题提出的背景与过程

进入 21 世纪以来，我国许多公共设施相继对社会公众免费开放，特别是一些博物馆、纪念馆、美术馆、公共图书馆、文化馆站等相继对社会公众免费开放。

2004 年元旦，浙江省博物馆在全国省级博物馆中率先实行常年免费开放。2006 年 1 月 1 日开始实施的《博物馆管理办法》第四章第 29 条提出"博物馆应当逐步建立减免费开放制度"。2007 年党的十七大报告提出，把公益性文化事业作为保障人民基本文化权益的主要途径，让人民共享文化发展成果。同年 11 月，新落成的湖北省博物馆免费向全社会敞开大门，成为继 2004 年 1 月 1 日浙江省博物馆免费开放之后，第二家向社会公众免费开放的省级博物馆。

---

① 中国科技部：《中国科普统计》（2010 年版），科学技术文献出版社，2010。
② 肖平、吴冰、左朝胜：《科技馆"免费"，载舟覆舟?》，《科技日报》2011 年 10 月 22 日第 1 版。

为贯彻落实党的十七大精神，充分发挥博物馆、纪念馆宣传和传播先进文化的重要作用，加强公共文化服务体系建设和公民思想道德建设，2008 年，中宣部、财政部、文化部、国家文物局联合下发了《关于全国博物馆、纪念馆免费开放的通知》（以下简称《通知》）。《通知》要求，全国各级文化文物部门归口管理的公共博物馆、纪念馆，全国爱国主义教育示范基地全部实行免费开放。《通知》提出了博物馆、纪念馆免费开放保障机制，其中规定中央财政全额负担博物馆、纪念馆免费开放后因门票收入减少而造成的损失，由中央财政分别按照东部 20%、中部 60% 和西部 80% 的比例对免费开放后的运转经费增量部分进行补助。之后，对社会公众先后免费开放了全国各地各级博物馆、纪念馆、全国爱国主义教育示范基地。2008 年，财政部组织力量对全国各博物馆门票收入和年度运营经费情况进行核查并设立了免费开放专项补助资金。2008～2010 年，中央财政共计拨付 52 亿元，地方财政在这方面投入的配套经费达到 10 多亿元。这项由政府"埋单"，从上至下推动的免费开放政策带来的效果是不可估量的，这让许多一辈子从未走进博物馆的人迈进了博物馆的大门。

2011 年初，文化部、财政部联合发布《推进全国美术馆、公共图书馆、文化馆站免费开放工作实施方案》，要求 2011 年底前全国美术馆、公共图书馆、文化馆全部免费开放。这是继 2008 年博物馆、纪念馆实现全面免费开放后推进公共文化服务体系建设的又一重要举措。2011 年；我国博物馆总数达 3415 座，年增 395 座；免费开放博物馆总数为 1804 座，年接待观众 5.2 亿人次，大中小学生及农民工、城镇低收入群体参观博物馆人数明显上升。①

博物馆、纪念馆、美术馆、公共图书馆和文化馆实行了免费开放，作为博物馆体系的重要组成部分，同属于公益性机构，都承担着教育民众、普及知识的职能，科技馆应不应该对社会公众实行免费开放？科技馆何时实行免费开放？这就成为人们不得不思考的问题。

事实上，科技馆免费开放在国内也有先例。2005 年 1 月，江西省科技馆

---

① 王慧峰：《1804 座博物馆已免费开放 年接待观众 5.2 亿人次》，《人民政协报》2011 年 12 月 27 日第 A01 版。

率先在全国科技馆中向未成年人实行免费和优惠开放，对中小学生集体参观实行全员免费；只对成人散客收费，小孩免费；小孩单独参观门票只收半价。2008 年 5 月，江苏科技馆实行省内公众免费开放；同年 9 月，天津科技馆常设展厅开始面向公众免费开放。此外，中国科技馆和上海科技馆对儿童、老人及特定群体在特定节日实行免费，上海科技馆还为学生、家庭等人群提供了价格优惠的会员证等一些零碎的、有条件的免费参观政策。①

2008 年 9 月，南京科技馆将每月第四个星期五定为免费开放日；2010 年 9 月，进一步对学生团队实行免费参观；2011 年 2 月 22 日开始，对 18 周岁以下未成年人实施免费开放。同时在每年的科普日、科普宣传周以及部分重大节假日期间，市民逛科技馆也不收费。②

鞍山科技馆作为"全国青少年科技教育基地"、"辽宁省科普教育基地"、"辽宁省小公民道德建设实践示范基地"、"鞍山市中小学生社会实践基地"，从 2009 年 1 月 1 日起对鞍山地区公众免费开放。普通观众持身份证等有效证件、学生持学生证到科技馆展览科领取参观票，实行免费参观。③

湖南省科技馆自 2011 年 6 月 25 日开馆以来，实行了免费开放。科技馆开馆半年来，已免费接待观众 45 万人次，获得全社会的广泛认可。④ 然而，作为目前世界上展示面积最大、功能最齐全的科普教育场馆，广东科学中心虽然已于 2008 年 9 月对外开放，但免费的大门并未敞开。广州社情民意研究中心的一项调查显示，公众对广东科学中心的各项评价都非常高，认为这是高水平、上档次的青少年科普教育场所；但"唯一得分不高的指标就是收费，绝大多数受访者希望它能降价或免费"。⑤

正值科技馆免费开放步履蹒跚之时，要求免费开放的呼声不断高涨。2012 年 3 月，全国政协十一届五次会议期间，全国政协委员刘淑莹提交了《关于

① 姜范：《科技馆能不能免费开放》，《经济日报》2011 年 12 月 4 日第 001 版。
② 张璐：《2012 年下半年，南京科技馆有望全面免费开放》，《南京日报》2011 年 12 月 19 日第 A07 版。
③ 侯冰冰、杨超：《科技馆免费开放》，《鞍山日报》2009 年 2 月 12 日第 A01 版。
④ 湖南省科技馆实行免费开放，http：//www. cast. org. cn/n35081/n35563/n38740/13608285. html。
⑤ 吴冰、贺林平：《广东科学中心 60 元的门票引来议论纷纷，科技馆能不能免费》，《人民日报》2011 年 11 月 21 日第 012 版。

免费开放科技馆的建议》的提案，"建议对属于社会公益性事业单位和提高全民科学文化素质重要基础设施的科技馆，尽快向社会免费开放。"2012 年 3 月 5 日，全民科学素质纲要实施工作办公室颁发了《2012 年全民科学素质行动工作要点》（纲要办发〔2012〕3 号），明确规定"研究完善不同类别科技馆免费开放的政策和方案，选择有代表性的科技馆现行开展免费开放试点"。《科普基础设施工程实施方案（2011～2015 年)》，提出 2012 年重点工作是由中国科协、科技部、财政部研究全国科技馆免费开放实施工作方案。中国科学技术协会也于 2012 年 5 月 31 日发布了《关于开展全国科技馆免费开放情况专项调查的通知》。该通知明确指出，此次专项调查目的是全面了解全国科技馆的免费开放情况，为进一步推进全国科技馆免费开放工作提供参考依据。

3. 科技馆免费开放的现实意义

（1）科技馆免费开放是实施科教兴国战略的重要举措。

在知识经济时代，科技进步日新月异，科技已成为推动经济发展和社会进步的内生动力。大力发展科技，实施科教兴国战略，依靠科技创新提升国家的综合国力和核心竞争力，建立国家创新体系，走创新型国家之路，已成为世界许多国家政府的共同选择。

从"科学技术是第一生产力"的重要论断、科教兴国战略的提出到"提高自主创新能力，建设创新型国家"的战略决策，体现了我国政府对科学技术的高度重视。而科教兴国战略的实施、创新型国家的建设除了必须要有一大批掌握科学思想、科学方法和科学知识、具有创新能力的科技人才，还需要公民有比较高的科学素质。《国家中长期人才发展规划纲要（2010～2020 年)》把突出培养造就创新型科技人才提升到建设创新型国家的高度。作为以展示教育为主要功能的公益性科普教育机构，科技馆不仅是提高公众创新能力的第二课堂，也是提高公民科学素质的重要场所。科技馆可以通过常设和临时展览倡导科学方法、传播科学思想、弘扬科学精神和普及科学知识，也可以通过参与式、体验式等活动以及互动性的展品展览，提高参与者的科学兴趣、树立公众的科学观念、培育公众的探索创新能力和科学观念，从而帮助公众提高科学文化素质。科技馆对社会进步和科技发展的影响力是不容忽视的。日本《博物馆研究》杂志连续 5 年的统计结果表明，参观科技博物馆的年均人流量大大超过了历史、美术等其他各类博物馆。美、德、法等欧美发达国家经过调查也得到了类似结论。这些调查数据反映了社会进步和科技发展对科技馆事业发展的巨大需求。

科技馆免费开放，能让更多青少年从小接触科学技术，从小培养对科学研究的兴趣，从而最大限度地普及科学知识，提高公众科学素养。培养更多有科学素养的公民，对于创新型国家的建设，对我们民族的前途有非常重大的意义。

（2）科技馆免费开放是建设文化强国的具体措施。

当今时代，文化越来越成为民族凝聚力和创造力的重要源泉、越来越成为综合国力竞争的重要因素。一个民族在伟大复兴过程中要有文化作为支持。当一个国家或地区社会经济发展繁荣到一定阶段，则需要以文化作为内源力来支撑，社会的文化软实力愈加重要。党的十七大把推进社会主义文化大发展、大繁荣作为新时期的任务，党的十七届六中全会提出增强国家文化软实力，弘扬中华文化，努力建设社会主义文化强国。科技馆与博物馆、纪念馆等公益性场馆一样，作为提高全民科学文化素质的重要阵地，对于影响国人的文化人格养成、推进社会主义文化大发展大繁荣、建设社会主义文化强国具有不可低估的意义。科技馆向全社会免费开放是落实党的十七大关于社会主义文化大发展、大繁荣的重大举措，是加强社会主义核心价值体系建设和公民思想道德建设的有效路径，是建设社会主义文化强国的具体措施。

与很多国家相比，我国的科技馆无论在总量上还是人均拥有量上都相对偏少。科技馆实行免费开放，也就相当于间接增加了科技馆的数量，拓展了科技馆这一公共文化设施的服务空间和有效利用率，也增加了自身的吸引力，扩大了优秀文化的渗透力和影响力，通过公共文化服务来完成社会文化精神的完善和文化人格的养成，促进文化发展繁荣。

3. 科技馆免费开放是保护公民基本文化权益的实际行动

文化权利是现代公民的基本权利之一。社会成员能否公平享有文化权利、公平占有并享用文化资源、享有充足的公共文化服务，是和谐社会的重要标志。随着经济发展和社会文明的进步，追求高水平的精神文化生活逐渐成为人们新的生活需求，到科技馆等高雅的科技文化场所消费也就成为人们新的生活时尚。党

的十七大提出"坚持把发展公益性文化事业作为保障人民基本文化权益的主要途径"。因此，政府有责任实行一系列公共文化设施免费政策，保障了公民的文化权益，让更多的纳税人享用公共文化资源，推动了公民的文化自觉。

作为公共文化设施，科技馆和博物馆一样是公民教育的重要资源，人人都应该有平等享受科技馆的文化资源的权利。实际上，免费或低价享受公益性文化成果，是公民的基本文化权益。然而科技馆动辄几十元的门票使这种有必要经常进行的消费成为一种奢侈，无形中阻挡了人们迈向科技馆的脚步。科技馆实行免费开放，必将吸引更多的人走进科技馆，使受教育阶层和受教育人群更加广泛，从而满足公众的基本文化需求，让全民共享文化建设的成果。因此，科技馆免费开放，是落实十七大精神的重要措施，是保障公众基本文化权益的实际行动。

4. 科技馆免费开放是实现科技馆可持续发展的动力源泉

科技馆作为从事科普教育的公益机构，是我国科普事业的重要组成部分。如何开发挖掘科普的深度和广度，扩大社会影响力，确保科技馆可持续发展，这是科技馆自身发展的现实课题。

科技馆的免费开放，对于科技馆自身发展的作用是不言而喻的。一是科技馆可以利用免费开放后国家财政专项经费的支持，不断地研发、更新展品展项，拓展功能的发挥，增强科技馆的吸引力；二是科技馆免费开放有助于推动科技馆自身的体制机制改革，提高管理水平，为广大观众提供更好的服务工作，提高科技馆的社会认可度；三是科技馆免费开放有利于激发公众的参与热情，带来观众数量的增加，使科技馆更加融入社会，更加贴近群众、贴近生活、贴近实际，从而扩大科技馆的科普辐射面，加快科技馆社会教育功能的全面实现，提高科技馆的社会贡献率、社会价值和社会地位；四是科技馆免费开放有利于培育公众的科技馆情节，为科技馆的未来培养更多的捐赠者；据美国一项调查显示，许多博物馆的捐赠者都是从小经常去博物馆并对博物馆拥有美好回忆的人；五是科技馆可以利用免费开放带来的机遇，将科技馆的知识资源延伸到社会，为群众提供最经济、最有益的知识性和感性场所，开发相关联的服务性行业，增强自身造血功能，从而推动博物馆事业不断迈向新的境界。

二 国外科技馆免费开放的实践探索及启示

通过访问美国国家航空和航天博物馆、旧金山探索馆、伦敦科学博物馆、澳大利亚国家科学技术中心、日本国立科学博物馆、加拿大安大略科学中心六个世界著名科技馆的官方网站，仔细搜索这些官方网站提供的零星有用信息，深入挖掘散见于网站各个板块的零碎资料，然后归纳、整理并提炼出这些著名科技馆的免费开放政策、实践措施、科普成效及特点，以便为我国政府制定科技馆免费开放政策及科技馆如何应对免费开放提供有益参考。

（一）美国科学博物馆和科学中心

美国有 7000 多所博物馆，其中科学博物馆和科学中心占 1/5 左右，有科学中心 300 个以上。美国的科学博物馆和科学中心在开展科普活动方面，一直发挥着重要的作用，如国家航空航天博物馆、弗兰克林学院科学博物馆、芝加哥科学工业博物馆、波士顿科学博物馆、旧金山加利福尼亚科学院、俄勒冈科学工业博物馆、布法罗科学博物馆、匹兹堡儿童博物馆等。科学中心是 20 世纪后半期出现的新型科技博物馆，资格最老的要数弗兰克·奥本海姆在 1969 年创建的旧金山的探索馆。科学中心一出现，就受到了观众的欢迎，迅速在世界范围内发展起来。美国的科学中心讲究动手操作，重在观众与展品的互动关系，特别为少年儿童所青睐。美国科促会举办科学节每次都有一定的科学中心参与，如发现科学中心、奥斯汀自然科学中心、卡内基科学中心、奥兰多科学中心、圣路易斯科学中心等。美国科学博物馆或科学中心大多都是收取门票的，不过门票价格都比较低。在美国免费开放的科技类博物馆中，比较著名的有美国国家航空和航天博物馆；而在美国科技类博物馆开放运营模式中，比较有特色的是旧金山探索馆。

1. 美国国家航空和航天博物馆①

美国国家航空和航天博物馆（National Air and Space Museum，U. S. A）是

---

① 以下涉及的有关美国国家航空和航天博物馆的数据和资料均来自其官方网站（http：// airandspace. si. edu），截至 2012 年 6 月的数据。

美国航空航天史上的专业性博物馆，隶属于史密森学会。前身是美国国会1946年建立的美国国家航空博物馆，1966年改名为美国国家航空和航天博物馆。该馆建筑总面积为6.3万平方米，陈列面积为2万平方米，拥有一个400个座位的宽银幕立体电影厅（其银幕有5层楼高，宽33米，用来放映宇航科学影片。）和一个直径21米的环形空间馆（用于表演各种天象及宇航景象）。其主要收藏品有：反映美国航空航天史的各种飞机300多架、太空飞行器100多种、火箭和导弹50种、发动机400多台、螺旋桨350副及大量模型等。

　　美国国家航空和航天博物馆实行免费开放政策，开放时间一般情况下是上午10点到下午5点30分，3月17日到9月3日的开放时间为上午10点到下午7点30分，7月4日开放时间为上午10点到晚上8点。每年除了12月25日外均对外开放。在上述开放时间内，所有参观者均可免费参观该馆并动手操作一些展品。但是，对于IMAX电影、天象节目、模拟器以及一些特别项目则会收取不同的入场费。维持美国国家航空和航天博物馆免费开放运行的经费来源于政府财政资金、社会资金和自营收入。

　　（1）政府财政资金主要是通过联邦拨款和政府资助两个渠道获得，联邦拨款占绝大部分。2009～2011财年期间，美国国家航空和航天博物馆获得的政府资金占其全年总收入的比例分别为53.42%、55.75%和53.49%，其中联邦拨款比例分别高达49.01%、53.67%和52.07%（见表1）。

　　（2）社会资金主要包括捐款及私人资助。2009～2011财政年度期间，美国国家航空和航天博物馆获得的社会资金在其全年总收入的比例分别为：29.61%、24.62%和26.18%（见表1）。社会资金是由美国国家航空和航天博物馆发展办公室负责通过协调会员制，个人、企业和基金会资助，计划捐赠，实物捐赠四个区域的活动来实现筹资的。一是会员制（Membership）。作为一名国家航空和航天博物馆的会员，可以与博物馆保持一年的联系。会员享有的权益包括：免费赠送一年的《航空航天》杂志、国家航空和航天博物馆会员证，受邀参加协会的年度飞行之夜讲座，提前通知有关博物馆的活动和展览，享受史密森博物馆商店的会员折扣，享受史密森的IMAX影院和天文馆的会员折扣等。二是个人、企业和基金会资助（Gifts from Individuals,

Corporations and Foundations)。个人资助对与国家航空和航天博物馆来说是一种宝贵的资源，无论是作为画廊或展览的支持者、国家航空和航天学会的成员、公共项目的赞助商，或资金的主要捐赠者，都能为博物馆创造财产。国家航空和航天博物馆自 1976 年开业以来，已经提供了各种机会与企业达成战略合作伙伴关系，在博物馆和企业之间建立了一种互惠互利的关系。三是计划捐赠（Planned Gift）。当公司支持史密森，即向世界表明其致力于创新、创造力和卓越。企业在帮助史密森推动其使命中继续发挥着至关重要的作用。此外还有实物捐赠（In-kind Support）。实物捐赠同样是该馆可持续发展的重要支撑之一。

（3）自营收入主要包括史密森企业营业收入、投资收益和其他收入。2009～2011 财政年度期间，美国国家航空和航天博物馆获得的自营收入在其全年总收入的比例分别为：16.97%、19.64 和 20.34%（见表1）。其中，博物馆商店（Museum Stores）收入是重要来源之一，主要通过销售各种纪念品、书籍、DVD 光盘、模型、海报、服装等各种各样的商品获得。

表1　2009～2011 财政年度国家航空和航天博物馆收入构成

单位：%

		2009 年	2010 年	2011 年	平均
政府资金	联邦拨款	49.01	53.67	52.07	51.58
	政府资助	4.41	2.08	1.42	2.64
	合计	53.42	55.75	53.49	54.22
社会资金	捐款及私人资助	29.61	24.62	26.18	26.80
自营收入	企业营业收入	7.94	10.66	9.30	9.30
	投资收益	2.88	3.01	2.88	2.92
	其他收入	6.15	5.97	8.16	6.76
	合计	16.97	19.64	20.34	18.98

资料来源：表中所列百分比是根据美国国家航空和航天博物馆官方网站提供的财务报告整理和计算而来，http：//airandspace. si. edu/museum/annualreport2009/financial. cfm；http：//airandspace. si. edu/museum/annualreport2010/financial. cfm；http：//airandspace. si. edu/museum/annualreport2011/financial. cfm。

通过上述多渠道筹集的资金，除了足以支撑美国国家航空和航天博物馆的年度运行开支外，还略有结余。如 2010 年结余 500 万美元，2011 年结余

600万美元，如表2所示。从其年度开支明细来看，经费支出结构比较合理，特别是有将近四成的资金用于馆内科普项目研究和展品收藏活动，这是确保美国国家航空和航天博物馆永葆青春、永具吸引力和可持续发展的关键。就2010年、2011年而言，该馆用于科普研究的支出分别占总支出的17.72%和19.61%，用于收藏活动的支出分别占总支出的23.44%和18.32%，如表3所示。

表2 国家航空和航天博物馆 2009～2011 财年收支情况

单位：百万美元

	2009 年	2010 年	2011 年
收入①	32	41	42
支出②	32	36	36
①－②	0	5	6

资料来源：表中所列金额根据美国国家航空和航天博物馆官方网站提供的财务报告整理而来，http：//airandspace. si. edu/museum/annualreport2009/financial. cfm；http：//airandspace. si. edu/museum/annualreport2010/financial. cfm；http：//airandspace. si. edu/museum/annualreport2011/financial. cfm。

表3 国家航空和航天博物馆 2010 财年和 2011 财年支出结构

单位：%

年份	研究	收藏活动	展览	运营和管理	公共项目	设备	信息技术	其他业务	总支出
2010	17.72	23.44	17.61	17.94	13.27	6.41	3.60	0	100
2011	19.61	18.32	15.27	13.95	13.13	6.99	3.58	9.16	100

资料来源：表中所列金额根据美国国家航空和航天博物馆官方网站提供的财务报告整理而来，http：//airandspace. si. edu/museum/annualreport2010/financial. cfm；http：//airandspace. si. edu/museum/annualreport2011/financial. cfm。

上述分析表明，美国国家航空与航天博物馆虽然采取了免费开放政策，但并未出现入不敷出的现象，甚至出现了净资产的增加。这主要得益于美国政府财政的大力支持、社会力量的无私捐助以及自营收入的适当补充。

美国国家航空与航天博物馆的免费开放政策，让更多的公众能够有机会走进博物馆，从而使该馆的科普教育功能得到更好地发挥，同时又可获得大量的联邦拨款、政府资助、社会捐助以及自营收入，从而促进了该馆的可持续发展。

2. 美国旧金山探索馆①

美国旧金山探索馆是世界科普型综合科技馆的开山鼻祖，很多科技馆的经典展品特别是基础科学展品均复制于该馆的原始创作。其馆舍原为1915年太平洋国际博览会美术馆，后改为军用仓库，1969年由探索馆租用，总面积1万多平方米。全馆分展览中心、教育中心和对外宣传联络中心。展览中心主要负责展出和展品的研究开发，教育中心主要培训学校老师，向他们讲解展品的知识和原理，宣传联络中心主要负责对外宣传联络，开发网页，适时发布新的展品。馆内展品总数2000多件，分生命、动力、光学等几大类，有具体反映光、色、温、热、电、波、回声、听觉、视觉、记忆、风与震动等的各个方面，它的显著特点是展品的可动手性。

美国旧金山探索馆的开放时间为：每周二到周日早上10点到下午5点，每个月第一个星期五下午6点到10点。星期一（特殊节假日除外）以及感恩节和圣诞节闭馆。在上述开放时间内，美国旧金山探索馆实行差异收费制与有限免费制。具体表现在两个方面：一方面，根据年龄不同，把4岁及以上年龄的人分成四个收费等级，即4~12岁的儿童票价为10美元，13~17岁的青年人票价为12美元，18~64岁的成年人票价为15美元，65岁及以上的老人票价为12美元；另外，18岁以上的学生票价为12美元。另一方面，对4岁以下的儿童免费，每个月的第一个星期三免费。

美国旧金山探索馆的差异收费制与有限免费制之所以能够正常运行，主要得益于极具特色的社会支持方式（Support）。

（1）个人捐赠（Individual Donation）。个人捐赠可以催化求知欲。探索博物馆的捐助者可以享受所有的会员利益以及更多其他方面的利益。可以去幕后向最新项目的资深科学家请教，可以与思想领袖和艺术家探索热点话题。

（2）企业捐赠（Corporate Donation）。为了吸引企业积极捐赠，美国旧金山探索馆根据捐赠金额的不同，把企业捐赠后享受的待遇分成六个等级，最低等级为捐赠金额在1000~2499美元的企业，可以获得15张免费进入探索馆的

---

① 以下涉及的有关美国旧金山探索馆的数据和资料均来自其官方网站（http://www.exploratorium.edu），截至2012年6月的数据。

单次游客通行证，进入大门入口处捐助墙上答谢名单之列，获得会员季刊《探索》上的捐助认可和企业员工组织的志愿服务机会，免费订阅会员期刊《探索》，享受在探索博物馆商店购买东西的公司的员工享受 20% 折扣和公司员工办理家庭会员享受 5 美元的折扣以及经批准可以使用探索博物馆标志，以促进公司的慈善事业。捐赠金额在 50000 美元及以上的企业，除了享受前述的好处外，还可以再获得 85 张免费进入探索馆的单次游客通行证（合计 100 张）、公司名称和公司标志在公司合作伙伴网页上的超文本链接、博物馆出租的 20% 折扣、邀请所有员工进行企业家庭同乐夜、参加多达 40 人的团队建设活动、邀请 40 位客人进行幕后参访探索博物馆的科学家等权益。详见表 4。

表 4　旧金山探索馆企业捐赠数额及获得的利益

单位：美元

优惠项目	1000～2499	2500～4999	5000～9999	10000～24999	25000～49999	50000及上
单次通行证	15 张	30 张	45 张	60 张	75 张	100 张
入口处捐助墙答谢单	√	√	√	√	√	√
《探索》上的捐助认可	√	√	√	√	√	√
公司名称合作伙伴网页超链接				√	√	√
公司标志合作伙伴网页超链接				√	√	√
经批准使用探索博物馆标志权	√	√	√	√	√	√
免费订阅会员期刊《探索》	√	√	√	√	√	√
探索馆商店 20% 折扣	√	√	√	√	√	√
办理家庭会员 5 美元的折扣	√	√	√	√	√	√
博物馆出租折扣				10%	15%	20%
企业员工组织的志愿服务机会	√	√	√	√	√	√
邀请员工进行企业家庭同乐夜			√	√	√	√
多达 40 人的团队建设活动				√	√	√
邀请 40 人参访探索馆科学家						√

注："√"表示企业享有该项权益。资料来源：美国旧金山探索馆［EB/OL］. http://www. exploratorium. edu/support/donate/corporate. php［2012 年 6 月 6 日］。

（3）配捐（Matching Gift）。配捐是一种很好的方式来增加你个人捐赠对博物馆的影响——两倍甚至三倍增加你的支持力度。

（4）企业赞助（Sponsoring）。探索博物馆欢迎企业与之建立伙伴关系，以期向本地和全球观众展示其精彩的节目。赞助商可以得到在旧金山湾区中的市场受众以及互联网上的全球观众面前的显著展现。

（5）参加年度颁奖晚会（Participating in the Annual Awards Dinner）。在每年度颁奖晚宴上，探索馆庆祝表彰那些取得开创性成果、发现或理论的个人在科学、艺术和技术上的伟大成就。颁奖晚宴每年可取得 100 万美元的收益，也是探索馆的主要筹款活动，使得博物馆继续进行其伟大的工作。

（6）计划捐赠（Planned Giving）。为了确保探索馆在今天的创新、精益求精和教育性标准能够提供给后代，可以将探索馆列入遗产计划。

（7）实行会员制（Become a Member）。会员有如下几种：一是普通类型。如普通会员（每年 65 美元），享受基本的利益以及可以带另外一人免费进入博物馆。家庭会员（每年 90 美元），享受基本的利益以及两位成年人和四位儿童免费进入探索馆。家庭和保姆会员（每年 110 美元），享受家庭会员的利益以及允许保姆带着会员的孩子免费参观科技馆。二是赞助类型。如额外家庭会员（每年 145 美元），享受基本的利益以及允许两位卡上有名的成年人和两位客人加上四名 18 岁以下儿童免费参观科技馆。赞助会员（每年 250 美元），享受所有额外家庭会员利益以及价值 10 美元的礼物证明一份和在科技馆年度财务报告以及季刊《探索》上的捐赠认可。维持会员（每年 500 美元）享受所有赞助会员利益以及来自探索馆商店的特殊礼物。

探索馆通过上述社会支持方式获得的社会资金在其年度总收入中占大部分。2009 ～ 2011 年，社会资金的比例分别为 55.9%、80.4%、76.8%，如表 5 所示。

探索馆的自营收入是其正常运行的重要经费支持。主要包括：展览服务收入、店面销售收入以及门票和其他收入。其中店面销售收入主要指旧金山探索馆商店销售各种基于科学技术的产品。包括成人礼物及儿童礼物、古怪和有趣的产品、书籍、电磁产品、家教资源、科学教材等产品。2009 ～ 2011 年，自营收入的比例分别为 35.7%、17% 和 19.3%，如表 5 所示。

此外，政府补助也是探索馆正常运行的重要补充。2009 ～ 2011 年，政府补助资金的比例分别为 8.4%、2.6% 和 3.9%，如表 5 所示。

可见，在旧金山探索馆的经费收入构成中，社会捐款占有很大的比重，而

政府补助则占较小的份额，该馆的自营收入也较多，表明该馆经营的市场化程度也较高。2010～2011 年，56 万人参观了旧金山探索馆，其中 56% 是成年人、44% 是儿童。12500 个人和家庭是探索馆的会员，49% 的人免费参观了或者享受了门票的折扣。41000 人在星期三免费参观了科技馆。全球有 18 亿人在科技中心和世界其他地方参观了探索馆的展品。探索科技馆在 2011 年荣获国家科学基金公共服务会的科学技术奖，这是第一次由科技博物馆获此殊荣。可见，旧金山探索馆的运行模式在当地或全球都获得了较大的成功。

表5　旧金山探索馆经费收入构成比

单位：%

		2009 年	2010 年	2011 年
社会捐款		55.9	80.4	76.8
自营收入	展览服务	12.7	4.7	5.4
	店面销售	4.3	2.2	2.2
	门票和其他收入	18.7	10.1	11.7
	合计	35.7	17	19.3
政府补助		8.4	2.6	3.9

资料来源：根据美国旧金山探索馆（2009～2011）年度财务报告整理和计算而成，美国旧金山探索馆［EB/OL］. http：//www. exploratorium. edu/about/downloads/annualreport. pdf［2012 年 6 月 6 日］http：//www. exploratorium. edu/about/downloads/financialstatement. pdf［2012 年 6 月 6 日］。

（二）英国科技博物馆和科学中心

英国拥有种类繁多的科技类博物馆，如大型综合性科技博物馆、专业性科技博物馆和许多新建的科技中心。它们是英国开展非正规科普教育的重要基地，融科普、休闲、娱乐于一体，成为英国开展日常科普活动的重要场所。1683 年世界第一座科技博物馆——阿什莫林博物馆在英国牛津大学创立。18 世纪 60 年代爆发的英国的工业革命、19 世纪中期掀起的科技教育运动以及 20 世纪 70 年代以后高新技术的迅速成长，有力地推动着英国科技馆事业的不断发展，各种科技博物馆相继应运而生，其中不乏世界闻名的科技馆，如伦敦科学博物馆、英国自然历史博物馆等。近些年来，以交互式展览为特色的现代科技馆——科技中心在世界范围内获得迅速发展，英国也相继建立起 30 多座独立的科技中心，如布里斯托尔探索馆、威尔士技术探索馆和哈利法克斯尤里卡儿童科技馆等。英国科技馆事业的飞速发展得益于英国政府的大力支持，主要表现在立法和资金保障两方面。一方面，早在18世纪末，英国政府就制定了博物馆法，确定其公益法人的地位，并对其给予法律保护。另一方面，英国政府不仅斥巨资建立科技馆，而且每年为科技馆划拨大量运营经费，确保其正常运行。在英国免费开放的科技类博物馆中，伦敦科技博物馆就是其杰出代表。

伦敦科学博物馆①（London Science Museum）是欧洲大型科技博物馆之一，位于英国伦敦南肯辛顿区，建于1909年，前身为1857年的南肯辛顿博物馆。该馆建筑面积约4.5万平方米，陈列面积约3万平方米。伦敦科学博物馆是集自然科学、科学技术、农业、工业和医学为一体的综合性博物馆，包括农业、飞机、船舶、车辆、动力机械、电力、钢铁、纺织、气象、原子物理、分析化学等70个展室。其广博性在世界范围内独占鳌头，科技馆内大约有30万件展品，分成7层展示，这些展品说明了人类生活的各种发现和发明，从塑胶袋、电话到海外钻油设备和飞机。而全馆的安排让人一目了然：低楼层的陈列室专供年轻人参观，往往较为拥挤；高层楼的陈列室则展出较为精密复杂的东西。

伦敦科学博物馆除了每年12月24日到26日闭馆外，其余时间都开放。每天具体的开放时间为早上10点到下午6点（学校放假期间开放到下午7点）。在上述开放时间内，伦敦博物馆实行免费开放政策，但对IMAX 3D影院、模拟器以及一些特殊展品则采取收费开放政策。如IMAX 3D影院和阿波罗传奇4D影院等成人套票为20英镑、儿童套票为17.5英镑，对会员则实行免费。伦敦科学博物馆每年的总运行经费为2300多万英镑，其中85%以上为英国政府拨款，其余资金来源于社会捐赠和自营收入。

一是社会捐赠又称社会支持方式（Support us）。具体包括以下五个方面。

①个人捐赠。可以通过网页捐赠或者邮寄捐赠，还可以通过设在入门处和展馆内的捐赠箱来捐赠。

---

① 以下涉及的有关伦敦科学博物馆的数据和资料均来自其官方网站（http://www.sciencemuseum.org.uk），截至2012年6月的数据。

②吸收志愿者。志愿者通过帮助观众参与到科学与技术中去，为观众创造一个难忘的经验。工作在独特、稀有的收藏品和项目上，使得科技馆的展品和知识能够传达给更广泛的观众。通过扮演各种科技馆的角色来获得宝贵的动手经验和技能。

③成为赞助人。让科学更鼓舞人心，开发尖端新的展览和画廊，继续科技馆屡获殊荣的学习计划，激发年青一代通过科学、工程、设计和医药来改变世界，保护和建设科技馆的馆藏。

④吸纳企业会员。作为科技馆企业会员，是致力于支持科学的学习和激励下一代科学家的行业领导者的一部分。会员享有全年整个科技馆的品牌关联以及活动、展览、旅游景点、场地和专业知识的独占访问。

⑤企业赞助。科技馆的赞助商享受高知名度的语音网络机遇和量身订造的业务、员工和客户利益。

⑥信托和基金会。信托和基金会的支持是至关重要的，因为科技馆努力为所有年龄段的游客探索科学在他们日常生活中的意义提供新的机遇。

二是科技馆自营收入。具体包括以下三个方面。

①与科技馆做生意（Doing business with us）。这又可细分为：第一，品牌授权。凡产品被认为是适合代言科学馆的标志或品牌，可以申请许可证。特许产品包括：学前教育、玩具、教育性游戏和科学工具箱、礼品和小工具、可持续家居品。第二，企业和私人活动。企业活动包括会议、晚宴、颁奖仪式、产品推介会、圣诞晚会、展览、新闻发布会、电影首映式和团队建设。私人活动包括订婚、婚礼、周年纪念或退休以及成年礼等。第三，科学馆互动展品的销售。包括启动板产品、能源产品、游戏产品、3D 和 4D 体验以及一些展览。第四，图片库。在图片库里有广泛的图像采集，来自三个国家博物馆：科学博物馆、国家铁路博物馆和国家媒体博物馆。科学博物馆有 10 万张图片的资源，其中绝大多数为尚未使用过的，因此可以为具有远见卓识的人提供特许持有这一商业发展时机。第五，出版物。科学博物馆目前有 19 种出版物对外销售。

②饮食和购物（Eating and shopping）。科学博物馆设有两个主要的咖啡馆，各种小型、大型商店销售以科学为基础的玩具和书籍。游客也可以自带食物，科技馆提供就餐区域。

③网上商店（Shop online）。科技馆提供各种以科学技术为基础的产品和书籍，提供包括有关生物、化学、数学、物理、桌面玩具、电子产品等的产品。

由此可见，伦敦科学博物馆的收入除了政府拨款外，还有社会捐助和自营收入。社会捐助主要包括个人捐赠、赞助人、企业赞助等。自营收入主要包括实行会员制带来的收入，通过品牌授权、企业和私人活动、销售科学馆互动产品、利用图片库寻求商业合作、销售出版物、饮食营业收入以及在实体店和网上商店销售科学馆的商品所取得的收入。

通过免费开放政策，伦敦科学博物馆每年有超过 270 万游客来参观，包括 38 万学生参观，超过了其他博物馆和科学中心。在 2010～2011 年度的 230 万普通游客中，99% 的游客喜欢他们的参观，并发现参观很有趣；99% 的游客认为参观物有所值；99% 的游客说到他们会将科学馆介绍给他们的朋友；94% 的游客有再次参观的意愿；90% 的游客认为参观给他们带来了生动的科学和技术；89% 的游客认为他们在参观中学到了一些东西。由此可见，伦敦科学博物馆的免费开放政策取得了较大的成功和良好的科普效果。

（三）澳大利亚科技馆和科技中心①

澳大利亚各级政府把科技馆建设列入了政府投入的议事日程，每个州都建有本州的科技中心（科技馆），目前全国共有 14 个科技中心，几乎覆盖了全国，平均 140 多万人就有 1 个科技馆。在科技馆建设中，政府财政除了在科技馆兴建时予以拨款支持外，在科技馆建成以后，仍然保持每年拨专款维持科技馆的正常活动。在澳大利亚科技馆和科技中心中，澳大利亚国家科学技术中心的开放政策的特色明显。

澳大利亚国家科学技术中心由澳大利亚国立大学建立，位于澳大利亚首都堪培拉格里芬湖的南岸，1988 年对外开放，是一个大型的科技中心，与科技有关的互动展品超过 200 件。它属于澳大利亚产业、创新、科学、研究和高等

---

① 以下涉及的有关澳大利亚国家科学技术中心的数据和资料均来自其官方网站（http：//www. questacon. edu. au），截至 2012 年 7 月的数据。

教育部的管理范围内。中心一直致力于在社区内促进公众更多的理解和认识科学技术，承诺将乐趣、体验和互动融为一体。每年有 400 万名游客参观国家科学技术中心，还有 700 万人在澳大利亚各地和海外的其他博物馆看到科技中心的展览。国家科技中心众多的外展遍布全国，使得全国各地的城镇和社区每年增加 300 万人参观。

澳大利亚国家科学技术中心除了每年 12 月 25 日不对外开放外，其余每天的上午 9 点到下午 5 点对外开放。

在上述开放时间内，澳大利亚国家科学技术中心实行差异收费制与有限免费制。具体分为四类：一是个人票价制。根据个人年龄不同，实行差异收费：4~16 岁的未成年人为 15 澳元，成年人为 20 澳元。二是家庭套票制。每 2 个成年人加 3 个儿童的票价为 60 澳元，另外每多增加一个儿童则须另付 7 澳元。三是学生票价制。学生票分为四个档次：学前、小学和中学学生票为 13 澳元，大学学生票为 15 澳元。四是免费制。4 岁以下的儿童免费入场，会员免费入场。

据统计，2011 年有 43 万人参观过澳大利亚国家科学技术中心，有 44.83 万人参观过澳大利亚国家科学技术中心的巡展，有 104.15 万人访问过澳大利亚国家科学技术中心的官方网站。截至 2011 年，澳大利亚国家科学技术中心总共有 1.74 万名会员。在参观的人数中，有 92% 的受访观众对参观感到满意。这表明澳大利亚国家科学技术中心实施的差异收费制与有限免费制的开放政策得到了绝大多数人的认可，取得了良好的开放效果。

澳大利亚国家科技中心每年的预算为 1600 万澳元，其中 800 万元为国家财政拨款，其余主要依靠企业赞助和业务收入。2008~2009 财政年度，国家科学技术中心取得了 2070 万澳元的收入，其中有 43% 来自非政府投入资金——门票收入、项目收入、巡展和服务收入、科学和技术中心商店营业收入以及各方的赞助。到 2010 年 3 月，国家科学技术中心取得来自于非政府投入资金为 920 万澳元，其中科学技术中心商店营业收入为 153 万澳元。到 2011 年 6 月 30 日，国家科学技术中心取得来自非政府投入资金为 1040 万澳元。澳大利亚国家科技中心非政府投入资金主要来源于两大渠道。

一是通过社会支持方式（Support）获得的社会资金。主要包括：①吸收志愿者（Volunteering）。志愿者能够鼓励参观者最大限度地享受他们的参观。

志愿者活动包括从告诉一个儿童该按哪个按钮到向年老的参观者讲解复杂的科学知识。志愿者将接受全面持续的培训。除了笑脸奖励，还可以得到每天 10 澳元的差旅费报销，此外，还可以享受国家科技中心咖啡馆和商店的折扣。②赞助（Sponsorship）。国家科学技术中心会提供大量的赞助机会，中心会将这些赞助机会变成符合每个赞助商和合作伙伴的具体战略目标。使得科学和技术在整个澳大利亚呈现，教育和鼓舞未来的科学家、技术工作者以及创新性人才，帮助澳大利亚成为创新型国家而加强其创新性经济建设。③会员制（Membership）。国家科学技术中心主要提供如下几种会员：个人会员（一年 90 澳元，两年 150 澳元）、特许会员（一年 55 澳元，两年 90 澳元）、家庭会员（两个成年人加上三个孩子，一年 140 澳元，两年 220 澳元）、单亲家庭会员（一个成年人加上三个孩子，一年 105 澳元，两年 180 澳元）。会员享有以下好处：免费进入科技中心，在科技中心商店购物享有 10% 的折扣，在科技中心咖啡馆消费享有 10% 的折扣，免费的电子邮件通信，以及免费进入澳大利亚其他一些科技中心和科技博物馆，如悉尼的鲍尔豪斯动力馆等。

二是门票收入、项目收入、巡展和服务收入、科学技术中心商店营业收入等自营收入。值得一提的是国家科学技术中心商店营业收入是不可忽视的部分。该中心设有咖啡厅和商店（Café & Gift Shop）。在咖啡厅里有咖啡、蛋糕、冷饮、三明治和热午餐提供。开放时间为上午 8 点到下午 5 点。商店里销售书籍、互动性科学玩具、活动用品以及广泛的教学资源。它位于大堂，不需要游客支付进入咖啡厅和商店的入场费。2010 年 3 月，国家科学技术中心获得非政府投入资金为 920 万澳元，其中国家科学技术中心商店营业收入为 153 万澳元。

（四）日本国立科学博物馆①

日本国立科学博物馆是日本规模最大、历史最久的科学博物馆。1871 年开始建馆，1877 年建成。它自始至终是以社会教育的振兴为建馆之宗旨，同

---

① 以下涉及的有关日本国立科学博物馆的数据和资料均来自其官方网站（http://www. kahaku. go. jp/english），截至 2012 年 5 月的数据。

时对自然科学的相关资料进行收集、保存，并向公众开放。长期以来，该馆主要是传统的自然博物馆，只是近 20 多年来逐渐加入了现代意义上的科技馆的内容。国立科学博物馆由在不同地点的两个馆和两个园组成，分别为上野本馆 2.18 万平方米、新宿分馆 1.32 万平方米、筑波实验园 2.06 万平方米、自然教育园 0.198 万平方米、总展览面积 1.09 万平方米。国立馆的展览大楼由"一期新馆"、"本馆"和"绿色馆"三部分组成。一期新馆是 1999 年对公众开放的，与之前的展览相比较，其设计思想和理念更强调展品的互动性。展厅共有三层，一层海洋生物；二层身边的科学；三层探索大森林。日本国立科学博物馆对外开放实践呈现以下五个特点。

1. 差别收费与有限免费并存的开放政策

一般情况，日本国立科学博物馆开放时间为每周二到周日的早上 9 点到下午 5 点。特殊展览期间以及夏季和黄金周可延长开放时间。每周一及 12 月 28 日到 1 月 1 日为闭馆时间。在上述开放时间内，对普通民众以及大学生收取 600 日元的票价，对组团参观（20 人及以上）的普通民众和大学生收取 300 日元的票价。对高中生实行免费开放，常设展览对 65 岁以上老人以及残疾人外加一名照顾者实行免费开放。

2. 预算收支基本平衡，科普研究支出占有一定比例

2010～2012 年，年度运营费收入与支出基本相等，分别为 33.91 亿日元、37.73 亿日元、34.38 亿日元，如表 6 所示。从日本国立科学博物馆 2012 财年预算支出结构来看，预算支出安排比较合理，科普支出占总支出的 47.9%，特别是科普研究支出占 21.5%，如表 7 所示。

表 6　日本国立科学博物馆 2010～2012 年度财政预算

单位：亿日元

		2010 年	2011 年	2012 年
年度运营支出		33.91	37.73	34.38
年度运营收入	运营收入	30.44	33.85	30.34
	门票等收入	3.47	3.88	4.04
	合计	33.91	37.73	34.38

资料来源：根据日本国立科学博物馆官方网站提供的文件整理和计算而来，http://www.kahaku.go.jp/english/about/summary/imgs/kahaku_ outline2012.pdf。

表7 日本国立科学博物馆2012财年支出结构

项 目		金额（亿日元）	所占支出总比重（%）
科普支出	展览支出	7.15	20.8
	研究支出	7.40	21.5
	教育普及支出	1.92	5.6
一般管理支出		6.83	19.9
人员支出		11.08	32.2
总支出		34.38	100

资料来源：根据日本国立科学博物馆官方网站提供的文件整理和计算而来。http://www.kahaku.go.jp/english/about/summary/imgs/kahaku_outline2012.pdf。

3. 社会支持方式（Support）颇具特色

（1）差别会员制。作为一名会员，会员费在广泛的区域博物馆合作的活动中和增强国家自然和科学博物馆的活动发挥了至关重要的作用。会员类型主要有个人会员和团体会员。个人会员分为一般会员和特别会员，前者每年需要支付1万～4万日元的会费，后者每年需要支付5万及以上日元的会费。个人会员的捐赠单位为1万日元。组织会员（如企业、公司等）每年需要支付10万及以上日元的会费，组织会员的捐赠单位为10万日元。另外，交纳以上几种会费皆具有减税资格。

一般会员享有如下权益：①一名会员外加一名陪同者可以免费参观常设展览、筑波实验园和自然教育园（不考虑捐赠量）；②一张特殊展览的邀请票（不考虑捐赠量）；③在科技馆商店购买任何价值100日元或以上产品或者购买由国家科学博物馆基金会出版的刊物可以享受10%的折扣；④在科技馆餐馆就餐可以享受5%的折扣（不适用于外卖品）。

特别会员享有如下权益：①一名会员外加一名陪同者可以免费参观常设展览、筑波实验园和自然教育园（不考虑捐赠量）；②私人观看特殊展览的邀请票和每个展览的纪念图画书；③观看特殊展览的邀请票（每5个捐赠单位可获三张票）；④在科技馆商店购买任何价值100日元或以上产品或者购买由国家科学博物馆基金会出版的刊物可以享受10%的折扣；⑤在科技馆餐馆就餐可以享受5%的折扣（不适用于外卖品）；⑥免费订阅月刊 *Korekara no Kahaku*，一份关于科技馆当前活动和未来方向的杂志；⑦免费订阅双月刊

Milsil；⑧免费订阅双月刊 *Kahaku event*；⑨捐款 10 万日元及以上者可以按照要求将其名字镌刻在科技馆。

组织会员享有如下权益：①免费参观常设展览、筑波实验园和自然教育园（每捐赠单位对应 5 名陪同人员）；②常设展览的邀请票（每捐赠单位对应 5 张票）；③私人观看特殊展览的邀请票和每个展览的纪念图画书；④特殊展览的邀请票（每 5 个捐赠单位对应 1 张票）；⑤在科技馆商店购买任何价值 100 日元或以上产品或者购买由国家科学博物馆基金会出版的刊物可以享受 10% 的折扣；⑥在科技馆餐馆就餐可以享受的 5% 折扣（不适用于外卖品）；⑦免费订阅月刊 *Korekara no Kahaku*，一份关于博物馆当前活动和未来方向的杂志；⑧免费订阅双月刊 *Milsil* 和 *Kahaku event*；⑨团体捐赠 50 万日元及以上的可按照要求将名字镌刻在科技馆；⑩团体捐赠 50 万日元及以上的可享受在 *Milsil* 上刊登广告的折扣；组织捐赠 100 万日元及以上的可以在科技馆网站公告板上挂组织名称。

（2）吸收教育志愿者。国立科学博物馆的研究支持活动的核心是教育志愿者，他们是愿意与人交往、热爱科学和分享科技馆目标的热心人士。没有比与科技馆教育志愿者对话和互动更好的方式来体验科技馆。科技馆志愿者主要有以下 7 种职责。

①引导探索空间的活动。教育志愿者可以帮助参观者动手操作展品来体验自然和科学的奥妙。

②导游。给参观者提供讲述科技馆亮点的方便。

③常设展品指南。教育志愿者提供关于全球馆和日本馆常设展品概述，主体涵盖了动物、植物、地球科学、人类学以及物理学。

④森林样品盒的柜台活动。在森林样品盒的柜台，志愿者挑选 16 种研究工具，在样品和材料上写上主题如"鸡蛋"和"昆虫"。

⑤在全球馆信息台提供信息咨询。全球馆信息台可以提供一系列关于科技馆展品的信息，可以向志愿者自由咨询。

⑥科技馆探索课堂活动。在科技馆探索课堂上，参观者可以收到实验和观察的指令，志愿者能够提供活动的目录。

⑦提供特别项目。周六和周日，志愿者经常提供一些特别项目。

4. 科技馆商店购物（Shopping）

科技馆商店提供一系列独特而吸引人的产品，如标本、科学教材、实验器具、大量的书籍和杂志。这些产品是理想的礼品和参观科技馆的纪念品。

5. 国立科学博物馆成为科普教育的重要基地

据统计，2007 年共有 190.78 万人参观过国立科学博物馆，2008 年共有 161.04 万人参观过国立科学博物馆，2009 年共有 177.42 万人参观过国立科学博物馆，2010 年共有 186.27 万人参观过国立科学博物馆，2011 年共有 180.40 万人参观过国立科学博物馆。可见，近几年来，每年都有 180 万人左右参观国立科学博物馆，使得国立科学博物馆成为科普教育的重要基地。

（五）加拿大安大略科学中心①

加拿大安大略科学中心是一所世界著名的科技馆。它是为纪念加拿大建国 100 周年，由安大略地方政府投资兴建的，于 1969 年对外开放。该中心坐落在加拿大多伦多市郊的一个面积约 1100 亩的公园里。该科学中心由 3 个通道式建筑（即为观众提供接待服务的接待楼，开展地球探索、空间探索和太阳能展览等的塔式楼和进行生命、能源、加拿大资源等展示的山谷楼）和 3 个报告厅与剧场（即用于放映科技影片和组织专题讲座等）组成。安大略科学中心自 1969 年开馆以来，通过通俗易懂、图文并茂的科技读物等展品的展览，情节生动、景象逼真的科教影片的观赏，以及兴趣盎然的科技表演项目和科学实验，吸引了不同年龄、不同职业的观众。据统计，2009 财政年度，科学中心总共迎来了 128.7 万位顾客。三月假期之间的顾客有 6.52 万人，家庭周末日参观人数达 2.84 万人，0.23 万个年龄 5~14 岁的儿童和少年参加了科学中心的夏令营。而 7 月和 8 月两个月，有 29.13 万人参观了科学中心——10 年来顾客最多的一次。加拿大安大略科学中心对外开放实践呈现以下四个特点。

---

① 以下涉及的有关加拿大安大略科学中心的数据和资料均来自其官方网站（http://www.ontariosciencecentre.ca），截至 2012 年 5 月的数据。

1. 差别收费与有限免费并存的开放政策

全年除了 12 月 25 日外，其余时间均照常开放。一般情况下，开放时间为上午 10 点到下午 4 点，周末和节假日开放时间为上午 10 点到下午 5 点。寒假、三月假期以及暑假时间，开放时间通常会延长。在上述开放时间内，除了对 3 岁及以下婴儿实行完全免费和会员的部分免费外，其他实行差别性常规票价和团体票价。详见表 8 和表 9。

表8　差别性常规票价与有限免费（适用于个人及 20 人以下团体）

单位：加元

类别	科学中心①	IMAX 影院②	①　②
成年人（18～64 岁）	22	13	28
青年人（13～17 岁）老年人（65 岁及以上）	16	9	22
儿童（4～12 岁）	13	9	19
婴儿（3 岁及以下）	免费	免费	免费
会员	免费	50% 折扣	
黄金会员	免费	免费	

资料来源：加拿大安大略科学中心［EB/OL］，http：//www. ontariosciencecentre. ca/prices/default. asp［2012 年 7 月 7 日］。

表9　差别性团体票价与有限免费（适用于 20 人及以上）

单位：加元

类别	科学中心①	IMAX 影院②	①＋②
成年人（18～64 岁）	19. 80	11. 70	25. 20
青年人（13～17 岁）老年人（65 岁及以上）	14. 40	8. 10	19. 80
儿童（4～12 岁）	11. 70	8. 10	17. 10
婴儿（3 岁及以下）	免费	免费	免费

资料来源：加拿大安大略科学中心［EB/OL］，http：//www. ontariosciencecentre. ca/prices/default. asp［2012 年 7 月 7 日］。

2. 收支基本平衡、略有结余

据统计，2008 年、2009 年、2010 年经费总收入分别为 3906. 1 万加元、3540. 4 万加元、4110. 3 万加元，其中来自安大略省的财政资金占总收入的比例分别为：52.9%、52%、52.8%。2008 年、2009 年、2010 年经费总支出分别为 3620.2 万加元、3643.9 万加元、3883.1 万加元，其中市场营销和广告支出占总支出的比例分别为：5.7%、5.4%、5.9%。2008 年、2009 年、2010 年收支相抵后的余额分别为：285.9 万加元、-103.5 万加元、227.2 万加元，如表 10 所示。

表 10　安大略科学中心 2008～2010 财年度收支情况

单位：万加元

		2008 年		2009 年		2010 年	
		金额	%	金额	%	金额	%
收入①	省财政资金	2064.7	52.9	1843	52	2171.3	52.8
	门票费和停车费	676.1	17.3	500.5	14.1	667.9	16.2
	配套业务收入	1120.5	28.7	1153.8	32.6	1237.7	30.1
	变更项目的代理	44.8	1.1	43.1	1.2	33.4	0.8
	合计	3906.1	100.0	3540.4	100.0	4110.3	100.0
支出②		3620.2	100.0	3643.9	100.0	3883.1	100.0
①－②		285.9	0	-103.5	0	227.2	0

资料来源：根据加拿大安大略科学中心官方网站提供的年度报告整理和计算而来，加拿大安大略科学［EB/OL］，http：//www. ontariosciencecentre. ca/aboutus/assets/2009－2010. annualreport. en. pdf；http：//www. ontariosciencecentre. ca/aboutus/assets/2009. annualreport. en. pdf［2012 年 7 月 7 日］。

3. 社会支持方式（Support）多元化

（1）社会捐赠（Donation）。40 多年来，安大略科学中心通过展示创新性项目、可动手操作展品以及放映获奖影片，已经成功吸引了数以百万计的参观者。通过向安大略科学中心捐赠，表明你正在参加一个认识到科学和技术将给我们未来生活带来神奇影响的活动。捐赠级别及相应的权益如表 11 所示。

表 11　捐赠级别及相应的权益

级别名称	捐赠范围（加元）	享有权益
朋友（Ffiend）	20～99	与捐款数额等同的税票
发现者（Discoverer）	100～499	享有朋友级别的所有权益 在年报及捐助墙上的致谢
探索者（Explorer）	500～999	享有发现者级别的所有权益 电影预览和中心其他活动的贵宾邀请

续表

级别名称	捐赠范围(加元)	享有权益
先锋(Pioneer)	1000~2499	享有探索者级别的所有权益 一张家庭会员卡
优胜者(Champion)	2500~4999	享有先锋级别的所有权益 为你和4名客人准备的幕后之旅
创新者(Innovator)	5000~9999	享有优胜者级别的所有权益 通过发展办预订门票的个人帮助服务
梦想者(Visionary)	10000及以上	享受创新者级别的所有权益 为你和4名客人准备的个性化中心之旅

资料来源：加拿大安大略科学中心［EB/OL］，［2012年7月7日］，https://www.ontariosciencecentre. ca/donation/default.asp#levels。

（2）会员制（Membership）。安大略科学中心针对个体提供了三种会员类型：白银会员（个人版），一年会费80加元，两年会费144加元；白银会员（家庭版），适用于一个或两个成年人或老年人照顾者加上最多4名儿童，一年会费130加元，两年会费234加元；黄金会员（家庭版），适用情况与白银会员（家庭版）相同，并且有4张一次性游客通行证，同时免停车费及免费观看常规IMAX电影等优惠，一年会费230加元，两年会费414加元。会员享有如下好处：①免费参观常设展览和一些选定的临时展览。②每月免费订阅独家的会员电子邮件，邮件内容包括即将到来的惊喜、会员利益、优惠和邀请等新闻和信息。③享受科学中心游览期间停车费50%的折扣（黄金会员免停车费）。④享受全天域电影、剧院等定期门票的50%的折扣（黄金会员享受免费待遇）。⑤电话提前预订IMAX电影票和特殊展览门票时，不收预订费。⑥在安大略科学中心餐馆就餐时享受20%的折扣。⑦在安大略科学中心礼品店Mastermind购物时享受10%的折扣。⑧在选定的研讨会、项目和夏令营上享有折扣。⑨免费参观300多所科技中心。

除此之外，安大略科学中心还提供了企业会员制。企业会员等级及相应的利益详见表12。

（3）企业合作伙伴关系的建立（Corporation Partnership）。科学中心提供多种企业赞助机会来通过各种方案达到帮助企业建立品牌知名度和影响游客的

表12　企业会员等级及相应的权益

等级名称及会费（万加元）

优惠项目	梦想者（2）	科学家（1.5）	发明家（1）	探索者（0.5）
雇员和一名客人免费入场	√			
雇员免费入场	√	√	√	
对口支持学校的免费参观	两个班级的参观			
行政 VIP 卡（全包）	2（张）	1（张）		
个人 IMAX 电影入场券	40（张）	30（张）	20（张）	10（张）
个人科学中心入场券	40（张）	30（张）	20（张）	10（张）
免费家庭会员年卡	3（张）	2（张）	1（张）	
员工办理会员卡15%折扣	√	√	√	√
员工购买合作关系科学中心门票和 IMAX 电影票享受折扣	√	√	√	√
享受设施租金10%的折扣	√	√	√	√
科学中心网站上的认可	√	√	√	√
科学中心捐助墙上的认可	√	√	√	√
科学中心年度报告上的认可	√	√	√	√

注："√"表示享有该项优惠。资料来源：安大略科学中心［EB/OL］，http：//www. ontariosciencecentre. ca/sponsor/membership/benefits. asp［2012 年 7 月 7 日］。

目的。这些方案包括：特殊展览、三月和假日休息项目、首要合作伙伴项目、方案伙伴项目、学校项目、科技学校项目、儿童公园项目，以及一些特殊项目，如，科学创造、环境月、机器人技术、社区访问、对口支援班级/学校。

（4）吸收志愿者（Volunteering）。科技中心的正常运营离不开志愿者的支持和服务，2009 年度超过 350 名成年人和青年人提供了 20189 小时的志愿服务。

4. 自营活动（Business）丰富多彩

（1）私人活动的举办（Private Events）。无论是产品推介会或办公室聚会、婚礼或新闻发布会，安大略科学中心都能将其和科学联系起来。安大略科学中心可以提供一些特殊项目来丰富客户的活动。中心的团队建设计划能够发扬团队精神、协作和领导能力，定制的科学中心计划能够加强团队动力。

（2）展品出租（Exhibition Rentals）。租用安大略科学中心的一个创新巡回展品，可以为你的游客提供新的和令人兴奋的科学经验。展品出租的特征是：强大的市场吸引力、能够承受频繁巡展的严峻考验、每个约 6000 平方尺、广泛的互动体验。

（3）展品销售（Exhibit Sales）。安大略科学中心拥有逾 40 年的在科学和技术创造中引人入胜和发人深省的经验。中心可以帮助顾客创造自己的科学体验。中心能够提供超过 600 件现有展品的复制品，以及这些展品的修改版本，并且是全新、定制开发的展览设计。

（4）饮食（Dining）。安大略科学中心 6 个就餐地点提供广泛的食物选择：从小吃到冷饮以及全餐，以适应每个人的需求和口味。

（5）商店（Shop）。Mastermind 礼品店是充满乐趣的益智玩具、书籍、游戏和礼品的购物场所。营业时间为早上 10 点到下午 5 点。

（六）国外科技馆免费开放实践考察的结论与启示

通过对美国国家航空和航天博物馆、旧金山探索馆、伦敦科学博物馆、澳大利亚国家科学技术中心、日本国立科学博物馆、加拿大安大略科学中心等世界著名科技馆开放政策及实践特点的比较分析，我们可以得出以下几点结论及其启示。

（1）没有一个科技馆实行绝对的全部免费开放政策，也没有任何一个科技馆实行绝对的全部收费政策，而是有限免费与差异收费相结合。不同的科技馆只是在免费程度与差异收费程度上各有不同，体现出灵活性，如表 13 所示。由此得到的启示是：我国中央政府没有必要制定全国统一的科技馆免费开放政策，各级地方政府也没有必要制定该地区统一的科技馆免费开放政策，强制规定全国所有国家及地方科技馆一律实行免费开放政策。不过，中央及地方政府可以出台各自的引导各个科技馆实行免费开放的财政拨款及补助政策，鼓励和引导有条件的科技馆实行一定程度和一定范围内的免费开放，以使科技馆科普资源有效利用和科普功能充分发挥。

（2）充足且相对稳定的经费是确保科技馆免费开放正常运行的前提条件。例如，美国国家航空和航天博物馆在 2009～2011 财政年度期间，每年经费总

表13　世界著名科技馆开放政策比较

	收费政策	免费政策
美国国家航空航天馆	IMAX 电影等差异收费	免费入馆
美国旧金山探索馆	儿童票价、青年人票价、成年人票价、老人票价、学生票价	4 岁以下儿童免费；每月第一个星期三免费
伦敦科学博物馆	IMAX 3D 影院等差异收费	免费入馆
澳大利亚国家科学技术中心	未成年人票价、成年人票价、家庭套票、学生票价	4 岁以下儿童免费
日本国立科学博物馆	个人票、团体票	高中生及以下免费；65 岁以上老人及残疾人免费
加拿大安大略科学中心	差别性常规票价和团体票价	3 岁及以下婴儿完全免费

资料来源：根据6个科技馆官方网站资料整理而成，具体地址见前所述。

收入分别为3200万美元、4100万美元和4200万美元；扣除年度运行开支，除2009年持平外，2010年结余500万美元、2011年结余600万美元。又如，日本国立科学博物馆2010~2012年，年度运营收入与支出相等，分别为33.91亿日元、37.73亿日元和34.38亿日元。再如，加拿大安大略科学中心也是收支基本平衡、略有结余。2008年、2009年、2010年经费总收入分别为3906.1万加元、3540.4万加元和4110.3万加元，这三年总支出分别为3620.2万加元、3643.9万加元和3883.1万加元。除2009年外，2008年和2010年分别结余285.9万加元和227.2万加元。这些科技馆之所以能够获得充足且相对稳定的经费，是因为它们都建立了政府财政资金、社会捐赠资金与自营收入资金共同支撑的多元筹资机制。由此得到的启示是：要使我国科技馆免费开放政策能够正常或高效运行，就必须改变我国科技馆政府财政资金一枝独大、独轮驱动的现状，构建由政府财政资金、社会捐赠资金与自营收入资金"三轮齐驱"的动力系统。

（3）积极创新科技馆常规项目、拓展科技馆延伸服务业务，形成二者良性互动、共同发展是科技馆免费开放可持续发展的根本保证。要做到这点，除了有充足且相对稳定的经费支持外，还必须合理安排科技馆的预算支出，使相当比例的经费用于科普活动的支出。例如，美国国家航空和航天博物馆2010财政年度和2011财政年度预算支出中，科普研究经费支出分别17.72%和

19.61%，收藏活动支出分别 23.44% 和 18.32%，展览支出分别 17.61% 和 15.27%。正是因为高强度的科普活动经费投入，使其常展常新，不断满足公众的多元化需求，才能持续增强科技馆的吸引力。由此得到的启示是：创新是科技馆的一个永恒的话题，创新是科技馆免费开放政策可持续发展的灵魂。

三 科技馆免费开放对我国科技馆事业发展的机遇与挑战

（一）免费开放给科技馆事业发展带来的机遇

1. 有利于科技馆社会影响力、知名度和美誉度的提高

根据经济学的供求法则，在其他条件不变的情况下，降低成本可以增加需求；零成本带来需求的无限扩大。因此，免费开放是增加科技馆需求，进而增加科技馆吸引力的重要方法之一。免费开放必然带来观众人数的急剧增加，扩大科技馆的科普辐射面和社会影响力。例如，英国博物馆类场馆在免费开放后的半年中，那些曾经收费而现在免费开放的博物馆、科技馆观众量显著增加：国立自然博物馆的观众数量增长 70%，科学博物馆增长 89%，维多利亚和阿尔伯特博物馆增长 157%，曼彻斯特科学工业博物馆增长 102%。各馆同比平均增长 62%[1]。同时，免费开放还可以使那些游离于科技馆大门之外的人员零成本地走进科技馆，为人们接触科学技术、了解科学技术大开方便之门，使那些因高价门票被挡在科技馆大门之外的低收入群体和弱势群体可以走进科技馆，享受科普展览和科普教育的盛宴。以广东科学中心为例，在 2010 年"三八"节曾组织了一次向妇女免费开放活动，当天人流高达五六万人，大大超出了收费时的人流量，参观者中最多的是周边农村的老年妇女。[2]

免费后观众增加，会带来观众结构的变化，有利于科技馆社会影响力的扩大。免费开放前，组团参观的多、个体参观的少，外地旅游观众多、本地居民少，正在接受学校教育的学生多、一般成年人少。免费开放后，本地人群成为

① 宋向光：《英国国立博物馆免费开放的反思》，《中国文物报》2005 年 9 月 16 日第 006 版。
② 肖平、吴冰、左朝胜：《科技馆"免费"，载舟覆舟?》，《科技日报》2011 年 10 月 22 日第 1 版。

绝对主体，以家庭为单位的观众和个体参观者大幅增多。因此，免费开放让更多的普通民众、本地民众、青少年学生走进了科技馆，这无疑有利于科技馆自身功能的发挥、价值的体现以及社会地位的提升，有利于科技馆社会影响力的扩大。

免费后观众增加，会获得各级政府更大的重视与支持，有利于科技馆社会影响力、知名度和美誉度的提高。政府建设科技馆等公共设施的目的就是提高公众的科学素质。免费后，更多的不同阶层的人进场参观，可直接感受政府在科普教育设施方面的成效，从而提高政府声望；同时，更多的本地人接受了不同内容的科普教育，提升了个人科学素质，对国家或地方经济社会的发展将起到积极的促进作用。免费带来的良好社会效益，必然促使政府进一步加大对科技馆发展的投入，促进科技馆的进一步发展。因此，免费开放带来的观众规模效应、政府重视与补助效应以及推动经济社会健康发展的长期效应，必然引起广大公众和媒体对科技馆的高度关注，从而有利于提高科技馆的社会影响力、知名度和名誉度。

2. 有利于科技馆基本功能的发挥与延伸功能的拓展

一个科技馆存在的价值就在于其功能的发挥程度。多年来，由于受多种因素的影响和制约，我国大多数科技馆都不同程度地存在着如下问题：因经费不足导致科技馆改建扩建不能进行、科普展示内容更新慢；因科技馆专业人才缺乏导致科普展品雷同、自主创新展品和有特色展品少，从而导致科普形式单调、科普手段单一；因定位、设施等方面的问题，导致科普展示缺乏清晰的展览设计理念和主题思想，结合社会热点开展临时展览能力不强；等等。这些问题的存在无疑制约了科技馆功能的发挥。

实行科技馆免费开放，可以使科技馆获得相应的财政补贴，从而有利于其基本功能的充分发挥。参照我国博物馆免费开放后的政府支持政策，中央及地方各级财政会通过设立专项基金等形式，对免费开放的科技馆给予财政补贴，以弥补免费开放所带来的门票收入损失和增加的运行费用。我国一些率先进行免费开放的科技馆，已获得了财政补贴的保障。如 2011 年 6 月 25 日开馆的湖南省科技馆，实行了免费开放，之后半年免费接待观众 45 万人次，为保证科技馆正常运行，湖南省有关部门已将湖南省科技馆由差额预算单位改为全额预

算单位，其经费由省财政予以保障。① 这样一来，科技馆免费开放后，科技馆的基本业务开展与日常运行经费就有了保障，科技馆就有条件购置、研制、开发具有现代特色、新颖性和吸引力强的科普常设展品，配备适用于展教活动、培训实验、学术交流的现代化多功能设备，举办各种主题展览与陈列，实施"数字科技馆"计划，使科技馆真正成为名副其实的科普活动主阵地、青少年校外教育基地、爱国主义教育基地、科技工作者之"家"和社会公众愿意参加的公共场所。

同时，科技馆免费开放，有利于扩大科技馆的社会影响力、知名度和名誉度，从而有利于拓展科技馆的延伸功能。例如伦敦科学博物馆开展了一系列形式多样、内容丰富的科技馆延伸业务。具体包括：授权品牌代言，开展会议、晚宴、颁奖仪式、产品推介会、圣诞晚会、展览、新闻发布会、电影首映式和团队建设等企业活动以及订婚、婚礼、周年纪念或退休以及成年礼等私人活动，还有科学馆互动展品、图片库、出版物的展销以及与科技相关的各类购物活动。我国科技馆可以借着免费开放人流增加的机会，开发上述相关的服务性项目，增设服务内容，提高服务水平，使科技馆真正成为学习、休闲、娱乐的中心。

科技馆的免费开放，还有利于科技馆的基本功能和延伸功能实现交互作用和获得协同效应。科技普及、科技交流、科技教育、科技服务是科技馆的基本功能，也是科技馆存在之根本和科技馆的生命线。失去了科技普及、科技交流、科技教育、科技服务等基本功能，就失去了科技馆存在之价值。开展品牌代言、会议晚宴、颁奖仪式、产品推介、圣诞晚会、电影首映式等企业活动，举行订婚婚礼、周年纪念或成年礼等私人活动，以及科技馆互动展品、图片库、出版物的展销等与科技相关的各类购物活动，都是科技馆功能的延伸和拓展。这些延伸和扩展功能是科技馆快速、健康和持续发展的活力。没有这些延伸和扩展功能，就没有科技馆的经营性收入，科技馆也就失去了有序发展的资金来源。可见，科技馆基本功能的独特价值和优质资源，为其延伸和拓展功能的发挥集聚了人气、营造了良好的社会氛围，成为科技馆吸纳社会资源合作、

---

① 杨震：《湖南科技馆免费开放获得社会广泛认可》，《科协论坛》2012 年第 3 期。

打造延伸活动载体的基础；同时，科技馆基本功能的充分发挥，得益于延伸功能提供的配套服务、充足经费、高涨人气和宣传推广等。因此，科技馆的基本功能与延伸功能在科技馆的事业发展中都具有不可忽略的价值，免费开放进一步推动它们之间的互相联系、交互作用、协同推进，由此共同支撑科技馆的可持续发展。①

科技馆的基本功能和延伸功能互动效应的目标是追求科技馆的社会效益和经济效益的实现。尽管科技馆是社会公益性机构，社会效益是科技馆追求的根本目标，但社会效益并不是科技馆的唯一的目标。经济效益是科技馆自我造血能力的体现，是科技馆可持续发展的力量源泉。纵观国内外成功的科技馆，往往都能实现社会效益和经济效益双丰收。实行科技馆的免费开放政策，是一项既能获得社会效益又能实现经济效益双赢举措。科技馆的免费开放可以拓宽参观者的范围，吸纳更多的公众，发挥更大的展教宣传功能，实现展教资源的充分利用和巨大的社会效益。同时，科技馆的参观者也是一个消费群体，通过向其提供形式多样、内容丰富的各种延伸服务和科技文化产品，可以增加科技馆的经济效益。② 因此，我国科技馆应该充分利用免费开放后出现的大好商机，研制、开发、售卖各类科普图书、科普音像制品、科普产品模型、特色纪念品等科技类产品，新建、扩建或增设 3D、4D 影院等休闲娱乐服务设施，提供科技旅游、科技培训和科技咨询等服务，开展住宿、餐饮、购物、娱乐等配套服务项目，建立健全科技馆服务体系，以优质服务促进自身科技文化产业的发展，增强科技馆的创收能力和自我造血功能，达到社会效益和经济效益双赢。如广西科技馆自开馆以来，已累计接待观众约 35 万人次，其中，接待免费观众 18.9 万人次，约占观众总人数的 54.1%；承接承办了 14 个临时展览；开办各类科技培训班 135 个，培训学员 6000 多人次；承接各类型会议 121 场；播放 4D 影片 719 场，接待观众 1.6 万人次；播放球幕电影 472 场，接待观众 1.8 万人次。③ 可见，广西科技馆较好地实行了基本功能与延伸功能的有机结合，实现社会效益和经济效益双丰收，使科技馆开馆运营实现了良好的开局。

---

① 王可炜、易和、胡华等：《现代科技馆新型发展模式探讨》，《科普研究》2011 年第 2 期。
② 王睿：《对科技馆免费开放的几点思考》，《海峡科学》2012 年第 3 期。
③ 甘向群：《科技馆建设及发展问题的思考》，《科协论坛》2009 年第 12 期。

3. 有利于科技馆体制机制创新和服务水平提高

我国科技馆大多是政府及事业单位投资兴建，管理体制大都保留计划经济烙印，体制僵化。在长期计划经济和传统用人制度、薪酬制度的影响下，科技馆内部普遍存在有事无人做、有人无事做的现象。

在传统体制机制条件下，科技馆将无法解决科技馆免费开放后观众人数急剧增加而带来的系列问题。因此，科技馆免费开放，免费不是目的，目的是要促进科技文化体制改革，要建立新的科技馆体制机制。免费开放后，中央及地方各级财政部门也会对科技馆的内部体制机制改革，从经费上予以更多的支持。由此可见，科技馆的免费开放，有助于科技馆根据免费开放的实际需求以及自身的运行规律，加强科技馆内部机构调整，改革与创新接待方式、管理模式、管理机制、管理方法，积极推动科技馆体制机制创新。

免费开放对科技馆的服务会提出新的、更高的要求。服务是连接观众和科技馆的重要纽带，其中展览的水平高低很大程度上与服务是否优质有关。透过优质的服务，科技馆的社会科普功能才能为观众们所认识；透过优质的服务，科技馆的社会价值才能得到体现。科技馆免费开放，需要科技馆人按免费开放的要求重新思考科技馆的各项工作，认真研究免费开放给科技馆事业带来的新情况、新问题和新考验，作出及时、恰当的调整，向观众提供更丰富、更人性化的服务。因此，免费开放是科技馆事业发展的一个契机，也是科技馆修炼内功提高服务水平的一个好机会。面对免费开放的新情况、新问题，科技馆可以通过增强服务意识、完善服务体系、改进内部管理，完善规章制度，培训管理人员、调整陈列展览、增加展示内容、改版网站、做好预约、提供咨询等服务内容和服务方式的调整，做到降低门槛不降低服务标准和服务质量，把科技馆打造成充满人文关怀和和谐氛围的温馨家园，推动科技馆服务的社会化，从而提高科技馆的社会化服务水平。

（二）免费开放给科技馆事业发展带来的挑战

1. 运行经费需要增加

实行科技馆免费开放政策，必然导致科技馆收支的"一减一增"，即免费开放会减少科技馆的门票收入，同时增加科技馆的运行支出。科技馆的营运成本主要包括固定成本和变动成本：前者主要是指科技馆基础设施建设投入与改造费用；后者主要是指随科技馆运行环境的变化而带来的成本支出。免费开放对科技馆基础设施建设与运行管理提出了更高要求。如扩大科技馆建筑规模、拓宽道路交通、增设门禁自检系统等。同时免费开放政策实行后出现的参观者人数激增和"爆棚现象"，可能导致展品展项、电梯电灯等科普基础设施的使用频率大幅增加，进而出现展品展项、电梯电灯等公共基础设施的损毁率以及水、电等能耗费用相应急剧提升，而这些情况都会极大提高科技馆的运行成本。因人流增加而带来运行费用增加是国内外科技馆的普遍现象。例如，英国国立自然博物馆因免费开放需要增加临时的安全保卫人员和观众服务人员等导致每年增加 50 万英镑的运行成本。又如，参观博物馆人数的急剧增加带来展厅展品损毁现象严重，馆舍清洁和维护的人工成本也急增，从而导致英国皇家战争博物馆每年新增 10 万英镑的运行成本、曼彻斯特科学工业博物馆每年新增 8.5 万英镑的运行成本。我国科技馆也是如此。① 例如我国南京科技馆，自 2011 年 2 月向未成年人免费开放以后，全年的游客量增加了 20% 左右。全年接待游客 54.6 万人，其中免费人数 45.6 万人，占全年接待游客的 83.5%，而未成年参观人数占免费人数的 70%。整个科技馆每年至少需要 1600 万～1800 万元才能维持正常运转。② 再如广西科技馆，是一个占地 22 亩、拥有 3.9 万平方米建筑面积的大中型科技馆，其每年的运行费用按大约是其建设费用的 1/10 计算，将达到 2000 万～2500 万元。③ 如果这些科技馆向所有社会公众免费开放，其运行费用还会增加。

可见，免费开放后，科技馆收支"一减一增"可能会带来运行经费的短缺。这种运行经费缺口，需要政府补贴资金，或社会资金和有偿服务收入及时跟上，才能保障免费开放的科技馆正常运转。显然，完全依靠财政支持，对于发展中的我国来说肯定有财政压力；如果单靠科技馆自行解决，则有可能导致

---

① 宋向光：《英国国立博物馆免费开放的反思》，《中国文物报》2005 年 9 月 16 日第 006 版。

② 张璐：《明年下半年，南京科技馆有望全面免费开放》，《南京日报》2011 年 12 月 19 日第 A07 版。

③ 甘向群：《科技馆建设及发展问题的思考》，《科协论坛》2009 年第 12 期。

科技馆缩短对外开放时间、临时关闭展厅展览、延迟新展项目的推出或推迟研制、开发新展品等常规业务，这必定影响科技馆基本功能的充分发挥以及可持续发展。因此，如何解决科技馆免费开放后的经费短缺问题是科技馆面临的一大挑战。

2. 科普人才队伍需要满足多元需求

在影响科技馆运行管理的众多因素中，人才因素是一个特别重要的因素。一座科技馆建成后，能不能发挥应有的作用和功能，取决于科技馆的科普人才水平。由于历史的原因，目前我国大多数科技馆科普人才问题十分突出。主要表现在：一是部分科技馆人员编制不足，加上科技馆的专业人才流失严重，人员总数与承担的科普任务很不适应，人员严重不足，超负荷工作的情况严重。二是从事业务工作的各类人员所占比例很低，其中，专门从事展教业务工作的、具有多方面专业知识和技能并有一定研究能力和创新能力的人员就更少。科技馆普遍缺乏高素质的科技辅导员、科普宣传员、科普活动策划人，缺乏知识面宽、富有创意、训练有素的展览设计、科普展品展项维护与修复、教育活动开发和运营管理等方面的专业人才。三是科技馆工作人员普遍存在学历较低、知识结构老化等问题，很难适应现代科技馆工作的需要。四是科普媒体设施几乎没有专业的科普人员，缺乏高水平的科普作品采编人员、内容策划人员等，导致媒体在当今的科学普及中几乎处于"缺位"状态。五是网络科普设施的科普专业人员短缺，表现为科普网站专业性差、专业细分不够，对问题的探讨不够深入，权威性不足，缺乏科学家的参与，这些导致了我国目前网络科普设施自身的知名度较低及对公众的权威性、吸引力均较弱。六是兼职科普人才队伍不稳定、作用没有充分发挥。

科技馆免费开放后，"免费不免质"对项目开发、馆内管理、科普辅导、保安等科技馆人员提出更高、更新要求，而现有人才队伍状况能否满足科技馆免费开放后对科普人才的多元需求，就成为一个新挑战。

3. 内部管理模式需要适应新变化

作为国有事业单位，我国绝大多数科技馆沿袭着事业单位的管理模式。僵化、人浮于事、效率低是事业单位传统管理模式的特点。免费开放后，观众剧增，需要科学地评估场馆的承载能力和场馆设施设备的承受能力，科学、合理地进行人员的调整和分工，及时制定各种风险的应急预案，准确地评估展品展项的损坏状况及更新成本，合理预定和接纳参观人数等。显然，科技馆原有的接待方式、管理模式、管理机制、管理方法都很难满足免费开放后"爆棚"、"井喷"而带来的管理需求。因此，免费开放后科技馆内部管理模式能否适应新形势的需要，又成为一个现实的挑战。

实行免费开放政策后，科技馆首先亟待解决的问题就是观众人数急剧增加而引发的服务问题。在免费开放政策实施初期，那些社会知名度高、地理位置好、特色显著的科技馆面临的服务问题更为突出。一旦观众量骤增超过正常容纳能力，各种服务设施如厕所、存包处、医务室、餐饮、文化产品销售乃至轮椅等需要添置，安全保卫力量、保洁人员需增加，参观指示牌、线路图等服务项目必须到位。有些科普场馆在免费开放后出现水、电、气等基础设施供应不足，员工服务态度、服务质量跟不上实际需求，引发观众不满。因此，免费开放后，对科技馆的服务提出了更高更新的要求。然而，在不少科技馆工作人员看来，实行科技馆收费制度时，科技馆的服务对象是付费买票进场参观的公众，理应为其提供优质周全的服务，毕竟"顾客是上帝"；实行免费开放后，观众数量似乎与场馆收入没有直接关系，服务变成无偿的了，观众不再被看成是上帝了。受这样思想的指导，免费后，科技馆有可能失去通过宣传、推广、营销和改善服务来吸引观众的动力，工作人员的服务心态可能会发生变化，服务可能变成一种"施舍"、变成一种应付，服务质量可能有所下降。因此，科技馆免费开放后"无偿"服务能否保证服务质量，这是科技馆免费开放面临的又一挑战。

4. 安全防范系统需要承受更大压力

与传统博物馆以静态展品展示为主不同，科技馆尤其是现代科学中心是以观众参与性、展项互动性为主。以广东科学中心为例，90%以上的展项是体验性展项，需要观众动手操作。[①] 科技馆免费开放带来的观众量的骤增，很容易造成参观者的公共安全和展品安全等问题，对科技馆安全防范系统提出了新的

---

① 肖平、吴冰、左朝胜：《科技馆"免费"，载舟覆舟?》，《科技日报》2011年10月22日第1版。

严峻挑战。一是来自展品展项设施安全运行的挑战。与传统自然博物馆的陈列展览不同，科技馆的展品展项具有参与性、互动性、体验性。部分展品展项的不当操作可能会导致巨大的安全隐患。如果体验者人数过多，不仅现场工作人员的监管可能会不到位，而且展品展项会因负荷过大引发安全隐患，从而使展品展项设施的安全运行就面临巨大的挑战。二是来自电子设备、电灯电梯等公共设施设备安全运行的挑战。近年来，我国北京、上海、深圳等大型城市的地铁、商场频频出现电梯安全事故。主要原因无非是现场管理不当和设备运行障碍等方面的问题。在科技馆的正常开放时间内，经常看见有观众故意违规在扶梯上逆行、跑动或打闹，特别是一些青少年观众。如果免费开放后出现科技馆"爆棚"、"井喷"现象，则极易增大在电梯等涉及公众安全的设备运行和管理维护上的难度与风险。三是来自科技馆公共秩序安全运行的挑战。免费开放后，科技馆的参观人群发生巨大变化，参观群体交叉多元和混合复杂，可能会出现鱼龙混杂的现象，导致科技馆的公共安全形势日益严峻，这对科技馆的安保和公共秩序也会造成一定的压力。① 事实上，一些博物馆、科技馆在免费开放过程中，已经出现因部分低素质观众引发的公共卫生和公共安全等问题，比如随地乱扔果皮纸屑，故意触摸、损坏展品展项，不遵守公共秩序，不服从现场管理，甚至将博物馆、科技馆等科普场所当做纳凉休闲场所，出现极不文明的现象。由此可见，如何维持科技馆的正常参观秩序，达到参观的理想效果，保障观众人身安全，维护展品展项有效运行，就成为科技馆免费开放必须解决的又一现实问题。

四　我国科技馆免费开放的发展策略

（一）以分类开放为原则，选择适宜的免费开放政策

1. 科技馆免费开放与收费开放并存

科技馆免票开放政策的制定和实行并非是一个简单的行为，而是一项复杂

---

① 吴成涛：《浅析免费政策给科技馆运营管理带来的影响》，《广东科技》2011 年第 18 期。

的系统工程，免或者不免，不能一刀切。如前所述，在美国、英国、澳大利亚、日本、加拿大等发达国家的著名科技馆中，没有一个科技馆实行绝对的全部免费开放政策，也没有任何一个科技馆实行绝对的全部收费政策，而是有限免费开放与差异收费开放的结合。例如，美国国家航空航天博物馆、英国伦敦科学博物馆实行所有公众免费入馆参观，但对于观看 IMAX 电影、天象节目、模拟器以及一些特别项目则会收取不同的入场费；美国旧金山探索馆（包括每月第一个星期三免费）、澳大利亚国家科学技术中心、加拿大安大略科学中心等只对 4 岁以下儿童完全免费，日本国立科学博物馆则对高中生及以下免费和 65 岁以上老人、残疾人实行免费，其他一律实行差异性收费。我国已有科技馆免费开放的先例。早在 2008 年，江苏科技馆就对省内公众实行免费开放，天津科技馆常设展厅面向公众免费开放等。

据调查，2009 年我国公众参观过科技馆的比例为 27%，没有参观过科技馆的人占 73%。其中因为本地没有的约占 38%，门票太贵的占 3%，不知在哪的占 12%，不感兴趣的占 9%，不知道的占 10%，其他的占 1%。[①] 因此，尽管收费政策是影响人们参观科技馆的重要因素之一，但门票价格绝不是阻碍人们参观科技馆的主要因素，更不是根本因素。因此，单纯依靠免费开放政策并不能从根本上彻底解决我国科技馆事业发展的一切问题。

从我国科技馆的免费开放实践来看，必须认真进行研究免费开放初期所出现的科技馆人力不足、经费短缺、管理脱节、服务滞后等诸多新情况，制定比较完备的工作方案和应急预案，才能避免出现技术、管理等方面的漏洞，才能确保服务质量和服务水平。如果条件不成熟而仓促实行免费开放，就有可能影响科技馆服务社会公众的质量，甚至对科技馆的事业发展带来伤害。因此，要实行科技馆的免费开放政策，就必须事先进行调查研究和充分论证，制定科学合理、切实可行的配套政策措施。否则，仓促推行科技馆的免费开放，搞"一刀切"，就可能损害科技馆事业的可持续发展。

因此，科技馆免费开放应当是有层次、有步骤、有计划地进行。免费开放政策应该根据科技馆的类型、级别、规模、所在地区等不同而区别对待，将条

---

① 任福君主编《中国科普基础设施发展报告（2011）》，社会科学文献出版社，2011。

件成熟的科技馆逐步免费开放。至于什么样的科技馆适合免费开放，科技馆适合什么样的方式免费开放，国家应尽快出台科技馆免费开放的资质认证办法，建立科技馆免费开放的资质认证制度，科学地将科技馆分类分级，逐步引导免费开放。符合免费开放条件的依据资质认证程序报批，实行免费开放；不符合免费开放条件的坚决不能免费开放。①

2. 科技馆的多种免费开放方式

由于各个科技馆自身条件和外部环境的不同，科技馆免费开放不宜"一刀切"，可尝试适合本馆馆情的免费开放方式。

（1）分对象免费开放。一是科技馆面向全体公众免费开放，如天津科技馆、陕西科技馆、合肥市科技馆、湖南科技馆等；二是对本地区公众实行免费开放，如江苏科技馆只对江苏地区的观众免费，鞍山科技馆对鞍山地区公众免费开放；三是对未成年人、老年人、现役军人、残疾人等特殊人群免费开放。如中国科技馆、宁夏科技馆、郑州科技馆、江西科技馆、武汉科技馆、四川科技馆、重庆科技馆、南通科技馆、沈阳科学宫、上海科技馆、山东省科技馆、广西科技馆等对所有未成年人和法律规定的特定群体免费开放。

（2）分时段免费开放。一是节假日的免费开放；二是限定某工作日的免费开放，如河北省科技馆规定省内所有中小学校每周三、四、五3天都可以免费参观常设科普展厅；三是分季节免费开放，淡季免费，旺季适当收费。

（3）分项目免费开放。这也是绝大多数免费开放的科技馆的通用做法。分项目免费开放，就是对常设展览实行免费开放，但一些花巨大成本引入的精品展览适当收费，临时举办的交流展、商业展、个人展等实行收费，对那些经营性项目如3D、4D影院采取收费政策。以此来增加营业收入，这也符合国际科技馆的主流做法。这样既确保了科技馆作为公益性和非营利性的科学文化事业机构所承担的社会功能和社会责任，又使科技馆在保质完成基本科普展览之后，重视临时展览，增加科技馆的收入，弥补财政拨款的严重不足，改善科技馆的基础设施条件，发展科技馆事业。分项目免费开放，既可以避免观众的过度集中，又能使因为门票收费原因被阻挡脚步的低收入人群走进科技馆，丰富

---

① 王红星：《对湖北省博物馆免费开放的思考》，《长江商报》2007年12月5日。

科学文化生活，提高科学文化素养。

3. "免费不免票"的科技馆免费开放工作方法

所谓免费不免票，就是指参观者无须付费但要凭有效证件领取门票方能进入科技馆。在科技馆的免费开放工作中，实行凭有效证件领取门票制度有诸多好处。例如，科技馆可以凭票统计进馆参观人数；科技馆可以在门票上印制企业广告，宣传企业或产品形象，以此获取相应的广告收入，补充科技馆运行经费；可以依据门票发放数量和观众人数，有序放行、限制放行或分流放行等。①

要实行免费不免票的开放办法，就必须坚持持证领票免费参观与预约领票限额免费参观并存的原则。免费开放后，科技馆每天门票的发放量按其当天接待能力估算。公众获取门票可以采取现场领取和预订方式。一般而言，个人或10人以下的团体可现场领票，10人以上的团体则需提前一周预订。预订方式又可以采取科技馆预约和网上预约两种方式。不论哪种预约方式，预约人需提供有效证件并交纳押金。参观人严格按预约时间参观，若临时取消或比约定时间晚到，则不再退还押金。10人以上的散客和预订票的团体游客均由科技馆提供免费讲解服务的导游陪同参观。总之，采取凭证领票、限量发票、凭票参观，可以有效控制参观人数，杜绝"爆棚"的危险，确保观众与藏品的安全和参观的舒适度。

（二）以政府资金为基础，建立多元经费筹措机制

充足而稳定的资金是实现科技馆免费开放的前提和保障。长期以来，我国绝大部分科技馆运行经费主要依赖公共财政资金，基本上是政府财政资金独轮驱动。据我国科技馆发展报告（2009）定量测评显示，年财政投入占经费投入的比例中，我国华东地区科技馆为73.89%、华中地区科技馆为86.43%，华南地区科技馆为89.97%，西南西北地区高达99.97%。② 从发达国家科技馆的发展经验看，科技馆的筹资渠道并不是单一的，而是形成了政府资金、社会

---

① 牛伟：《博物馆免费开放的几点想法》，《中国文物报》2006年9月22日第006版。
② 任福君主编《中国科普基础设施发展报告（2009）》，社会科学文献出版社，2010。

资金与自营收入多元化投入的经费筹措机制。如前所述，2009～2011财政年度期间，在美国国家航空航天博物馆的年度总收入中，政府资金的比例分别高达：53.42%、55.75%和53.49%，社会资金的比例分别为29.61%、24.62%和26.18%，自营收入的比例分别为16.97%、19.64和20.34%。美国旧金山探索馆的年度总收入中，政府资金的比例分别为8.4%、2.6%和3.9%，社会资金的比例分别为55.9%、80.4%和76.8%，自营收入的比例分别为35.7%、17%和19.3%。可见，尽管不同的科技馆在不同年份，政府资金、社会资金与自营收入各自所占比例不尽相同，但政府资金、社会资金与自营收入"三轮齐驱"的多元化投入的经费筹措机制已经形成并正常运行。

因此，要使科技馆免费开放的资金保障落实到实处，必须需要建立稳定的、多元化的经费筹措机制。

1. 国家财政资金的稳定投入

参照我国已实施的博物馆、纪念馆、美术馆、文化馆等免费开放政策，中央及地方各级财政部门应设立科技馆免费开放专项资金，足额补偿科技馆免费开放所带来的门票收入损失以及适度补偿科技馆免费开放所增加的运行经费。同时，借鉴国内外科技馆高效运行的成功经验，把支持科技馆事业发展纳入公共财政预算范畴，建立政府支持科技馆事业发展的公共财政资金专项拨款与财政补助的正常增长机制。

2. 社会支持方式的全方位开展

世界上没有一个国家的科技馆运行经费是完全由政府负担的，科技馆免费开放所需费用完全依靠财政支出也是不现实的，特别是我国这样的发展中国家。因此，科技馆免费开放后，除了建立国家财政资金的稳定投入机制外，还必须积极争取社会各界的大力支持，全方位开展社会捐助工作。

（1）基金会捐赠。作为公益性活动的非营利组织，基金会捐赠科普事业发展对于推动科技馆的免费开放实践活动具有不可替代的作用。中国科技馆成立了中国科技馆发展基金会，制定了中国科技馆发展基金会章程，明确规定了基金会公益活动业务范围。中国科技馆发展基金会根据科技馆不同发展阶段的实际情况与社会公众的现实需求，采取项目资助和品牌活动等形式，吸引和汇聚社会各界的人力、财力、物力等资源支持中国科技馆的建设与运行。中国科技馆发展基金会的成功探索，为科技馆免费开放解决资金问题开拓了一条新的路径。

（2）冠名捐助。冠名捐助有多种方式：一是展设冠名。以某个展区甚至是某个主体建筑的冠名权来吸引个人、企业或其他社会组织的资金投入或捐赠，如教育界的"逸夫楼"就是经典案例。二是活动冠名。举办一些以企业冠名的相关科普活动，吸引个人、企业或其他社会组织的资金投入。如美国西雅图亚洲艺术馆、明尼阿波利斯艺术学院博物馆等推出"福特免费周"等。三是门票冠名，科技馆通过在门票上印制冠名广告，吸引个人、企业或其他社会组织的资金投入。

（3）企业捐赠与个人捐赠。例如，为了吸引企业积极捐赠，美国旧金山探索馆根据捐赠金额的不同，把企业捐赠后享受的待遇分成六个等级。又如伦敦科学博物馆通过网页或者邮寄进行个人捐赠，还可以通过设在入门处和展馆内的捐赠箱来捐赠。

（4）企业赞助（Sponsoring）。如美国旧金山探索博物馆通过与企业建立合作伙伴关系，以向本地和全球观众展示其精彩的节目。赞助商可以在旧金山湾区中的市场受众以及互联网上的全球观众面前得到显著展现。

（5）会员制。如日本国立科学博物馆根据缴纳会费的多少，把会员分成个人会员和团体会员。个人会员又分为一般会员和特别会员。前者每年需要支付 1 万 ~4 万日元的会费，后者每年需要支付 5 万及以上日元的会费。个人会员的捐赠单位为 1 万日元。组织会员（如企业、公司等）每年需要支付 10 万及以上日元的会费，组织会员的捐赠单位为 10 万日元。另外，交纳以上几种会费皆具有减税资格。不同会员享受不同待遇。

科技馆要获得大量社会支持，必须具备几个条件：一是政府制定税收优惠政策。让个人、企业、其他社会组织的捐赠能在税收方面得到一定的补偿，从而为捐赠者节约了成本，有利于调动捐赠者的捐赠积极性。

二是科技馆有较强的发展实力和社会影响力。通过科技馆的影响力使捐赠者的捐赠价值得到充分体现，捐赠者的社会公益形象得到提升。三是科普媒介的广泛宣传。通过媒体的宣传使捐赠者的知名度得以扩大，使捐赠者获得社会更为广泛的认可，也使捐赠社会公益事业的良好社会氛围得以营造。四是捐赠

措施细化、具体、得力。如加拿大安大略科学中心根据捐赠金额大小把个人捐赠分成朋友、发现者、探索者、先锋、优胜者、创新者、梦想者7个等级，分别享有不同的权益。权益与义务明确、对等。

3. 自营活动的多元化拓展

在加大财政经费保障力度、争取社会支持的同时，鼓励免费开放后的科技馆根据自身定位，开发和拓展"选择性参与"收费项目，增加科技馆自营活动收入。如举办特别展览和巡回展览；开办销售各种基于科学技术的产品和书刊的商铺，对外出售科普图书、科普音像制品、益智玩具、微型展品等；出租场地设施，为企业和私人活动（如会议、颁奖仪式、产品推介会、展览等）提供有偿服务；开放科技影院；提供餐饮服务；开办网上商店；印制广告门票；组织一些科普培训、科技夏令营、航模比赛等。

另外，鼓励有条件的科技馆采取申报国家科普旅游景区的方式，加快推进科普旅游事业的发展步伐，把科普旅游纳入科技馆事业发展建设的规划之中，通过与旅游部门的协作，开展科普游活动。在国外，很多科技馆和科技中心已成为所在城市甚至国家的主要旅游景点。如伦敦科学博物馆、芝加哥科学与工业博物馆、巴黎拉维莱特国家科学与工业博物馆、哥本哈根实验馆、加利福尼亚科学中心、名古屋科学博物馆、新加坡科学中心等，都已成为当地十大旅游景点。[①]

（三）以提高素质为目标，建设"三支"科技馆人才队伍

1. 打造一支高水平的科普展品展项研发队伍

为了使免费开放的科技馆保持持久的吸引力，必须不断地开发出具有原创性的展品和展项，必须打造一支站在科学前沿、具有创新能力的科普展品和展览研发队伍。为此，一是在有条件的特大型、大型科技馆设立展教资源研发岗位，培养展教资源研发人员；二是与科研院所开展合作，以政策引导科研院所的科研人员将其反映科学和技术前沿的成果转化为科普展品或开展专题展览，培育一批科研院所的科普展品和展览的研发人员；三是与企业合作研制开发原

---

① 张义芳：《国外科普工作特点及其对我们的启示》，http：//www.acst.org.cn/n435777/n435795/n517127/7656_5.html［2005年11月14日］。

创性的科普展教产品，培育企业的兼职科普展品和展览研发队伍；四是与高校合作，吸引高校教师把自己的科技成果转换成科普产品；同时，鼓励高校增设科普专业，培育科普专业人才，从而建设一支由科技类博物馆、科研院所、高等院校、科技企业等组成的科普展品展项研发队伍。

2. 培养一支高素质的科技馆管理和服务人员队伍

建立与科技馆免费开放相适应的职业准入制度和用人机制，通过招聘、选聘的方式，吸引多学科和人文科学领域专业人才从事科技馆科普教育工作。制定与科普工作岗位特点相适应的技术评定和业绩考核办法，逐步形成激发从业人员不断进取、创新服务的激励机制。

建立科技馆管理和服务人员在职培训体系。通过鼓励攻读学位、在职培训、进修学习、国内外交流等多种途径和方式，培养科技馆免费开放所需的高素质的专业化、职业化的科技馆管理和服务人员队伍。通过对全体工作人员进行包括对免费开放的工作要求、安全知识、礼仪知识、各项规章制度等专业培训，以及对临时工作人员进行科技馆基础知识、相关展览知识的培训，提高他们的综合素质，以满足科技馆免费开放对管理和服务人才的需求。

3. 建立一支高品德的科技馆免费开放志愿者队伍

以竞赛、竞标等方式引导高层次的科普志愿者为科技馆设计开发展览、科普教育活动。通过为在校大学生提供实习的方式，吸引大学生加入科技馆免费开放的志愿者队伍，安排他们从事免费开放的观众引导、讲解咨询和接待等部分工作。发动志愿者，深入部队、学校、党政机关、事业单位、工矿企业，普及科学知识，传播科学思想和科学方法，宣传免费开放政策，组织团体观众，提升科技馆的社会影响力。

加强志愿者的培训工作，以专业化、多样化的方式，以示范讲解、基础知识讲解、分类讲座、普通话培训、仪表仪态礼仪培训等为内容，对志愿者进行了系统化的培训，提高他们的服务意识和服务能力。

建立志愿者的登记、使用、考核和激励机制，引导专业研究人员、科普人员、在校学生、捐赠者、赞助者、基金会人士等各界人士志愿服务科普事业，对在科技馆的事业发展中做出重要贡献的志愿者给予物质和精神奖励。

（四）以改革为动力，提高科技馆的运行效率与管理水平

1. 创新管理体制，建立、健全馆长负责制

从我国科技馆管理体制的现状看，根据拨款体制不同，可以把科技馆分成"全额拨款"、"差额拨款"、"自收自支"三种类型。根据归口主管部门不同，可以把科技馆分成科协系统管理的科技馆与非科协系统管理的科技馆两种类型。根据科技馆内部管理机构的设置情况，可以把科技馆分成管理机构健全型与残缺型两种类型。管理机构残缺型科技馆在县市级科技馆中比较普遍，有些县市级科技馆的管理人员不到 2 人，近四成县市级科技馆只有一名工作人员，既无科技馆运行管理机构，又无科技馆规章制度。有些科技馆与同级科协合署办公，有些科技馆被同级科协所取代，成为其所属的一个部门。大部分县市级科技馆根本谈不上文档管理、财务管理和绩效管理。因此，应对科技馆免费开放带来的机遇与挑战，必须理顺和创新我国科技馆的管理体制与运行机制，切实加强各级科协等归口管理部门的业务指导，建立健全科技馆馆长负责制，加强对科技馆的班子管理和队伍建设，公开选拔或面向社会招聘科技馆馆长，选配好科技馆的领导班子。这是确保科技馆免费开放工作的基础条件。科技馆馆长对同级科协负责，完善馆长目标责任制，实行工作目标责任的量化管理，建立科技馆工作目标与工作任务考核制。同时归口管理部门对科技馆加强监督和跟踪管理。坚持把科技馆工作作为归口管理部门整体工作的重要组成部分和考核内容，加强对科技馆资源开发的指导，加强对科技馆经费使用的监管，建立健全科技馆各项规章制度。

选拔和培养一支具有较高专业素养和勤奋敬业的馆员队伍。加大对馆员的培训学习力度，以提高自身科学素质和创新能力，适应日新月异的发展趋势。要有一支能吃苦，能动脑，有开拓进取精神的工作团队，树立热爱科技馆工作、甘于奉献的思想，不断提高科技馆干部队伍的科学素养和开拓创新能力，培养一批既懂科普展览又懂科普教育的专门人才队伍。

2. 革新内部人事分配制度，优化绩效考核评价机制

科技馆绩效考核评价包括两个层面：国家对科技馆的绩效考核评价和科技馆对个人的绩效考核评价。

国家对科技馆的绩效考核评价，一般可以通过委托各级科技馆归口管理部门（如科协）来进行。各级科技馆的归口管理部门在科技馆按照绩效考核指标开展自评的基础上，对本部门所属科技馆进行年度考评。此外，还要建立委托中介机构对科技馆进行周期评估制度。绩效考核的重点内容主要包括：免费开放专项资金的使用与管理；展品展项的研制与开发；科技馆改建、扩建等重大项目完成情况；参观人数和陈列展示情况；社会宣传教育功能发挥情况等进行量化考核。根据奖优罚劣、激励先进和社会效益最大化等原则，将考核结果与次年的财政资助资金挂钩。在安排免费开放项目专项资金时，优先资助和奖励评估结果为优秀的科技馆；对评估结果为良好的科技馆，适当安排一定额度的免费开放项目资金。对评估结果为合格的科技馆，归口管理部门要加强监督管理，督促完善各项规范制度，提高资金使用效益与科普效益；对评估结果不达标的科技馆，要进行通报批评和诫勉谈话，责令拿出具体的整改措施。

总之，只有建立健全科技馆绩效考核自评制度、年度考评制度与定期评估机制，把科技馆的自评、年度考评与定期评估结合起来，整改和淘汰不达标的科技馆，奖励和资助优秀科技馆，才能建立一支充满生机和活力的科技馆队伍，进一步增强科技馆功能，提升科技馆形象。

科技馆对个人的绩效考核评价，应该根据"绩效优先、兼顾公平"的原则，对科技馆免费开放中的职工贡献率进行考核，实行多劳多得、优劳优得，打破平均主义的传统分配制度。

当然，科技馆绩效考核评价，可以尝试引进公众参与的评价机制，让观众对于科技馆提供的产品和服务、对员工的服务态度与质量行使监督权、发言权和表决权。

因此，科技馆绩效考核评价机制的建立，有助于促进科技馆内部管理、绩效水平、服务质量及公众社会满意度的整体提升，有助于形成多劳多得、优劳优酬的良好氛围及调动职工工作积极性，是深化科技馆管理体制改革的一种有效尝试。

3. 转变发展理念，建立对外交流与合作机制

与国内外科技馆、科研院所、学校、企业开展交流与合作，进行科普展品展项联合研制开发，交流科普展览，开展科普人员的合作培训，实现科普

资源共享，促进多方互惠共赢。这是提高科技馆运行效率的重要举措。通过与学校等正规教育机构协同配合，开展形式多样、生动活泼的科普教育和科技培训服务等活动，使科技馆成为学校教育的第二课堂，强化科技馆的科普教育功能。加快"数字科技馆"建设步伐，通过科技文化信息资源共享工程和远程教育网络工程，推进网上科普场馆建设，实现科技馆与社会公众的网上互动。与商业企业合作，将安保、保洁等后勤服务实施外包，推动科技馆后勤服务的社会化，积极争取社会力量对科技馆免费开放的参与和支持。与公安、消防、卫生部门合作，建立安全联动机制，制订应急预案，及时化解和处理突发事件。

4. 以满足公众的多元化需求为目的，健全"以人为本"的科技馆服务体系

（1）强化服务意识。充分认识科技馆的社会公益性的深刻内涵，明确科技馆免费开放绝不仅仅是"开门迎客"，而应该"免费不免质"。"免费不免质"就是要免掉门票收入但不降低服务质量，为公众提供更多平等、便捷和无障碍的服务。

（2）改善服务设施。适当增设导览图、告示牌、导引牌、意见箱、观众留言台、座椅、垃圾箱、新型电子物品寄存柜、残疾人轮椅、无障碍电梯等公共设施，从而为观众提供更加人性化的公共服务；建立、健全安防、消防、卫生设施和应急设施，以确保观众和展品的安全；采取设立发票点、团体预约、派发参观卡、网上远程预约、制作指示牌、印发参观线路图、语音提示等办法，以保证展厅良好秩序和参观环境。

（3）健全服务制度。建立健全《免费开放管理办法》、《观众文明参观须知》、《展厅文明服务管理条例》和《免费开放突发事件应急预案》等管理制度，使免费开放管理规范化、科学化，使免费开放管理工作落到实处。

（4）增强服务能力。增加保安、清洁、导览、导购等相关工作人员，用科学的管理引导观众有序、文明参观；改善接待咨询的服务态度，提高参观讲解、宣传资料、观众参与的服务质量，拓宽科技馆服务领域；实施日总人数控制测算，建立健全预约领票或免费领票机制，合理适度分流人群，杜绝观众过度集中造成的安全隐患，提高参观效果和效率，以保证正常的参观环境和展品、观众的安全，保证参观质量。

（5）提升服务质量。免费以后，展馆工作人员无力应付过多观众，服务质量有可能下降。因此，号召员工坚持以人为本的服务理念，用科学的管理引导观众，用优质的展览和服务吸引观众，努力为公众提供更加优质、高效的服务。

（五）以创新展览为核心，不断增强科技馆的吸引力

公众不会因为门票免费，反复多次观看和参观科技馆多年不变的展品和展项。公众对于科学文化消费已逐渐趋于理性。不管免费还是打折，如果科技馆不能在科学文化资源的经营上发挥特色，挖掘公众欢迎的主题，并不断更新展品和陈列设计，那么科技馆的生存与发展就会面临更大的危机。因此，是否免费不是科技馆是否具有吸引力的根本要素，而科技馆新奇的内容、独特的展品、有特色的展示才是科技馆吸引公众的力量源泉。创新是科技馆保持旺盛的生命力和持久的吸引力之根本。

1. 科技馆展品展项创新

科技馆展品展项创新有多种途径：一是科技馆研发人员挖掘资源优势，根据公众的求知审美需求，开发出具有原创性的展品和展项，或打造出特色鲜明、雅俗共赏的精品展览；二是引进高校专家和科学家进行展品新项目的设计和研发；三是引进企业、科研院所的科研成果，鼓励并引导企业、科研院所将最新的科研成果和即将市场化的产品带入科技馆的展示领域，以进一步体现科技馆的公益、前沿与地方特色；四是引进国外各类优秀展品展项，不断拓宽科技馆现实与虚拟的展教平台。英国伦敦科学博物馆在展品展项创新方面的丰富经验，值得我们借鉴。英国伦敦科学博物馆每年从社会上招聘科普专家和科学家进行展品展项的设计和研发。同时，建立展品展项质量的跟踪反馈体系与社会公众需求的反馈渠道，不断地吸取新的设计理念、展示思路、研制方法，对展品展项不断加以改进和提高，从而使其不断进行创新，保持全世界处于领先地位。[①]

---

① 邵新贵、高华：《从英国的实践看我国科技社团与科技馆的创新与发展》，《学会》2010 年第 3 期。

2. 科技馆展示方式创新

有吸引力的科技馆，除了不断给公众提供新展品之外，还应采取丰富多彩的展示方式以吸引公众，让公众感受到科学的新奇和有趣，从而增强科技馆对公众的吸引力。因此，科技馆的展示创新尤为重要。

实现科技馆的展示创新可以采取以下方法：一是整合科技馆馆内资源，举办各种特色专题展览、巡回展览和形式多样的文化科技活动。如上海科技馆的生态灾变剧场、相对论剧场、人体模型演示剧场、作物园等特色专题展览；又如安徽科技馆的动手做科学实验广场、挑战惊奇科普互动剧，东莞科技博物馆的科技互动课以及与学校、社区互动的科普剧大赛等形式多样的特色文化科技活动。它们的一个共同特点是在创意、设计、制作和宣传推广等各个环节突出特色和新奇，以增强展品展览的表现力和感染力。二是采取全方位"引进来"、"走出去"的发展战略，开展馆际多元科普交流与合作。通过购买展品展项、引进常设展览、联合举办临时展览等多种形式，开展题材丰富多样、风格特色鲜明的多元化科普展览；以科普临展带动科普常展。三是依托专家学者智力库，围绕广大观众关注的热点话题举办专题讲座，与学校教育相配合开发设计适合不同年龄阶段学生的学习实践课程。如中国科技馆每年暑期与德国巴斯夫公司联合举办的"小小化学家"实验活动就是成功的范例。

因此，科技馆只有不断创新科普理念，创新科普活动的形式和手段，丰富科普活动的内容，创立品牌科普活动和特色科普活动，才能在激烈竞争中立于不败之地。科技馆免费开放，也只有通过展品展项创新和展示形式创新，开发新奇的内容、独特的展品、特色的展示以提升科普展览水平，不断增强科技馆的吸引力、感染力，才能实现科技馆事业的可持续发展。

案例篇

Case Study

B.6
全国科技馆免费开放情况专项调查报告

李朝晖 董 操 桂诗章*

摘 要:

为加快科技馆向社会免费开放政策的实施,2012年中国科协启动了全国科技馆免费开放有关情况的调研工作,深入了解全国科技馆的基本情况,特别是科协系统所属科技馆的免费开放情况,此报告为本次调查的研究报告。

关键词:

科技馆 免费开放 调查报告

为贯彻落实党的十七届六中全会精神,大力发展公益性文化事业,保障人民基本文化权益,加强文化馆、博物馆、图书馆、美术馆、科技馆等公共文化

---

* 李朝晖,博士、副教授,中国科普研究所研究人员。研究方向为科普理论与实践研究、评估理论与实践研究、信息技术与科学普及研究。董操,中国科协青少年科技中心研究人员。桂诗章,中国科学技术馆研究人员。

服务设施建设并完善向社会免费开放服务，落实国务院办公厅《听取全民科学素质行动计划纲要实施情况汇报的会议纪要》（国阅〔2011〕11 号）的要求，中国科协从 2012 年 4 月开始启动了全国科技馆免费开放有关调研工作。为进一步深入了解全国科技馆的基本情况，特别是科协系统所属科技馆的免费开放情况。

一　全国科普场馆的总体情况

通过两轮调查，本次调查收回全国 308 座科普场馆的有效数据。经统计，全国 308 座科普场馆中，综合性科技馆有 259 座（占 84.09%），非综合性科技馆有 49 座；科协系统的科普场馆有 250 座（占 81.17%），非科协系统的科普场馆有 58 座。可见，全国科普场馆大多为综合性科技馆，大多为科协系统归口管理。

按其综合性和归口管理的不同，全国各类科普场馆的具体数量如表 1 所示。

表 1　全国各类科普场馆的数量统计

单位：座

	科协系统	非科协系统	合计
综合性科技馆	226	33	259
非综合性科技馆	24	25	49
合　计	250	58	308

表 2　综合性科技馆的归口管理情况

单位：座，%

	科协系统	非科协系统	合计
数　　量	226	33	259
所占比例	87.26	12.74	100

由表 2 可见，259 座综合性科技馆中，科协系统有 226 座（名单见附件 1），非科协系统有 33 座（名单见附件 2），归口管理部门为科协系统的综合性科技馆居多。

表3   非综合性科技馆类科普场馆的归口管理情况

单位：座，%

	科协系统	非科协系统	合计
数　量	24	25	49
所占比例	48.98	51.02	100

由表3可见，49座非综合性科技馆类科普场馆（名单见附件3）中，归口管理部门科协系统和非科协系统各占一半。经统计，非科协归口管理部门以地方科技局、教育局居多。

表4   科协系统科普场馆的构成情况

单位：座，%

	综合性科技馆	非综合性科技馆	合计
数　量	226	24	250
所占比例	90.40	9.60	100

由表4可见，251座科协系统归口管理的科普场馆中，大多为综合型科技馆。

表5   非科协系统科普场馆的构成情况

单位：座，%

	综合性科技馆	非综合性科技馆	合计
数　量	33	25	58
所占比例	56.9	43.1	100

由表5可见，58座非科协系统归口管理的科普场馆中，综合性科技馆所占比例较大。

当然，考虑到本次调查重点是综合性科技馆，而且由于调查过程受限于归口管理的问题，故本次调查对青少年活动中心、科技中心、科普活动中心等非综合性科技馆的信息把握难免有诸多疏漏，对于已调查的49座非综合性科技馆的数据也没有进行细致分析，主要基于两点考虑：一是因为这些场馆的建筑面积、展厅面积以及展厅面积与建筑面积之比都较小，展教功能相对薄弱，观

众量较少，难以满足免费开放的基本要求；二是因为类似的科普场馆本次调查统计的很不全面，全国仅调查了不到50座，对这些数据进行细致分析也难以了解我国这些科普场馆的总体发展情况。

所以，本报告将重点分析259座综合性科技馆和226座科协系统综合性科技馆的有关情况。故本报告后文所提的"科技馆"，均指"综合性科技馆"，即以科学技术馆（简称"科技馆"）、科学馆、科学中心、科学宫等命名的，以科普展览为依托，以展览教育为主要形式，传播、普及科学的科普场馆。不包括有关行业、部门建设的具备类似功能的科技类博物馆，如天文馆、水族馆、动（植）物园、标本馆、自然博物馆等，也不包括青少年活动中心、青少年科学中心、科普活动中心、科技中心等科普场馆。

二 全国科技馆的总体情况（259座）

（一）归口管理情况

从归口管理来看，259座科技馆中有226座归属科协系统，33座归属非科协系统。归口管理部门大多为科协系统（占87.26%），后文将重点分析此类科技馆的情况。

33座非科协系统管理的科技馆中，有4座省级馆，分别为：上海科技馆（归属市科委）、广东科学中心（归属省科技厅）、江西省科技馆（归属省科技厅）、江苏省科技馆（归属省广播电视总台）。

（二）场馆级别情况

表6 科技馆的级别分布情况

单位：座，%

	国家级	省/部级	地/市级	县级	合计
数　量	1	31	115	112	259
所占比例	0.39	11.92	44.23	43.46	100

由表 6 可见，我国目前有 31 个省级科技馆（含在建筹建），其中，北京无省级馆（有国家级馆），广东省有 2 座省级馆，广东科学中心（归属省科技厅）和广东科学馆（归属省科协）。

　　同时，地市级科技馆和县级科技馆数量相当。但据资料表明：至 2011 年 9 月底，全国共有 332 个地级行政区划单位（其中，282 个地级市、17 个地区、30 个自治州、3 个盟），2854 个县级行政区划单位。根据本次调查，我国目前 34.64% 的地级行政区建设（含筹建）有科技馆，3.96% 的县级城市建设（含筹建）有科技馆。

（三）地域分布情况

表 7　科技馆的区域分布情况

单位：座，%

	东部	中部	西部	合计
数　　量	87	125	47	259
所占比例	33.59	48.26	18.15	100

　　由表 7 可见，经济发达的东部地区的科技馆的数量占 1/3，而中部地区的科技馆数量最多，这主要是由于 20 世纪 90 年代湖北和吉林两省建设了很多县级科技馆。拥有 10 座以上科技馆的有 7 个省（自治区），如表 8 所示。

表 8　拥有 10 座以上科技馆的省份

单位：座，%

省　　份	数量	占总量比例
湖北省	61	23.55
吉林省	32	12.36
广东省	26	10.03
辽宁省	14	5.40
山东省	10	3.86
安徽省	10	3.86
内蒙古自治区	10	3.86

三　全国科协系统科技馆的总体情况（226座）

经统计，截至2012年10月底，全国科协系统科技馆含新馆在建筹建的科技馆，共226座（名单见附件1）。

表9　全国科协系统科技馆的总体情况

单位：座，%

运行情况	数量	所占比例
正常运行	163	72. 12
非正常运行	32	14. 16
老馆停止运行、新馆在建筹建	22	9. 73
新馆在建筹建（无老馆）	9	3. 98
合　计	226	100

注：“正常运行”即指科技馆具有常设展厅，有展品，具备展教功能。“非正常运行”即指该科技馆本身不具备最基本的展教功能或常设展览。

若不含无老馆情况下正在建设或筹建的科技馆，则全国科协科技馆有217座。

由表9可见，226座科技馆可分为如下几种情况（具体名单见附件4）。

（1）正常运行的科技馆有163座，占72. 12%。后文将重点分析这部分科技馆的基本情况及全面免费情况。

（2）无常设展品或展教功能的“非正常运行”的科技馆有32座，占14. 16%。其中，有展教功能但无常设展览（仅开展巡展或其他活动）的科技馆6座，而常设厅无展品、无展教功能的科技馆则高达26座。其中有1座省级馆（河南）。

（3）老馆已停止运行、正在建设或筹建新馆的科技馆有22座，占9. 73%。这部分科技馆大多建设于20世纪八九十年代，其中有5座省级馆（山西、内蒙古、吉林、湖北、辽宁）；湖北省最多，有9座，占该类科技馆的 40.91%。

（4）无老馆但正在建设或筹建的科技馆有 9 座，占 3.98%。其中有 3 座省级馆（甘肃、西藏、海南）。

表 10　新馆建设（筹建）的类型及数量

单位：座

建设（筹建）基础		数量	省级馆分布情况
有老馆	正常运行	2	云南
	非正常运行	2	
	停止运行	22	山西、内蒙古、吉林、湖北、辽宁
无老馆	在建或筹建	9	甘肃、西藏、海南
合　计		35	9

经统计，226 座科技馆中，正在新建或筹建的科技馆有 35 座，占 15.48%。其中，有 26 座老馆正在进行建设或筹建新馆，其余 9 座新增的科技馆正在建设或筹建；涉及 9 座省级科技馆，占同类科技馆的近 1/4（见表 10）。

由此表明：从总体上看，目前全国科协系统的科技馆整体上运行基本良好，但也有不少科技馆已失去科技馆基本功能，相关问题亦不容忽视，同时，新馆建设还有不小的发展空间，尤其是省级馆的建设上。

表 11　拥有 10 座以上科协系统科技馆的省份

单位：座，%

省　份	数　量	所占比例
湖北省	61	26.99
吉林省	32	14.16
广东省	14	6.19
辽宁省	13	5.75

另经统计，226 座科技馆中，拥有超过 10 座科技馆的有 4 个省（见表 11），其中湖北省的科技馆数量已超过全国科技馆数量的 1/4。

四　科协系统正常运行科技馆的基本情况（163 座）

（一）场馆分布情况

目前，全国科协系统正常运行的科技馆共 163 座（见附件 5）。

表 12　正常运行科技馆的地域分布情况

单位：座，%

	数　量	所占比例
东部	58	35.58
中部	79	48.47
西部	26	15.95
合计	163	100

由表 12 可见，从地域分布情况来看，东部有 58 座，中部有 79 座，西部有 26 座。中部科技馆数量最多，占近一半，西部最少。

若以省份为单位，拥有超过 10 座正常运行科技馆的仍为湖北省、吉林省、广东省和辽宁省 4 省（见表 13），其中湖北省的正常运行科技馆数量为全国数量的 1/4。

表 13　拥有 10 座以上正常运行科技馆的省份

单位：座，%

省　份	数　量	所占比例
湖北省	40	24.54
吉林省	17	10.43
广东省	13	7.98
辽宁省	11	6.75

目前，山西省、海南省和西藏 3 个省（区）无科协系统正常运行的科技馆。

（二）场馆规模情况

通过对 163 座科技馆的建筑面积进行统计与分析，我们可以发现（见表14）以下几点。

表14　正常运行科技馆的建筑规模情况

建筑面积（平方米）	数量（座）	比例（%）	合计	比例（%）
30000 以上	8	4.91	56	36.36
15000～30000	11	6.75		
8000～15000	20	12.30		
5000～8000	17	10.43		
3000～5000	28	17.18	107	65.64
1000～3000	51	31.29		
1000 以下	28	17.18		
合　计	163	100	163	100

（1）建筑面积30000平方米以上（含）的科技馆有8座，东部和西部各4座，中部无（见表15）。

表15　建筑面积 30000 平方米以上的 8 座正常运行科技馆

单位：平方米

序号	场馆名称	建筑面积	序号	场馆名称	建筑面积
1	中国科技馆	102000	5	南京科技馆	34000
2	重庆科技馆	45300	6	青海省科技馆	33179
3	四川科技馆	41800	7	浙江省科技馆	30452
4	广西壮族自治区科技馆	38988	8	河北省科技馆	30000

（2）建筑面积为 1000～3000 平方米的科技馆数量最多，有 51 座，占31.29%。

（3）建筑面积 5000 平方米以上（含）的科技馆有 56 座（名单见附件4），占34.36%，而建筑面积小于 5000 平方米的科技馆却多达 107 座，占65.64%，约占总数的2/3。也就是说，如果按照《科学技术馆建设标准》提

出的"科技馆的建筑面积不宜小于 5000 平方米"标准，目前科协系统正常运行的科技馆中只有 1/3 是达标的。

（三）场馆建成开放时间

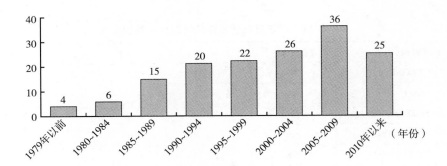

图 1　各时期科技馆建成开放的情况（总数：154 座）

科协系统正常运行的 163 座科技馆中，从 154 座科技馆上报的有效数据来看（见图 1），目前正常运行的科技馆从 20 世纪 80 年代后期开始得到迅速发展，各时期场馆建成开放数量不断提高，2005～2009 年建成开放的科技馆有 36 座，2010 年以来不到三年的时间已建成开放 25 座科技馆。

若以年份为单位，2009 年建成开放科技馆 11 座，为历史最高；其次是 2010 年和 2011 年，均为 10 座。

当然，这里的数据仅反映目前正在正常运行的科技馆的情况，不包括科协系统非正常运行、甚至停止运行的科技馆（共 54 座，多建成开放于 20 世纪 90 年代）以及非科协系统科技馆的情况。

（四）场馆观众量情况

公众参观量是科技馆发挥展教功能的重要指标。科协系统正常运行的 163 座科技馆中，2011 年全年主展厅公众参观量收回 155 座科技馆的有效数据（含当年年中开放的科技馆，数据已按全年估算，不含当年尚未开放或改造未完全开放的情况）。

表16　正常运行科技馆观众量的情况

参观量(万人次)	数量(座)	所占比例(%)	
100以上	2	1.29	7.10
50~100	9	5.81	
10~50	25	16.13	27.09
5~10	17	10.96	
1~5	63	40.65	65.81
0.5~1	19	12.26	
0.5以下	20	12.90	
合　计	155	100	100

经统计，这155座科技馆2011年公众参观总量为1793.75万人次，平均观众量为11.57万人次。从表16可见，科技馆观众量的差距非常大，分布很不均。超过50万人次观众量的科技馆仅占7.1%，低于0.5万人次的12.9%，即观众量不足5000人次的科技馆比观众量超过50万人次的更多；1万~5万人次观众量的科技馆最多，达40.65%；5万人次以下观众量的科技馆占近2/3，1万~10万人次观众量的科技馆超过一半。表明科协系统正常运行科技馆的观众量集中在10万人次以内。

观众量超过50万人次的11座科技馆分别是：中国科技馆、重庆科技馆、青海省科技馆、湖南省科技馆、临沂市科技馆、四川科技馆、威海市科技馆、黑龙江省科技馆、南京科技馆、浙江省科技馆、深圳市科学馆。建筑面积均大于5000平方米。

值得一提的是，经统计，这11座大型科技馆2011年观众量总和达1034.6万人次，占155座科技馆2011年观众总量的57.68%，即这11座大型科技馆的观众量远超过余下145座科技馆的观众量。

同时也有不少科技馆年观众量不足5000人次，应引起重视。

五　科协系统正常运行科技馆的全面免费开放情况

考虑到第一次调查发现不少科技馆即便填写免费开放情况，但其范围、时段、空间等情况均不明晰或维度不一，难以统计，结合科技馆免费开放工作的重点（常设展厅全面免费），第二次调查将"全面免费"明确界定为常设展厅（或称主展厅，不含临时展厅、儿童展厅、儿童科学乐园、儿童乐园等）在开馆时间内的所有时段对所有人均实行免费的情况。

（一）免费开放的总体情况

表17　全面免费开放的总体情况

单位：座，%

省　份	数量	所占比例
全面免费	132	80.98
未全面免费	31	19.02
合　计	163	100

由表17可见，从总体上看，163座科技馆常设展厅全面免费的科技馆有132座，占80.98%，未全面免费的科技馆仅有31座，占19.02%，不到总量的1/5。

由此表明：从整体上看，全国科协系统正常运行的大部分科技馆在主展厅都实行了全面的免费开放。

（二）全面免费开放与地域的关系

表18　全面免费开放科技馆的地域分布情况

单位：座，%

	总数	免费数量	占同区域比例	占免费总数比例
东部	58	45	77.59	34.09
中部	79	66	83.54	50.00
西部	26	21	80.77	15.91
合计	163	132	—	100

从地域分布来看，各地区免费开放情况大致与全国免费比例（81.1%）趋同，差异不大，而各地区免费开放情况占全国免费开放科技馆的比例，也与

本地区科技馆数量占全国数量的比例相差无几（见表18）。

可见，科技馆的免费开放情况与地域分布关系不大。

（三）全面免费开放与场馆规模的关系

从建筑规模来看，科技馆的免费开放情况与建筑面积有着极其明显的关系。

表19 全面免费开放科技馆的建筑规模情况

单位：座，%

建筑面积（平方米）	总数	免费数量	占同规模比例	占免费总数比例	免费数量	占同规模比例	占免费总数比例
30000 以上	8	1	12.5	0.76	31	55.36	23.49
15000~30000	11	5	45.45	3.79			
8000~15000	20	13	65.00	9.85			
5000~8000	17	12	70.59	9.09			
3000~5000	28	26	92.86	19.70	101	94.39	76.51
1000~3000	51	47	92.16	35.60			
1000 以下	28	28	100	21.21			
合　计	163	132	—	100	132	—	100

从表19可见，随着建筑面积的依次增大，同规模区域科技馆的免费开放比例就依次递增，如建筑面积30000平方米以上的8座特大型科技馆中，只有1座科技馆实行全面免费（青海省科技馆），仅占12.5%，而建筑面积1000平方米以下的科技馆其全面免费比例却达到100%。若以建筑面积5000平方米为界，5000平方米以上的56座科技馆中有55.36%的科技馆已全面免费（名单见附件6）；而5000平方米以下的107座科技馆，有101座科技馆全面免费，比例高达94.39%，仅有6座科技馆未全面免费。

由此表明：科技馆是否全面免费与建筑面积的大小成反比，即科技馆建筑面积越大，全面免费的比例越低。

（四）全面免费开放与场馆建成开放时间的关系

表 20　全面免费开放科技馆的建成开放时间情况

单位：座，%

时间	建成开放数量	免费开放数量	所占比例
1979 年以前	4	4	100
1980～1989 年	21	20	95.24
1990～1999 年	42	36	85.71
2000～2009 年	62	45	72.58
2010 年至今	25	18	72
合计	154	123	79.87

通过对 154 座上报有效建成开放时间的科技馆的免费开放情况的统计（见表 20），可见随着建成开放时间的推移，科技馆全面免费的比例逐渐降低。20 世纪 80 年代以前建成的 4 座科技馆已全部全面免费，80 年代的比例也高达95.24%，远高于平均水平（79.87%），2000 年以来建成开放的科技馆全面免费开放的比例都低于平均水平。

由此表明，科技馆全面免费开放与建成开放时间长短成正比，即建成开放时间越长，全面免费开放的比例越高。

（五）全面免费开放与场馆观众量的关系

经统计，155 座上报 2011 年全年观众量有效数据的科技馆中，有 127 座科技馆全面免费开放，占 81.41%。

表 21　全面免费开放科技馆的观众量的情况

观众量（万人次）	总量（座）	免费开放数量（座）	所占比例（%）
50 以上	11	2	18.18
10～50	25	15	60
5～10	17	12	70.58
1～5	63	58	92.06
1 以下	39	39	100

由表 21 可见，科技馆的观众量与是否全面免费也有着密切的关系。观众量 50 万人次的科技馆全面免费的比例仅有 18.18%，远低于平均水平，而观众量 1 万人次以下的科技馆则全部全面免费开放。而且随着观众量的减少，全面免费开放的比例逐渐增加。

由此表明：科技馆全面免费开放与观众量的多少成反比，即观众量越大，全面免费开放的比例越低。

综上所述，目前全国科协系统正常运行的大部分科技馆均已实行了全面免费开放，科技馆的全面免费开放与地域的关系不大，而与科技馆场馆规模的大小、建成开放时间的长短和观众量的多少有密切关系，即场馆规模越大，全面免费开放的科技馆就越少；建成开放时间越长，全面免费开放的科技馆就越多；观众量越大，全面免费开放的科技馆就越少。

六　科技馆实行免费开放的原因分析

科技馆作为向公众提供科普服务、保障人民群众基本文化权益的重要阵地，具有鲜明的公益性特征。实行科技馆免费开放，充分向社会展示科技馆的科学教育功能，有利于激发青少年的科学兴趣，有利于提升公众的科学素质。

通过对已实行免费开放科技馆的调查，其免费开放的原因主要有以下三种情况。

（一）主动型免费

综合条件较好、正常运行的科技馆实行免费开放主要考虑的国家政策，如 2004 年 10 月中央十二部委颁发了《关于公益性文化设施向未成年人免费开放的实施意见》（文办发〔2004〕33 号）使博物馆、纪念馆免费向公众开放。在此情况下，社会要求科技馆也免费开放。一些科技馆考虑科技馆同样是属于公益性文化设施，就以社会责任为重，积极响应社会呼声，向同级政府反映和要求实行免费开放政策，体现科技馆的公益性。同时，通过免费开放，可以更好地发挥科技馆的科普教育展示功能、最大

限度地提高科技馆资源的利用率和社会效益。持此种想法的在已实行免费开放的省级科技馆中更为突出，同时还有一些条件较好的市级科技馆。可将这种类型称之为"主动型免费"，如对未成年人免费开放的达标科技馆和全免费开放的达标科技馆，这些科技馆都是主动、有计划性地实施免费开放，这类科技馆数量不是很多，但是承载了大部分的免费开放科技馆的接待量。

（二）被动型免费

一些综合条件较差，但可维持正常运行的科技馆也实行免费开放，其主要考虑的一是科技馆是公益性场馆，应让广大公众参观；二是如果采取收费，科技馆对公众的吸引力将大大减弱，很可能将会导致没有人愿意花钱来参观。这些科技馆规模都不大，展厅面积和展品数量也较为有限，对公众具备一定的吸引力，但是不强烈。同时，这些科技馆所在地区城市人口少、流动人口也少。综合考虑，这些科技馆也决定实行免费开放政策，吸引更多的参观者，履行其科普职责，承担其社会责任。有这样考虑的在已实行免费开放的市级、县级科技馆中居多，科技馆的建筑面积和展厅面积都相对较少。可将这种类型称之为"被动型免费"。

（三）政策型免费

部分科技馆根据当地政府"公民科学素质行动计划"、"科普实施方案"等相关政策要求而实施免费开放。如湖北省政府、省科协下发文件，要求和鼓励县级科技馆免费开放；按照营口市委、市政府的政策精神，营口市科技馆免费开放成为一项科普惠民的举措。可将这种类型称之为"政策型免费"。"政策型免费"的科技馆与"被动型免费"的科技馆的情况差不多，自身运行能力不强，政府要求免费开放，就顺坡下驴，将本已处于半"歇业"状态或"准歇业"状态的科技馆对公众开放。由于投入资金的不足，这两类科技馆大都无力主动开展更多更好的科普展览和活动，只能"等、靠、要"而打发日子。

七　科技馆免费开放面临的困境

（一）安全防范系统承受更大压力

许多未免费开放的大型场馆普遍反映，担忧由于参观人流量激增，会导致运行保障压力加大，造成参观者的公共安全和展品安全等问题。随着参观公众增多，科技馆的接待能力无法满足公众需求，服务质量难以保证；馆内秩序易造成混乱、卫生脏乱，存在较大安全隐患；管理难度加大，个别观众素质低下、无理取闹，寻衅滋事的事件时有发生。

（二）科普专业人才缺口加大

由于参观人数增加，导致展品使用率提高，部分展项过度操作，展品损坏、停机现象增多，展品损坏率增高、破坏程度更加严重。如湖南省科技馆免费开放不到 2 个月，由于参观人数较多，工作人员数量不足，很多展项模型被损坏，无法运行。如何保证科技馆免费开放"免费不免质"，对项目开发、馆内管理、科普辅导、保安等科技馆人员提出更高、更新要求，而现有人才队伍状况不能满足需求，人才缺口正在逐步增大。

（三）运行管理成本急剧增加

免费开放后，展品设备保养、维修费用，人员增加等费用大幅增加。观众量的激增，以及观众素质的参差不齐，加剧了展品的损坏及老化程度，使展品的维修和更新费用大幅度提高。如安徽省科技馆在 2012 年 1 月免费开放以来，展品损坏率增加了 30% 以上。参观人数大量增加导致场馆的水、电、气消耗量均大幅增加，若财政补贴不到位或不足，将导致科技馆的运行经费缺口增大。

（四）观众对"免费"的误读

一些观众对科技馆"免费"的认识方面不够全面。如观众将科技馆常设

展厅对观众免费误认为是整座科技馆的所有项目都是免费的。观众对"免费"的误读，易使其与工作人员产生矛盾冲突。同时，一些公众公共意识淡薄。很多公众把免费的科技馆展厅当成休闲度日、避暑乘凉的地方，占用公共资源、影响正常参观，一些不文明现象随之而来。科技馆应改变以前的管理模式，采取行之有效的科学管理和服务，来处理好观众与科技馆的关系。

八 对科技馆免费开放的建议

（一）建立多元的运行经费保障渠道

目前国际上盛行的科技馆经费保障渠道是政府投资、社会捐赠和自营收入相结合，并且取得较好的效果。政府资助一般只占科技馆年度支出的一部分，自营收入和向社会集资是科技馆持续经营的重要力量。

我国科技馆的日常运行经费由政府拨款、社会赞助和自营收入三方面构成。但是，由于我国的社会发展水平、企业观念和经济实力决定了社会捐助在一段时间内不会普遍，其水平也不会太高。同时，由于公众参观科技馆的意识薄弱和受收入水平限制，大部分科技馆的自营收入也不可能太高，因此，政府财政拨款在今后相当长的一段时间内还是我国科技馆日常运行经费主要的来源。同时国外科技馆的运行经费中，政府拨款的比例也呈增长态势。

由于我国政府拨款有限，使得我国科技馆普遍存在运行资金不足的现象。这也是几乎所有的科技馆都赞成或有条件地赞成科技馆免费开放的根本原因。这些科技馆希望借助科技馆的免费开放，获得稳定充裕的运行经费，保障科技馆科普展览的开展、展品的日常维护与更新、科普讲座和培训等活动的开展、新展览展品的研制与开发等。

政府对科技馆运行经费的支持应该有明确的政策或法规依据，各级政府财政如何保证科技馆的运行经费需求应有相关政策或法规条款予以明确。从我国科技馆运行经费的实际来源及国际上的科技馆政府拨付比例的增长看，我国科技馆要健康发展和成长壮大，必须坚持政府投入在科技馆运行经费中的主体地位，同时积极寻求和引导社会捐助。

各级政府除了给予科技馆稳定足额的资金支持外，还应借鉴国外经验，积极出台相关政策，大力营造企业和个人愿意赞助科技馆事业的氛围，同时鼓励和支持建造非公立的公益性科技馆。

（二）建立灵活的人员管理制度

免费开放将导致科技馆一定时间内观众流量增加，这就需要科技馆有更多的人员提供服务。而专业人员不足恰恰也是目前阻碍我国科技馆事业发展的一个重要因素。各科技馆一方面争取增加人员编制，增强科技馆的日常服务能力和水平；另一方面，科技馆也在积极招募志愿者，利用志愿者的服务增强科技馆特定时间段的服务能力和水平。

在保障运行经费的前提下，科技馆管理部门应出台较之现行制度更为灵活的科技馆专业人员管理制度，如科技馆的人员配备标准、岗位绩效考核标准、激励政策、人员交流与培训体系等。利用灵活的人才管理制度，改善现有科技馆的专业人员短缺的矛盾，激发科技馆在编人员和志愿者的积极性，提升科技馆的整体服务能力和水平。

（三）建立系统的评估体系

随着科技馆免费开放政策的推出，应及时构建科技馆免费开放评估体系，评估每座免费开放科技馆的免费开放效果、相关的社会效益等。

1. 资格评估

全国科技馆免费开放不实行"一刀切"，而是实行"资格制"。由相关管理部门和研究机构共同设计一套科技馆免费开放的资格认证指标体系，对拟将实行免费开放的科技馆进行资格考核（刚开始实行时也可以简化为科技馆达标评估），通过的科技馆将获得免费开放资格，同时也获得免费开放的专项财政资金。另外，可以将科技馆免费开放的资格分为不同的类别（Ⅰ级、Ⅱ级、Ⅲ级），每座类别的资助金额不同。

2. 效果评估

给免费开放资格设定一个期限，我们建议该期限为 1 年。科技馆通过获得的专项财政资金，经过 1 年的免费开放实践，管理部门应该对其免费开放的效

果进行评估，并依据评估的结果，决定该科技馆是否继续获得科技馆免费开放资格及获得什么类别的财政资金资助。

3. 过程监测

在科技馆实施免费开放的过程中，管理部门可以根据相关规则选取或随机抽取一些科技馆，进行不定期的考评，考查科技馆执行免费开放的力度，如资助资金是否做到专款专用，相关要求是否落实，等等。通过过程监测，推动科技馆认真做好免费开放，切实将免费开放的专项资金落实在科技馆的免费开放中。

通过一个系统的评估体系，及时发现科技馆免费开放中存在的问题，总结好的经验，完善管理，促进科技馆免费开放及科技馆事业的发展。为保证评估的公平和公正，评估可以委托独立的第三方进行。支撑评估的相关费用应统筹安排在科技馆免费开放专项财政资助资金中。

（四）建立科学的组织保障机制

按照全国推进公共文化机构免费开放工作的总体要求和安排，由中国科协、中宣部、财政部统筹推进全国科技馆免费开放工作。各级科协、宣传、财政部门应加强对科技馆免费开放工作的组织领导，将免费开放作为公共文化服务体系建设的重点工作，纳入重要议事日程和财政预算。应建立统筹协调、密切配合、分工协作的工作机制，加强免费开放工作的组织和领导。同时应注重对非科协系统科技馆免费开放工作的推动和引导，建立各相关部门有效的沟通合作机制，多方努力共同推进科技馆免费开放工作。

附件：

1. 全国科协系统科技馆名单（226 座）
2. 全国非科协系统综合性科技馆名单（33 座）
3. 全国非综合性科技馆类科普场馆名单（49 座）
4. 全国科协系统科技馆的总体运行情况（226 座）
5. 全国科协系统正常运行科技馆名单及免费开放情况（163 座）
6. 全国科协系统建筑面积 5000 平方米以上正常运行科技馆的名单（56 座）

附件 1

全国科协系统科技馆名单（226 座）

序号	省份	场馆名称	运行情况（不注明表示正常运行）
1	北京	中国科技馆	
2		通州区科技馆	
3		门头沟区科技馆	
4	天津	天津科技馆	
5	河北	河北省科技馆	
6		保定市科学宫	
7		唐山科技馆	非正常运行，新馆筹建
8		张家口市科技馆	
9	山西	山西省科技馆	停止运行，新馆在建
10		临汾市科技馆	无展品，无展教功能，新馆筹建
11	内蒙古	内蒙古自治区科技馆	停止运行，新馆在建
12		呼伦贝尔市科技馆	停止运行，新馆在建
13		满洲里市科技馆	
14		乌兰察布市科技馆	停止运行，新馆在建
15		呼和浩特市科技馆	
16		鄂尔多斯市科技馆	
17		通辽市科技馆	停止运行，新馆在建
18		乌拉特后旗科技馆	
19		科尔沁右翼前旗科技馆	
20	辽宁	辽宁省科技馆	停止运行，新馆在建，2013 年建成
21		营口市科技馆	
22		大连市科技馆	
23		鞍山科技馆	
24		丹东市科技馆	
25		抚顺市科技馆	
26		阜新市科技馆	
27		葫芦岛市科技馆	
28		锦州市科技馆	非正常运行
29		辽阳市科技馆	
30		铁岭市科学馆	
31		岫岩县科技馆	
32		朝阳市科技馆	

续表

序号	省份	场馆名称	运行情况（不注明表示正常运行）
33	吉林	吉林省科技馆	停止运行,新馆在建,已完工
34		大安市科技馆	
35		白城市洮北区科技馆	无展品,无展教功能
36		白城市洮南市科技馆	
37		镇赉县科技馆	
38		白山市长白县科技馆	
39		公主岭市科技馆	无展品,无展教功能
40		四平市科技馆	
41		德惠市科技馆	
42		长春市双阳区科技馆	
43		桦甸市科技馆	
44		吉林市科技馆	无展品,无展教功能
45		蛟河市科技馆	
46		磐石市科技馆	无展品,无展教功能
47		白山市靖宇县科技馆	
48		梨树县科技馆	
49		伊通县科技馆	
50		长岭县科技馆	无展品,无展教功能
51		前郭县科技馆	无展品,无展教功能
52		集安市科技馆	
53		通化市科技馆	无展品,无展教功能
54		梅河口市科技馆	
55		辉南县科技馆	
56		和龙市科技馆	无展品,无展教功能
57		图们市科技馆	
58		延边朝鲜族自治州科技馆	停止运行,新馆在建,2013 年开馆
59		九台市科技馆	无展品,无展教功能
60		通榆县科技馆	
61		抚松县科技馆	无展品,无展教功能
62		永吉县科技馆	无展品,无展教功能
63		双辽市科技馆	无展品,无展教功能
64		松原市宁江区科技馆	无展品,无展教功能
65	黑龙江	黑龙江省科技馆	
66		哈尔滨科学宫	
67		伊春市科技馆	
68		穆棱市科技馆	

续表

序号	省份	场馆名称	运行情况(不注明表示正常运行)
69	上海	静安区科技馆	
70		松江区科技馆	
71	江苏	南京科技馆	
72		南通科技馆	
73		灌南县科技馆	
74		海安县科技馆	
75	浙江	浙江省科技馆	
76		杭州市余杭区科技馆	
77		温州科技馆	
78		绍兴科技馆	
79		金华市科技馆	
80		余姚市科学馆	停止运行,新馆在建
81		嘉兴市科技馆	
82		湖州市科技馆	
83		兰溪市科技馆	
84	安徽	安徽省科技馆	
85		安庆科技馆	
86		合肥市科技馆	
87		怀宁县科技馆	
88		芜湖科技馆	
89		桐城市科技馆	
90		铜陵市科技馆	
91		滁州市科技馆	新馆在建
92		蚌埠市科技馆	停止运行(火灾),新馆筹建
93	福建	福建省科技馆	
94		福州科技馆	
95		泉州市科技馆	
96		漳州科技馆	
97		晋江市科技馆	
98		建阳市科技馆	
99		厦门市同安区科技馆	
100	江西	上饶市科技馆	
101		抚州市科技馆	无展品,无展教功能
102		赣州科技馆	
103		吉安市科技馆	
104		新余市科技馆	无展品,无展教功能

续表

序号	省份	场馆名称	运行情况(不注明表示正常运行)
105	山东	山东省科技馆	
106		泰安市科技馆	
107		临沂市科技馆	
108		淄博市科技馆	
109		高密市科技馆	
110		青岛市科技馆	停止运行,新馆在建
111		威海市科技馆	
112		枣庄市科技馆	无展品,无展教功能
113	河南	河南省科技馆	无展品,无展教功能
114		济源市科技馆	
115		南阳市科技馆	
116		郑州科技馆	
117		方城县科技馆	
118		濮阳市科技馆	
119	湖北	湖北省科技馆	停止运行,新馆在建
120		武汉科技馆	老馆正常运行,新馆在建
121		鄂州市科技馆	
122		红安县科技馆	停止运行,新馆在建
123		黄冈市科技馆	
124		黄梅县科技馆	
125		麻城市科技馆	停止运行,新馆在建
126		蕲春县科技馆	
127		武穴市科技馆	
128		浠水县科技馆	
129		英山县科技馆	
130		黄石市科技馆	停止运行,新馆在建
131		阳新县科技馆	
132		荆门市科技馆	
133		洪湖市科技馆	
134		荆州市荆州区科技馆	无展品,无展教功能
135		荆州市科技馆	
136		石首市科技馆	
137		松滋市科技馆	
138		潜江市科技馆	
139		丹江口市科技馆	
140		十堰市科技馆	

续表

序号	省份	场馆名称	运行情况(不注明表示正常运行)
141		郧西县科技馆	无展品,无展教功能
142		竹山县科技馆	
143		竹溪县科技馆	
144		广水市科技馆	
145		仙桃市科技馆	
146		赤壁市科技馆	
147		崇阳县科技馆	
148		嘉鱼县科技馆	
149		通城县科技馆	停止运行,新馆筹建
150		咸宁市科技馆	
151		襄阳市科技馆	
152		应城市科技馆	非正常运行新馆筹建
153		长阳县科技馆	无展品,无展教功能
154		当阳市科技馆	停止运行,新馆在建
155		五峰县科技馆	无展品,无展教功能
156		兴山县科技馆	无展品,无展教功能
157		宜昌市科技馆	
158		宜都市科技馆	
159	湖北	秭归县科技馆	
160		枝江市科技馆	非正常运行
161		京山县科技馆	
162		钟祥市科技馆	停止运行,新馆在建
163		江陵县科技馆	无展品,无展教功能
164		武汉市蔡甸区科技馆	
165		武汉市东西湖区科技馆	非正常运行
166		恩施土家族苗族州科技馆	
167		鹤峰县科技馆	
168		建始县科技馆	
169		来凤县科技馆	
170		利川市科技馆	停止运行,新馆筹建
171		咸丰县科技馆	停止运行,新馆筹建
172		宣恩县科技馆	
173		大冶市科技馆	
174		南漳县科技馆	
175		襄阳市襄州区科技馆	
176		安陆市科技馆	
177		汉川市科技馆	无展品,无展教功能
178		云梦县科技馆	停止运行,新馆在建

序号	省份	场馆名称	运行情况（不注明表示正常运行）
179	湖南	湖南省科技馆	
180		邵阳市科技馆	
181		岳阳市科技馆	
182	广东	广东科学馆	非正常运行
183		东莞科学馆	
184		中山科学馆	
185		惠州科技馆	
186		河源市科技馆	
187		揭阳市科技馆	
188		深圳市科学馆	
189		信宜科学馆	
190		汕尾市科技馆	
191		韶关市科技馆	
192		韶关市新丰县科技馆	
193		韶关市曲江区科技馆	
194		阳西县科技馆	
195		广宁县科技馆	
196	广西	广西壮族自治区科技馆	
197		柳城县科技馆	
198		柳州科技馆	
199	海南	海南省科技馆	新馆筹建
200	重庆	重庆科技馆	
201	四川	四川科技馆	
202		攀枝花市科技馆	
203		达州科技活动馆	
204		德阳市科技馆	新馆筹建
205	贵州	贵州省科技馆	
206		毕节市科技馆	新馆在建
207	云南	云南省科技馆	老馆正常运行，新馆在建
208		石林县民族科技馆	
209		宁蒗县科技馆	
210		禄丰县科技馆	
211	陕西	陕西省科技馆	
212		延安市科技馆	新馆在建，2013年开馆
213		宝鸡市科技馆	停止运行，筹建新馆
214		榆林市科技馆	
215		西安市科技交流馆	无展品，无展教功能

续表

序号	省份	场馆名称	运行情况（不注明表示正常运行）
216	甘肃	甘肃省科技馆	新馆在建
217		张掖市科技馆	
218		甘南藏族自治州科学宫	
219	青海	青海省科技馆	
220	宁夏	宁夏回族自治区科技馆	
221		盐池科技馆	
222	新疆	新疆科技馆	
223		乌鲁木齐市科技馆	
224		疏附县科技馆	
225		精河县科技馆	新馆在建
226	西藏	西藏自治区科技馆	新馆在建

附件 2

全国非科协系统综合性科技馆名单（33 座）

序号	省份	场馆名称	归口管理
1	北京	海淀科技馆	区科委
2		石景山科技馆	区科委
3		丰台科技馆	区科委
4		延庆科技馆	县教委
5	河北	正定县科技馆	非科协
6		霸州市科技馆	市华夏民间收藏馆
7	辽宁	沈阳科学宫	非科协
8	上海	上海科技馆	市科委
9	江苏	江苏省科技馆	省广播电视总台
10		无锡科技馆	市文化艺术管理中心
11		盐城市科技馆	市科技局
12	福建	厦门科技馆	厦门路桥建设集团有限公司
13	山东	青岛市李沧区科技馆	区教体局
14		沂水县科技馆	县科技局
15	广东	广东科学中心	省科技厅
16		东莞市科技博物馆	市科技局
17		佛山科学馆	市科技局
18		深圳市宝安区科技馆	区科技创新局
19		汕头科技馆	市科技局
20		台山市科技馆	市科技局
21		阳江市科技馆	市科技工业和信息化局

序号	省份	场馆名称	归口管理
22	山西	清徐科技馆	县科技局
23	黑龙江	大庆科技馆	非科协
24	河南	濮阳市光华科技馆	市气象局
25	江西	江西省科技馆	省科技厅
26	内蒙古	乌海市科技馆	非科协
27	四川	宜宾科技馆	市科技局
28	云南	瑞丽市民族科技馆	市科技局
29	甘肃	金昌市科技馆	非科协
30		金川县科技馆	非科协
31	新疆	昌吉回族自治州科技馆	州科技局
32		喀什市科技馆	市科技局
33		霍城县科技馆	县科技局

附件3

全国非综合性科技馆类科普场馆名单（49座）

序号	省份	场馆名称	归口管理
1	北京	西城区青少年科技馆	西城区教育委员会
2	上海	上海科技发展展示馆	科协
3		上海航宇科普中心	上海航空工业(集团)有限公司
4		上海健康生活体验馆	科协
5	江苏	如皋科技展示馆	如皋市科技局
6		吴江市青少年科技文化活动中心	吴江市教育局
7		东海县青少年科技活动中心	科协
8		启东市青少年科技馆	科协
9	浙江	慈溪市青少年科学探索中心	科协
10		衢州市科普活动中心	科协
11		衢州市衢江区科普活动中心	科协
12		龙游县科普活动中心	科协
13		衢州市柯城区科普活动中心	科协
14		开化县科普活动中心	科协
15		江山市科普活动中心	科协
16		常山县科普活动中心	科协
17		金东区科普活动中心	金东区实验小学
18		杭州市科技工作者服务中心	科协

续表

序号	省份	场馆名称	归口管理
19	福建	中国长乐院士馆	科协
20	广东	广东省土壤科学博物馆	广东省科学院
21		广州青少年科技馆	科协
22		肇庆市科技中心	肇庆市科学技术局
23	海南	海南省科技活动中心	科协
24	黑龙江	北安市青少年活动中心	科协
25		佳木斯市少年科技馆	佳木斯市教育局
26		黑河市科技活动中心	科协
27		牡丹江市青少年宫	共青团牡丹江市委员会
28		七台河市青少年活动中心	七台河市教育局
29		七台河市青少年宫	团市委
30		齐齐哈尔市科普中心	科协
31		绥芬河市信息中心	绥芬河市科信局
32		绥芬河市青少年校外活动中心	绥芬河市教育局
33		铁力市青少年校外活动中心	铁力市文化广电体育局
34	江西	江西省宜丰县科普教育馆	科协
35	湖北	武汉市江汉区青少年科技馆	非科协
36		夷陵区青少年活动中心	非科协
37	湖南	长沙市科技活动中心	科协
38		芙蓉区科普艺体中心	芙蓉区科技局
39	云南	云南省青少年科技中心	科协
40		玉溪市红塔区青少年科技活动中心	科协
41	新疆	阜康市青少年活动中心	阜康市教育和科学技术局
42		吉木萨尔县文博中心	科协
43		玛纳斯县青少年活动中心	玛纳斯县教育和科学技术局
44		墨玉青少年校外活动中心	墨玉县教育局
45		阿克陶县青少年活动中心	阿克陶县教育局
46		阿图什市青少年活动中心	阿图什市教育局
47		乌恰县青少年活动中心	乌恰县文化体育广播影视局
48		焉耆县青少年活动中心	焉耆县教科局
49		民丰县青少年校外活动中心	民丰县教育和科学技术局

附件 4

<h2 style="text-align:center">全国科协系统科技馆的总体运行情况（226 座）</h2>

运行情况		场馆名称	数量	合计
正常运行		略（名单见附件 5）	163	
非正常运行	无常设展品，但有展教功能	唐山科技馆、锦州市科技馆、应城市科技馆、枝江市科技馆、武汉市东西湖区科技馆、广东科学馆	6	226
	无展品，无展教功能	河南省科技馆、临汾市科技馆、白城市洮北区科技馆、公主岭市科技馆、吉林市科技馆、磐石市科技馆、长岭县科技馆、前郭县科技馆、通化市科技馆、和龙市科技馆、九台市科技馆、抚松县科技馆、永吉县科技馆、双辽市科技馆、松原市宁江区科技馆、抚州市科技馆、新余市科技馆、枣庄市科技馆、荆州市荆州区科技馆、郧西县科技馆、长阳县科技馆、五峰县科技馆、兴山县科技馆、江陵县科技馆、汉川市科技馆、西安市科技交流馆	26	
	停止运行，新馆在建（筹建）	山西省科技馆、内蒙古自治区科技馆、辽宁省科技馆、吉林省科技馆、湖北省科技馆、呼伦贝尔市科技馆、乌兰察布市科技馆、通辽市科技馆、延边朝鲜族自治州科技馆、余姚市科学馆、蚌埠市科技馆（火灾，筹）、青岛市科技馆、红安县科技馆、麻城市科技馆、黄石市科技馆、通城县科技馆（筹）、当阳县科技馆（筹）、钟祥市科技馆、利川市科技馆（筹）、咸丰县科技馆（筹）、云梦县科技馆、宝鸡市科技馆（筹）	22	
待运行	新馆在建（筹建） 无老馆	甘肃省科技馆、西藏自治区科技馆、海南省科技馆（筹）、滁州市科技馆、德阳市科技馆（筹）、毕节市科技馆、延安市科技馆（2013 年开馆）、榆林市科技馆（2013 年开馆）、精河县科技馆	9	该项均分散于前几项，不计入总数
	新馆在建（筹建） 有老馆	山西省科技馆、内蒙古自治区科技馆、辽宁省科技馆（2013 年完工）、吉林省科技馆（已完工，待开馆）、湖北省科技馆（2014 年竣工）、云南省科技馆（2014 年完工，老馆尚在运行）、唐山科技馆（筹）、临汾市科技馆（筹）、呼伦贝尔市科技馆、乌兰察布市科技馆、通辽市科技馆、延边朝鲜族自治州科技馆（2013 年开馆）、余姚市科学馆（筹）、青岛市科技馆、武汉科技馆（老馆尚在运行）、红安县科技馆、麻城市科技馆、黄石市科技馆（2013 年开馆）、通城县科技馆（筹）、应城市科技馆（筹）、当阳市科技馆、钟祥市科技馆、利川市科技馆（筹）、咸丰县科技馆（筹）、云梦县科技馆、宝鸡市科技馆（筹）	26	

附件 5

全国科协系统正常运行科技馆名单及免费开放情况（163 座）

序号	省份	场馆名称	免费情况（不注明表示完全免费）
1	北京	中国科技馆	否
2		通州区科技馆	
3		门头沟区科技馆	
4	天津	天津科技馆	
5	河北	河北省科技馆	否
6		保定市科学宫	
7		张家口市科技馆	
8	内蒙古	呼和浩特市科技馆	
9		满洲里市科技馆	
10		鄂尔多斯市科技馆	
11		乌拉特后旗科技馆	
12		科尔沁右翼前旗科技馆	
13	辽宁	营口市科技馆	
14		大连市科技馆	
15		鞍山科技馆	
16		丹东市科技馆	
17		抚顺市科技馆	
18		阜新市科技馆	
19		葫芦岛市科技馆	
20		辽阳市科技馆	否
21		铁岭市科学馆	
22		岫岩县科技馆	
23		朝阳市科技馆	
24	吉林	大安市科技馆	
25		白城市洮南市科技馆	
26		镇赉县科技馆	
27		白山市长白县科技馆	
28		四平市科技馆	
29		德惠市科技馆	
30		长春市双阳区科技馆	
31		桦甸市科技馆	
32		蛟河市科技馆	
33		白山市靖宇县科技馆	

序号	省份	场馆名称	免费情况（不注明表示完全免费）
34	吉林	梨树县科技馆	
35		伊通县科技馆	
36		集安市科技馆	
37		梅河口市科技馆	
38		辉南县科技馆	
39		图们市科技馆	
40		通榆县科技馆	
41	黑龙江	黑龙江省科技馆	否
42		哈尔滨科学宫	
43		伊春市科技馆	
44		穆棱市科技馆	
45	上海	静安区科技馆	
46		松江区科技馆	
47	江苏	南京科技馆	否
48		南通科技馆	否
49		灌南县科技馆	
50		海安县科技馆	
51	浙江	浙江省科技馆	否
52		杭州市余杭区科技馆	
53		温州科技馆	否
54		绍兴科技馆	
55		金华市科技馆	
56		嘉兴市科技馆	否
57		湖州市科技馆	否
58		兰溪市科技馆	
59	安徽	安徽省科技馆	
60		安庆科技馆	
61		合肥市科技馆	
62		怀宁县科技馆	
63		芜湖科技馆	否
64		桐城市科技馆	
65		铜陵市科技馆	否
66	福建	福建省科技馆	否
67		福州科技馆	
68		泉州市科技馆	
69		漳州科技馆	
70		晋江市科技馆	
71		建阳市科技馆	
72		厦门市同安区科技馆	

序号	省份	场馆名称	免费情况（不注明表示完全免费）
73	江西	上饶市科技馆	否
74		赣州科技馆	否
75		吉安市科技馆	
76	山东	山东省科技馆	否
77		泰安市科技馆	
78		临沂市科技馆	否
79		淄博市科技馆	
80		高密市科技馆	
81		威海市科技馆	否
82	河南	济源市科技馆	否
83		南阳市科技馆	
84		郑州科技馆	否
85		方城县科技馆	
86		濮阳市科技馆	
87	湖北	武汉科技馆	否
88		鄂州市科技馆	否
89		黄冈市科技馆	
90		黄梅县科技馆	
91		蕲春县科技馆	
92		武穴市科技馆	
93		浠水县科技馆	
94		英山县科技馆	
95		阳新县科技馆	
96		荆门市科技馆	
97		洪湖市科技馆	
98		荆州市科技馆	
99		石首市科技馆	否
100		松滋市科技馆	
101		潜江市科技馆	
102		丹江口市科技馆	
103		十堰市科技馆	否
104		竹山县科技馆	
105		竹溪县科技馆	
106		广水市科技馆	否
107		仙桃市科技馆	
108		赤壁市科技馆	

序号	省份	场馆名称	免费情况（不注明表示完全免费）
109	湖北	崇阳县科技馆	
110		嘉鱼县科技馆	
111		咸宁市科技馆	
112		襄阳市科技馆	
113		宜昌市科技馆	
114		宜都市科技馆	
115		秭归县科技馆	
116		京山县科技馆	
117		武汉市蔡甸区科技馆	
118		恩施土家族苗族自治州科技馆	
119		鹤峰县科技馆	
120		建始县科技馆	
121		来凤县科技馆	
122		宣恩县科技馆	
123		大冶市科技馆	
124		南漳县科技馆	
125		襄阳市襄州区科技馆	
126		安陆市科技馆	
127	湖南	湖南省科技馆	否
128		邵阳市科技馆	
129		岳阳市科技馆	
130	广东	东莞科学馆	
131		中山科学馆	
132		惠州科技馆	
133		河源市科技馆	
134		揭阳市科技馆	
135		深圳市科学馆	
136		信宜科学馆	
137		汕尾市科技馆	
138		韶关市科技馆	
139		韶关市新丰县科技馆	
140		韶关市曲江区科技馆	
141		阳西县科技馆	
142		广宁县科技馆	

续表

序号	省份	场馆名称	免费情况（不注明表示完全免费）
143	广西	广西壮族自治区科技馆	否
144		柳城县科技馆	
145		柳州科技馆	
146	重庆	重庆科技馆	否
147	四川	四川科技馆	否
148		攀枝花市科技馆	
149		达州科技活动馆	
150	贵州	贵州省科技馆	
151	云南	云南省科技馆	
152		石林县民族科技馆	
153		宁蒗县科技馆	
154		禄丰县科技馆	
155	陕西	陕西省科技馆	否
156	甘肃	张掖市科技馆	
157		甘南藏族州科学宫	
158	青海	青海省科技馆	
159	宁夏	宁夏回族自治区科技馆	否
160		盐池科技馆	
161	新疆	新疆科技馆	
162		乌鲁木齐市科技馆	
163		疏附县科技馆	

附件6

全国科协系统建筑面积 5000 平方米以上正常运行的科技馆名单（56 座）

序号	场馆名称	建筑面积（平方米）	免费情况
1	中国科技馆	102000	否
2	重庆科技馆	45300	否
3	四川科技馆	41800	否
4	广西壮族自治区科技馆	38988	否
5	南京科技馆	34000	否
6	青海省科技馆	33179	是
7	浙江省科技馆	30452	否
8	河北省科技馆	30000	否
9	宁夏回族自治区科技馆	29664	否

序号	场馆名称	建筑面积（平方米）	免费情况
10	湖南省科技馆	28186	否
11	新疆科技馆	26602	是
12	黑龙江省科技馆	25000	否
13	温州科技馆	23000	否
14	山东省科技馆	21000	否
15	芜湖科技馆	20010	否
16	惠州科技馆	18070	是
17	天津科技馆	18000	是
18	京山县科技馆	17000	是
19	云南省科技馆	16347	是
20	武汉科技馆	15435	否
21	贵州省科技馆	14805	是
22	辽阳市科技馆	14015	否
23	东莞科学馆	13000	是
24	安徽省科技馆	12000	是
25	深圳市科学馆	11921	是
26	合肥市科技馆	11837	是
27	襄阳市科技馆	11000	是
28	临沂市科技馆	10300	否
29	满洲里市科技馆	10000	是
30	陕西省科技馆	9770	否
31	湖州市科技馆	8974	否
32	泰安市科技馆	8700	是
33	荆州市科技馆	8600	是
34	韶关市曲江区科技馆	8600	是
35	韶关市科技馆	8427	是
36	郑州科技馆	8426	否
37	福建省科技馆	8000	否
38	福州科技馆	8000	是
39	中山科学馆	8000	是
40	嘉兴市科技馆	7600	否
41	海安县科技馆	7335	是
42	晋江市科技馆	7099	是
43	泉州市科技馆	7060	是
44	朝阳市科技馆	7039	是
45	葫芦岛市科技馆	6800	是

续表

序号	场馆名称	建筑面积（平方米）	免费情况
46	乌鲁木齐市科技馆	6800	是
47	漳州科技馆	6581	是
48	赣州科技馆	6523	否
49	柳州科技馆	6400	是
50	大连市科技馆	6040	是
51	威海市科技馆	6000	否
52	济源市科技馆	6000	否
53	广宁县科技馆	6000	是
54	十堰市科技馆	5500	否
55	岳阳市科技馆	5300	是
56	抚顺市科技馆	5200	是

B.7
科技馆引入企业化运作的实践与思考

郁红萍* 林 璐 霍文章 陈艳桢 李艳华 蔡月松

摘 要：

　　随着《科普法》的颁布实施，国内科技馆事业处在一个蓬勃发展的阶段，我国科技馆建设颇具规模。在经营管理方面，国内科技馆基本上都是采用事业单位编制和运行模式。作为国内为数不多的企业化运行的厦门科技馆，经过厦门青少年科技馆和厦门科技馆11年的企业化运作，走出了一条符合厦门科技馆特色的经营道路。我们认为，在坚持科技馆公益性方向的前提下，只要政府给予足够的支持，引入企业化运作模式，就有利于科技馆职能的发挥与纵深发展。

关键词：

　　科技馆　企业化　厦门

一　概述

（一）厦门地区社会、经济发展状况

　　厦门地处福建沿海，位于海峡西岸，陆地面积1573平方公里，截至2011年，全市常住人口353万人，其中户籍人口180万人。厦门积极融入海峡西岸经济区建设，形成了以电子、机械等支柱产业，光电、生物医药等新兴产业迅猛发展的格局，经济社会发展取得了显著成效，城市综合实力实现了新提升。

---

* 郁红萍，高级工程师，厦门科技馆馆长，中国自然科学博物馆协会科技馆专业委员会委员、厦门市校外教育专业委员会常务理事。从事科技馆建设、经营和管理工作。

厦门大力发展文化、教育等各项社会事业，全市拥有市级、区级图书馆、文化馆 19 个，博物馆、纪念馆 11 个，建成文化艺术中心等一批重大社会事业项目，统筹推进城市的文明建设与经济建设，同步提升市民的整体素质与物质生活。

（二）厦门科学普及工作的特点

厦门是中小型博物馆集中的城市，同时，也是科普教育基地集中的城市，厦门市委、市政府高度重视科普工作，积极促进科普普及工作，全市科普氛围浓郁。目前，全市已经建立 48 个科普教育基地，涵盖科技、教育、文化、工业、旅游等领域，是厦门市面向公众开展科普宣传教育的重要阵地。

（三）厦门科技馆在科普事业中的地位与作用

厦门科技馆是厦门市实施科教兴国战略的基础设施，是厦门科技和科普事业必不可少的重要组成部分，在厦门科普设施建设中具有举足轻重的地位。

厦门科技馆是厦门唯一一个综合展示科技发展、体现科技进步的科普场馆，在履行公众科普教育、促进科教文化事业发展、提升公众科学素质等职责方面，发挥着重要的作用。

厦门科技馆被评为全国科普教育基地、福建省十大科普教育基地，开馆五年，累计接待观众近 180 万人次，观众接待量逐年创新高，年客流量居厦门科普教育基地前列，是省内目前规模最大、内容最丰富的综合性科普场所。

二 企业化实践的优势分析

厦门科技馆作为企业化运作的科技馆，在实践中不断探索总结企业化经营模式，我们认为企业化运作具有以下优势。

（一）激发了科技馆潜能和活力，科普资源得到更为充分的利用，工作范围的深度与广度不断拓宽与延伸

1. 展览教育职能的深度不断延伸

随着人们生活水平及精神需求的提高，公众需要的是一个有品质、有深度

内涵的科技馆。原创展览及活动是体现科技馆品质与内涵的重要因素。在国内地方馆中，厦门科技馆是推出原创展览及活动最多的场馆之一。五年多来，厦门科技馆群策群力，大胆创新，潜心开发原创展览及精品活动，不遗余力地提供给公众高品质的展览活动，并配合展览，面向公众进行了大量的宣传。五年间，厦门馆平均每3个月举办1~2项大中型展览，总计30项；平均每周1~2场次特色科普活动，总计260场次；平均每两天1~2频次宣传，总计1200频次。

原创展览及活动紧扣时代脉搏，从展示主题上反映热点话题；从展示内容上，挖掘科学内涵，普及科学知识；从展出形式上，引导观众互动参与热情，激发其科学兴趣。如纪念达尔文200周年诞辰暨《物种起源》发表150周年的"地球生物演化大展"、纪念汶川地震一周年的"认知、体验、预防、纪念——地震科普展"、紧扣时代热点传递魔术中的科学的"魔术幻象展"等。

2. 教育职能得到更为充分的体现

科技馆的主要职能是展览教育、培训教育、实验教育，综观国内科技馆，展览教育开展得如火如荼，但培训教育、实验教育职能作用较为薄弱。

厦门科技馆积极拓展工作范围广度，努力实践科技馆培训教育职能，自2008年起，设立培训中心，开设了以科技类动手课程为主要学科辅导及其他课程为辅的特色课程体系，填补了厦门科技类培训项目空白。五年来，逐渐培育出"机器人"、"幼儿科学课"、"科学实验课"等科技特色课程，共接受1.5万余名青少年系统学习了科技课程，培养出一批以动手创新能力为主的青少年，创造了厦门科技馆独有的特色教育品牌。

3. 开发科普旅游，拓宽工作业务范围，充分挖掘科普资源潜能

科技馆的科普资源具有休闲旅游的特性，开发科技馆的科普旅游，能够有效扩展科普场馆发展之路，促进了科技馆作为科普教育基地的最大限度发挥。近年来，厦门科技馆积极利用场馆资源，开展科普旅游推广，使得厦门科技馆的业务范围不断延伸与拓宽。特别是，自2010年以来，厦门科技馆打破面向青少年的推广格局，走出厦门、福建，将科普旅游的人群覆盖到福建省外的成人群体。

目前，厦门科技馆的观众接待量逐年递增，科普受众已从青少年转化为以成人为主的群体，观众来源覆盖厦门五百公里半径圈的若干城市，向南覆盖广东东部等城市，向北覆盖浙江宁波、台州等地，向西覆盖湖南长沙、江西南昌等地。截至 2012 年 8 月，厦门科技馆的客流量已超过 2011 年全年客流量，其中，科普旅游团队比重超过 60%，厦门科技馆逐渐成为海峡西岸城市中热门的科普旅游目的地之一。

4. 积极挖掘可经营内容，探索衍生品营销、网络营销等业务

作为企业化运作的科技馆，要维持科技馆的正常运转，必须充分挖掘可经营性内容，寻找更多收入来源的渠道和办法。

厦门科技馆围绕展览、教育核心业务，综合有效地利用各种资源（包括人、财、物等），挖掘相关的可经营性业务，拓展了更为广泛的科技馆服务功能，对厦门科技馆的可持续发展有积极的意义。其中，科普衍生品的开发与推广是厦门科技馆在此方面一个有效的尝试。厦门科技馆积极开发各种益智、动手的科学类玩具，如拼装太阳能汽车、恐龙挖掘、蚂蚁工坊、"智慧之光"科学家纪念品等，既提倡孩子动手，观察认知事物，提高其科学的兴趣，又为科技馆带来了营业收入。经过实践尝试，2010 年卖品销售收入比 2009 年增长了近 300%，2011 年又实现了营业收入增长。

另外，随着网络快速普及与发展的态势，借助网络渠道营销、拓展科技馆的业务范围，将日益凸显必要性与重要性。近年来特别是 2012 年，厦门科技馆加大了在网络方面的力度，借助网络媒体宣传科技馆，并且拓展网络销售渠道，取得了较大的收益。

（二）部门机构精简高效，适用的激励考核体系保证了工作效率与工作质量

厦门科技馆是在工商机构注册登记的法人组织。最高决策层是总经理办公室，下设展教部、外联部、企划部、行政管理部、财务部、保障部 6 个职能部门。企业化管理下的科技馆组织架构更符合市场及管理的要求，组织机构更加简化和扁平，减少部门职责之间的交集，由于部门之间的职责清晰，工作执行环节扯皮现象减少，工作配合实施起来也更为顺畅。

相对于国内同等面积及规模的科技馆，厦门科技馆在部门设置及员工数量

显然更为精简。每个部门所承担的工作量饱满，工作人员一岗多职，如一线讲解员既要承担展厅讲解的工作，又要参与科普活动的策划与执行，以及科技馆"科普进校园"推广工作等。另外，厦门科技馆还引进了考核机制，奖优罚劣，使员工队伍的整体素质日益提升。

部门精简高效，激励考核机制的建立与实行，保证了厦门科技馆的工作效率与工作质量。

（三）企业化运作下的厦门科技馆具有更强的市场意识与服务意识

1. 以市场需求为导向，工作更加务实高效

由于企业的收入来自市场，必然决定了工作中要以市场需求为导向，具备市场化概念。与事业单位自上而下的工作模式不同的是，企业化运作下的厦门科技馆在实际工作中，始终以满足社会及公众需求为工作原则，工作更加务实，保持与市场的零距离对接。

五年来，厦门科技馆以市场需求为导向，努力拓展临时展览教育市场、培训教育市场、科普旅游市场以及衍生品开发市场的工作，并取得了一定的成效。例如，在培训教育市场，以受众需求为导向，开设了以科技类动手课程为主的特色课程体系，填补了厦门科技类培训项目空白，受到了社会大众的欢迎；厦门科技馆在游客市场方面，结合文化休闲科普旅游需求，积极借鉴并引进市场推广方法，打破仅面向青少年的推广思路，扩宽了观众组织渠道，厦门科技馆的接待量稳中有升，逐年递增。

2. 企业化运作的厦门科技馆更具有主动提供服务的意识

事业单位模式管理的科技馆，不必忧虑经费无着落而丧失竞争意识与积极性，工作人员缺乏主动提供服务的精神。企业化运作下的厦门科技馆，要求具备更强的服务意识，利用市场资源配置作用，充分挖掘科普资源，不遗余力地提供科普服务，以满足社会大众多层次、多方面、多样化的需求。如，厦门科技馆积极与厦门市科协、环保局、地震局、科技局等部门进行合作，争取承办科普项目，提供给公众更多的科普产品。

（四）企业的全面预算管理培养了较强的成本控制意识

企业化运作引进企业成本全面预算、控制、考核方法，加强了对人力资源

及人力成本的核算控制，加强了对物资采购与使用环节的审批控制，并积极探讨借助外力降低活动开发成本的渠道。

在厦门科技馆实务工作中，核定的工作人员总数是非常精简的，但在平时，厦门科技馆注重将科技馆打造为大学生社会实践基地，重视对大学生志愿者的吸纳与培训，借此满足了接待高峰期的人员需要，解决了厦门科技馆在淡、旺季对人员需求的巨大差异。

通过对各部门年度工作计划的总控制、对各项成本的预算分解，以及采购审核程序的完善，节约了大量行政办公成本和其他可花可不花的资金，更为重要的是培养了全体员工的成本意识，节约体现在工作的每一个细节中。

三　企业化实践的劣势分析

经过 11 年的管理运营与探索，企业化运作的厦门科技馆在激发科技馆潜能和活力，充分利用科普资源，不断扩宽与延伸科技馆工作范围的深度与广度等方面，取得了积极的成果，但采用企业化运作模式管理与经营的厦门科技馆，亦存在着目前尚无法逾越的局限性。

（一）具有一定的运营风险

1. 科技馆的运营成本导致的运营风险

科技馆是一个运营成本极高的场所，人工成本、水电成本、展品维修维护成本、研发费用、更新改造费用、房屋设施的修整费用均极为昂贵，科技馆立足社会公益性，门票及其他活动收费均不宜过高，所以厦门科技馆努力经营，只能是缩小收支缺口，自身很难做到收支平衡，当入不敷出的情况发生时，企业有可能采取几个措施来挽救当前局面：①缩减不应缩减的人工成本；②关闭不应关闭的配套设施；③尽量少投入或不投入维修与改造。长此以往，厦门科技馆的生命力将不可设想。

2. 由市场的不确定因素引发的运营风险

企业化运作下的厦门科技馆与市场的关系是紧密相连的，但市场是具有不确定性因素的，存在一定的风险。因此，在经营中，不免会受到市场的影响或

波动，导致预期的收益或目标无法实现。例如，厦门科技馆在科普旅游市场的推广中，受到旅游业市场变化、旅游政策影响、市场环境变化等多方面因素的影响，这些因素在一定程度上影响了科普旅游推广效果，导致客流波动，直接影响企业的收益。

因此，企业化运作科技馆，在运营管理中，与市场紧密相连，势必也会由于市场的不确定因素造成运营风险。

（二）更新改造后续艰难，科技馆缺乏持续生命力的保障

科技馆的展览环境和展品是科技馆提供科普教育的基础。在科技馆建设完成后，需要持续性的资金投入来保证硬件设施的更新率，从而发挥其科普功能。企业化运作的科技馆，努力经营，即使能做到盈亏平衡，但要筹措更新改造的巨额投入，是不现实的。因此，更新改造需要依靠政府资金的投入来完成。以厦门科技馆为例，2007年开馆，1万平方米的展览面积，展项及布展投入4000多万元，经过多方努力，在2012年市政府及相关部门投入近1300万元的经费更新改造后，吸引了更多的观众参观，保证了稳定的客源。但是厦门科技馆的硬件设施的更新改造资金并未有明确清晰的保障性政策。

（三）不利于对人才的吸引及人才队伍建立

当今社会，追求稳定的职业观念大有人在。企业化运作的科技馆，综合素质高的人很难招到，即便是招到了高素质的人员，也是暂时留用的多，长时间留用的少，对人才的吸引力无法与事业单位模式的科技馆相比。在事业单位，名义上能进能出，实际上，一旦进入事业单位，基本上就是终身制，正是这种事实上终身制的"事业单位优势"和相当部分人追求稳定的心理，每每机关事业单位招考时，常有一个工作岗位几十人、几百人甚至几千人报考一个岗位的现象，体制的原因让事业单位的科技馆用人可以优中选优。

企业化运作的科技馆不利于人才梯队的建设。由于量入为出，企业化的科技馆以实务型人才为主，对研究型人才吸纳不够。成本控制同样也制约了人才的培训，无法满足科普事业快速发展的需求，影响科技馆发展的需要。

四　经营性与公益性是不对立的、可融合的两个概念

厦门科技馆实践证明：经营性与公益性并不是对立的两个概念，两者是可融合的、相辅相成的。

1. 公益特点树立了品牌与形象，带动了经营性业务的发展

科技馆经营业务的发展，除了市场推手的因素外，公益品牌的推动也不可忽视。多年来，厦门科技馆在公益事业上不断地投入，公益特点鲜明，在公众心中树立了良好的品牌与形象，公众对厦门科技馆具有较高的美誉度与信任感，促进了厦门科技馆经营性业务的发展。例如，厦门科技馆的培训教育业务蒸蒸日上，办学规模越来越大，主要得益于公众对厦门科技馆品牌与形象的信任与认可。

2. 经营性业务的不断拓展与渗透，为更好地展示公益性提供了资金支持

经营性业务的拓展与渗透，为科技馆带来了一定的经营所得，科技馆把经营所得用于公益投入，为科技馆开展公益事业提供了资金支持。有了这个基础，科技馆就更有底气探索更多的公益业务渠道与方式，让公益内涵得到更多的体现，也定能在公益道路上越走越宽。

3. 经营性与公益性的融合体现

厦门科技馆经过多年的实践探索，走出了一条经营性与公益性融合的道路。

（1）门票定价体现了公益优先原则，针对学校团体、特殊群体实行免费。

厦门科技馆开馆初期的票价为成人40元/人，学生30元/人。为了让更多的公众享受更为优惠科普资源，将票价调整为成人30元/人，学生及教师10元/人，同时，对厦门市所有的学校团体、70岁以上老人、残疾人、低保户、现役军人实行免费。门票定价低，免费受益的群体多，极大地体现了厦门科技馆的公益性。

（2）公益活动常年开展，"科普进校园"、校园免费科技课程、广场活动受益群体广。

厦门馆常年开展"周末家庭日"系列广场活动，其中地震主题、环保主

题"周末家庭日"活动已连续举办 4 届，这些主题鲜明、公益为主的活动受到广大市民的欢迎。另外，厦门馆组织以"机器人"、"我们与水"、"好玩的数学"等为主题的"科普进校园"活动及免费科技课程，迄今已走进 58 所中小学校开展活动 193 场次，受到了学校师生的广泛好评。

（3）公益展览推陈出新。

公益展览与商业展览是厦门馆临时展览的组成部分，其中，公益展览占据着主要的比重。近年来，厦门科技馆在公益展览上不断推陈出新，打造一个个深受观众欢迎的精品公益展览，例如"我的节能日"低碳生活展览、"认知、体验、预防、纪念——地震科普展"、"低碳生活"全国水产科普知识展等。在公益展览实施中，厦门科技馆加大宣传力度，广而告之，让更多的人走进科技馆参观。

（4）志愿者踊跃参与科普公益事业。

近年来，由于公众对科技馆公益形象的认可与好评，厦门科技馆的志愿者队伍从开馆初期的招募难，到现在越来越多的志愿者慕名前来，为科普公益事业贡献力量，志愿者队伍日益壮大，为助力厦门科技馆的公益事业注入了源源不断的力量。

五　发展面临的困境及建议

（一）发展面临的困境

1. 企业化运作科技馆依然需要政府支持与政策保障

企业参与科技馆的建设、管理和运营，在一定程度上改善了政府公益投资的合理性，提高了资源的使用价值，但由于科技馆企业化管理后行政隶属关系脱离了政府的直接行政管理范围，使得科技馆不能名正言顺地成为政府财政预算的直接单位，缺少科普财政、税收政策及硬件设施持续性投入政策保障的科技馆在发展道路上是艰难的。例如，目前政府对社会力量投入科普公益事业缺乏具体配套的法律法规和政策，有关的财政金融税收等政策协调相对滞后，因此，在申请减免税收时多少存在变数。特别是在更新改造方面，由于目前没有明确清晰的保障政策，企业化的科技馆更是举步维艰。

2. 企业与事业单位性质不同，在财务管理、资产管理、税收缴交、水电费缴交标准等方面的差异，也是需要逐项厘清的

资产管理方面：企业固定资产需要计提折旧，而事业单位不需计提；税收方面：门票营业税、房产税、土地使用税等税费事业单位可免征，而企业则需要申请并视当地情况才能暂时性免征，存在变数。甚至水电费套用企业还是公益事业标准，在不同地区、不同部门都有可能因时因地产生争执，产生差异，都需要与政府部门、拉锯、谈判。

3. 人才问题

企业化的科技馆属于盈利边缘企业，队伍的稳定性相对较弱，不仅对人才的吸引力相对不足，培养成熟的人才流失率也较高。企业化的科技馆也没有能力储备更多研发型人才，对科技馆的深入发展是不利的。缺乏对优秀人才的吸引力及对人才梯队的建设力量，长此以往，势必影响科技馆的发展。

（二）建议

1. 观念上需要统一

政府、部门、企业，特别是主要领导者、决策者在思想观念上需要达成一致：企业化运作科技馆，不等于转嫁政府压力，更不等于免除政府履行科普职责。企业化运作科技馆应保证科技馆自身的性质、功能目标等基本条件不变，保证科技馆功能的维持与发展，同时，企业化运作下的科技馆，离不开政府的政策及资金支持，政府应该给予相关的政策保障，给予适当的运营经费补贴，解决更新改造的资金需求。

2. 运行机制上需要创新

在当今市场经济大背景下，科技馆生存与发展的经营管理模式，也应结合经济社会发展的实际，搁置单一性，探索多元化的经营管理模式，允许并推动创新型的运营管理体制。

（1）政府直接向社会机构购买服务的形式；

（2）事业单位身份，委托企业管理；

（3）事业单位与企业机构并存的方式；

（4）其他形式，如参照国外博物馆行业采取的董事会制。

以上运行机制，都可以满足科技馆以科普公益为前提的职能需求，也更加有利于激发科技馆活力、挖掘资源潜能，均值得思考与探索。

3. 细节上需要落实

对于企业化运作科技馆，政府应在《中华人民共和国科普法》的指导下，出台具体的实施办法和优惠政策，例如，企业运作科技馆可以享受与其他公益事业同等的水电费、税收标准；政府应根据实际情况给予适当运营补贴，同时，落实更新改造经费保障，以保证科技馆的可持续发展；在税收政策上有明确的实施办法；为科技馆吸收企业和民间资金、企业投资公益事业创造宽松激励的环境，努力实现政府、企业、科技馆共赢的局面等。

对于企业化管理科技馆所凸显的人才难题，我们认为在当前形势下，解决人才吸纳不足问题的关键是提高科技馆的人才吸引力，政府给予企业化管理的科技馆以优惠政策的方式，提高科技馆工作人员的待遇，使科技馆工作人员的待遇适当高于社会上同等水平人员的待遇。

六　结语

目前，国内部分科技馆也在积极尝试企业化管理，厦门科技馆是第一个采用企业化运作模式的科技馆，对国内科技馆探索企业化运作模式具有积极的借鉴作用。

我们认为，在坚持公益事业方向前提下，只要政府给予必要的政策支持，引入企业化运作科技馆模式，就有利于科技馆作用的发挥与长远发展。

无锡市"社会联动"共建特色科普场馆

姚沛声 *

摘　要：

在新一轮以科技创新创业为重要标志的区域竞争中，全民科学素质的高低已成为影响城市竞争力的决定性因素。分布在无锡全市各地的各具特色的科普场馆，因其内容、功能、展教的独特性，已经成为提升全民科学素质的极好载体。本文从无锡特色科普场馆建设的创新实践出发，按照形成思路、搭建平台、科学运作、产业助推的路线，阐述了无锡"社会联动"建特色科普场馆的做法和成效，并从布局、营销、维护三个方面，对未来科普场馆的发展作了进一步的探索。

关键词：

社会联动　特色科普场馆　无锡市

一　概述

无锡是一座历史悠久的江南名城，享有"太湖明珠"的美誉，是中国吴文化的发源地之一。无锡市现辖崇安、南长、北塘、锡山、惠山、滨湖、新区7个区，江阴、宜兴2个县级市，总面积4627.46平方公里（水域面积1335.30平方公里），户籍人口467.96万人。无锡地处富饶美丽的长江三角洲，北枕长江、南抱太湖、东邻上海、西接南京，属亚热带季风海洋性气候，四季分明，温和湿润，物产丰富，是中国著名的鱼米之乡，教育发达，文化繁荣，人才辈出。

---

* 姚沛声，同济大学公共管理硕士，江苏省无锡市科学技术协会科普部部长，主要从事科普工作。

在中国近、现代经济史上，无锡两次作为"发祥地"载入史册。一次是20世纪初中国民族工商业率先起步，一次是20世纪七八十年代乡镇工业异军突起。得益于这两次"发祥"，无锡成为工商业繁荣的都会、重要的区域性中心城市。在开放、合作、共赢的时代潮流下，无锡充分发挥交通便利、物流业发达、社会稳定、劳动力素质高、产业基础好的条件，使开放型经济迅猛发展，无锡已成为全国开放型经济最活跃的城市之一。2011年全市人均GDP突破10万元大关，成为江苏省内率先冲破10万元大关的城市。

城市发展，素质为基。在新一轮以科技创新创业为重要标志的区域竞争中，全民科学素质的高低已经成为影响城市竞争力的决定性因素。分布在全市各地的各具特色的科普场馆，以开放式、主动式、启发式的教育和学习方式，有意识地培养公众的创新意识、创新思维和创新能力，在寓教于乐中拓展公众的科学视野，成为提升全民科学素质的极好载体。近年来，无锡市高度重视科普场馆建设，以市政府办公室的名义制订下发了《无锡市科普基础设施发展规划（2009～2013）》，切实按照"政府主导，各方参与"的共建共享思路，围绕"产业调整、生态治理、民生需求"三大主题，全力打造一批各具特色的科普场馆群，以场馆建设的群聚效应加速全民科学素质的提升，并逐步形成具有无锡特色的科普场馆建设运营模式。至2011年底，无锡市已经建成或在建的特色科普场馆有25个，展览展示面积达16.51万平方米，总投资52.38亿元，形成了综合类、产业调整类、生态治理类、民生需求类四大类特色化科普场馆群，无锡新区等地更是实现了社区青少年科学活动室的全覆盖。

二　特色科普场馆建设情况

（一）"管办分离"引领思路变革，科协组织在科普场馆建设上由"重在拥有"转为"协调指导"

管办分离，政事分开，是无锡行政体制改革在教育、文化、卫生、体育、园林等部门作出的成功探索。这也是市委、市政府赋予市科协在全市科普基础设施建设中担负指导协调职能的重要契机。在此方针指引下，全市科协系统逐步从科普场馆的拥有者，向场馆建设的"协调员"、"指导员"角色转变，从科普场馆具体的运行管理事务中脱离，充分发挥科协资源优势和特长，科学指导各科普场馆建设。在无锡科技馆的建设过程中，市科协积极按照市委、市政府部署，将原属事业单位无锡市科普馆人、财、物整体剥离，作为"三馆合一"（科技馆、博物馆、革命历史陈列馆建筑合体，管理合并）的一部分，转交市文管中心，从而更专注于业务指导，从科技馆的规划设计到功能布局，给出参考意见，并组织馆建人员赴国内外科技场馆考察，从业内邀请专家领导亲临现场指导。随着无锡科技馆的正式开馆，无锡市科协在科普场馆建设中的专业优势得到了全市的高度认可，无锡集成电路体验馆、"感知中国"博览园、中国湖泊生态博览园等场馆建设时，市科协被要求全程介入、协调指导。

思路一变，天地宽。上级领导对无锡模式的肯定，更加坚定了无锡科普场馆建设走"社会联动"之路的信心。无锡市科协在各类科普场馆的建设过程中，进一步积极发挥协调指导作用，参与各类科普场馆的规划、设计、布展等工作，有效推进各类科普场馆的建设，一批特色科普场馆雨后春笋般纷纷涌现，在此过程中也渐渐形成了具有无锡特色的"科协推动、社会联动、示范带动、集群互动"的科普场馆建设运营模式。

（二）"贯彻纲要"搭建合作平台，科普场馆建设由"各自而战"转为"社会联动"

制定和实施《全民科学素质行动计划纲要》，是国务院作出的重要战略决策。无锡市各级科协组织牢牢把握《全民科学素质行动计划纲要》贯彻契机，推动以全民科学素质工作领导小组各成员单位为重点的社会各界大联合，为科普场馆建设提供了坚实的思想、组织、体制等基础。无锡市委、市政府高度重视全民科学素质建设，江苏省委常委、无锡市委书记黄莉新多次听取汇报，对全民科学素质工作提要求。无锡市长朱克江亲自参加全民科学素质工作相关会议，在感知中国博览园等科普场馆建设中多次听取设计和进展汇报，并亲自审定方案。分管副市长任全民科学素质工作领导小组组长，

定期主持召开领导小组会议和工作推动会。无锡市四套班子相关领导分别带队调研科普场馆建设，并参与科普活动。市领导小组办公室定期召开成员会议，以科普经费和科普设施为两大重点，听取各成员单位汇报工作进度、工作措施和存在问题，并将具体工作落实纳入其考核内容，编印工作简报，开辟宣传专栏，加强科普场馆建设的信息交流。特别是借助全省督察《全民科学素质行动计划纲要》实施情况的有利契机，无锡市将科普场馆建设列入重点督察内容，查规划制订、查场馆建设、查场馆运行、查资金保障等情况，对存在问题的地区，及时提出整改意见，促进了各地科普场馆建设。同时，充分利用科协系统的科普资源，通过科普考察周、科普一日游、科普外访团等多种形式，组织相关部门领导和工作人员参观学习兄弟部门成功科普场馆的建设思路、国内经典科普设施的运作模式和国外知名科普场所的发展经验，开阔视野，谋求合作。

（三）"巧借东风"加快共建步伐，科普场馆建设由"一枝独秀"转为"百花齐放"

借助政府幸福工程、为民工程等东风，整合社会资源，走共建共享之路，是近几年来社区特色科普场馆建设的重要探索，从个别科普场馆的一枝独秀到各社区各场馆的百花齐放，逐步实现了科普设施建设的大繁荣。以无锡市新区的社区青少年科普工作室为例。从2008年开始，无锡市新区科协就组织基层单位前往各地考察，调研青少年科普教育工作，创新工作思路，在2008年科普周开幕式上，由新区党工委领导宣布无锡市首家社区青少年科学工作室启动建设。工作室在当年投入运行，为新区乃至全市建立了一个开展青少年科学素质教育的高水准平台。经过一年运行，首家青少年科学工作室取得了良好的效果，经中国科协认定，被授予国家级青少年科学工作室，成为新区首个国家级青少年科普教育基地。2009年建设并投入运行的江溪睦邻中心青少年科学工作室，也被市科协正式授牌为无锡市青少年科学工作室。这两个工作室的建设和运行，为新区全面普及社区青少年科普工作室积累了经验、奠定了基础。

2010年是幸福新区建设的开局之年，为不断提升新区全民科学素质，新区科协总结和推广国家级社区青少年科学工作室建设经验，成功将科普场馆建设纳入该区党工委、管委会制定的《2010 年建设"幸福新区"十大行动》中，明确提出要在每个社区建设一个青少年科普工作室的要求。为民谋福祉激发了社区工作者的极大热情，该地各社区在建设过程中充分挖掘和依托社区内丰富的科普资源，创造出了因地制宜的多种模式。第一种是合作共建的模式，新一社区与尚德太阳能公司共建光伏产品制作工作室，叙丰里社区与市气象局共建气象知识工作室，太二社区与摄影协会共建摄影科学工作室，南星苑二社区与村田电子公司共建环保科学工作室，新安花苑一、二社区结合所在街道只有一所幼儿园、小学的情况与学校共建机器人工作室和天文观测工作室等。第二种是以社区建设为主，与外邀专家指导相结合的模式，有泰伯一社区的陶艺科技工作室、泰伯三社区的手工制作工作室、叙康里社区艺术绘画工作室、万一社区的心理健康知识工作室等。第三种是以社区建设为主，与社区内特长居民参与相结合的模式，奕淳社区的风筝与绿色生态工作室、叙丰家园的科技模型工作室、梅荆一社区的航模工作室、春一社区的变废为宝小制作工作室等。建设模式不仅多样，而且主题各有不同，对社区民众特别是青少年参与科普活动具有很强的吸引力。

（四）"产业转型"带来多元投入，科普场馆建设由"散点布局"转为"群聚效应"

建设创新型经济领军城市，取决于主导产业的创新能力，取决于新兴产业的迅速崛起。根据全球经济发展和科技革命的最新趋势，积极抢占战略性新兴产业的制高点，建设产业高地，使战略性新兴产业成为无锡经济社会发展的主导力量，是无锡未来发展的重要方向。根据无锡产业升级和结构调整，尤其是物联网、生物农业、动漫、服务外包等的快速发展，以场馆展示扩大产业宣传，营造浓厚产业发展氛围，已成为各级政府和社会、企业的一致共识。理念的提升带来多元的投入，一批新兴科普场馆纷纷涌现，在两年不到的时间里已由零星分布发展到遍地开花，集聚示范效应明显。近年主要建成的产业调整类专题场馆有：感知中国博览园。规划总投资 6 亿元，总展示面积 1.1 万平方米，系统展示代表了我国现有传感网络最高水平的科研成果和解决方案，分专

业馆和综合馆。专业馆展示国内一流、具有自主知识产权的品牌企业提供的技术、产品，目前已有中国移动、中国电信、中国联通、国网信通、广电集团、中国卫星、华为公司、利奥科技八家单位入驻参展；综合馆则展示在公共安全、智能电网、智能家居、身份系统等六大共性平台基础上衍生出的具体应用产品。尚德低碳理念馆，总投资 1300 万元，展示面积 2500 平方米，是无锡尚德公司运用太阳能示范大楼的公共部位，建成的集低碳知识普及和太阳能技术体验于一体的科普场馆。集成电路体验馆，总投资 1120 万元，展示面积 1600 平方米，是国内最大的集成电路展示体验场馆。动漫博物馆，总投资 1200 万元，展示面积 1100 平方米，是无锡新区创新创意产业园的主题设施之一。无锡现代农业科技博览园。总投资 2.3 亿元，展示面积 2.33 万平方米，由农业博览展示区、生态康体康居区、农耕文化展示区和农业旅游观光区四大部分组成，是现代农业科技、理念的集中体现。

除此之外，重点围绕物联网产业发展，新添了国家传感网创新示范区南长展示厅、中国移动蠡园基站（无锡市首个采用智能电网的基站）、无锡市天蓝地绿生态农庄［江苏首个针对有机农产品（蔬菜）的物联网项目］、红豆集团红豆杉基地（物联网种植）、无锡市杨湾藻水分离站（"感知太湖，智慧水利"示范项目）、中国移动宜兴分公司科技展示厅、无锡市东亭实验小学春江分部（"感知校园"示范项目）等一大批科普设施，其中大部分已经纳入全市科普教育基地统一管理。

三　发展方向及对策建议

科普场馆是面向社会公众普及科学知识的重要场所，是以提供民族科学文化素质为宗旨的公益性事业。实现科普场馆资源共建共享可以极大地丰富科普场馆的教育内容，是一件利国利民的大事。经过几年的探索，无锡的科普场馆建设已经在"社会联动"上迈出了成功的步伐，以无锡科技馆为标志的综合类科技馆，以感知中国博览园、尚德低碳理念馆、集成电路体验馆等为代表的产业调整类科普场馆群，以中国湖泊生态博览园（在建）、无锡零碳生态展示馆（规划建设中）、无锡蠡湖展示馆、长广溪湿地科普馆等为代表的生态治理类科普场馆群，以长江珍稀鱼类科普馆、中国阳羡茶文化博览园、中国阳山桃文化博览园、无锡气象科普馆、无锡防灾减灾体验馆等为代表的民生需求类科普场馆群四大类特色化科普场馆群，极大地繁荣了无锡的科普事业。对于未来科普场馆的发展，仍有几点需要进一步深入研究。

一是差异发展问题。从全市的角度，避免区域间和区域内的雷同，是科普场馆建设发展到一定程度后，不得不考虑的问题。因为科协的提前介入，目前雷同的科普场馆较少，但随着馆建的深入推进，无论是出于展品互换互展的角度，还是各地馆建的个性化发展需求，科普场馆形式、内容、主题等方面的创新要求会越来越高。无锡市科协的总体想法是依托各地产业特点，比如新区的物联网、惠山区的风电能源、滨湖区的生物医药、锡山区的现代农业等，突出各地特色。同时，加强科协在科普场馆建设中的指导作用，多调研，早介入，下好全市一盘棋，既错落有致，又互相呼应。特别是在有科普经费支持的社区科普场馆中，要求展品展项主题不重复，为今后的展品流动做好充足准备，以避免固定受众群的审美疲劳。

二是场馆营销问题。扩大公众的知晓度和参与率，是科普场馆的职能要求和生命力所在。"酒好也怕巷子深"，如何做到科普场馆的联动互动，避免"养在深闺人不知"的局面，是"激活"科普场馆、提升科普资源利用率的关键。与传媒联合展现科普场馆风采，在科普场馆承办重大活动，制作科普地图实现网上点击链接，印制科普场馆风采册，利用科普周、科普日等重大活动契机引导性地组织科普参观，邀请科普场馆相关人员加入科普讲师团或科普志愿者队伍，与中小学生的校外实践相结合发放科普护照等，都是行之有效的营销手段。

三是后续维护问题。科普场馆的建设，并非一次性投入，除了维持正常开放的成本外，展品本身也有维修更换问题。特别是以企业为主体建设的科普场馆，如无锡软通动力信息服务系统有限公司的物联网应用技术陈列馆、宜兴远东集团的国际电线电缆体验式博物馆、中科怡海高新技术发展江苏股份公司的物联网展示馆等，其经费来源的企业性质决定了科普场馆的维护问题尤其值得重视。无锡市科协在操作中，通过各种活动扩大企业的社会知晓率和美誉度，

同时也畅通了科协服务渠道，在海智洽谈会、高端学术报告、科技大讲堂等科协品牌工作中扩大了对这些企业的开放端口，或者是通过承办活动给予经费支持，总之，通过复合运作，实现"墙内损失墙外补"，以保持科普场馆公益性开放的积极性。无锡市科协也建议上级科协组织可以考虑开展自上而下的科普场馆星级认定，并对应相关经费支持；或在科普示范基地创建过程中，加入项目经费款项。

中国皮书网

发布皮书研创资讯，传播皮书精彩内容
引领皮书出版潮流，打造皮书服务平台

栏目设置：

- ☐ 资讯：皮书动态、皮书观点、皮书数据、 皮书报道、皮书新书发布会、电子期刊
- ☐ 标准：皮书评价、皮书研究、皮书规范、皮书专家、编撰团队
- ☐ 服务：最新皮书、皮书书目、重点推荐、在线购书
- ☐ 链接：皮书数据库、皮书博客、皮书微博、出版社首页、在线书城
- ☐ 搜索：资讯、图书、研究动态
- ☐ 互动：皮书论坛

www.pishu.cn

中国皮书网依托皮书系列"权威、前沿、原创"的优质内容资源，通过文字、图片、音频、视频等多种元素，在皮书研创者、使用者之间搭建了一个成果展示、资源共享的互动平台。

自2005年12月正式上线以来，中国皮书网的IP访问量、PV浏览量与日俱增，受到海内外研究者、公务人员、商务人士以及专业读者的广泛关注。

2008年10月，中国皮书网获得"最具商业价值网站"称号。

2011年全国新闻出版网站年会上，中国皮书网被授予"2011最具商业价值网站"荣誉称号。

权威报告　热点资讯　海量资源

当代中国与世界发展的高端智库平台

皮书数据库 www.pishu.com.cn

　　皮书数据库是专业的人文社会科学综合学术资源总库，以大型连续性图书——皮书系列为基础，整合国内外相关资讯构建而成。包含七大子库，涵盖两百多个主题，囊括了近十几年间中国与世界经济社会发展报告，覆盖经济、社会、政治、文化、教育、国际问题等多个领域。

　　皮书数据库以篇章为基本单位，方便用户对皮书内容的阅读需求。用户可进行全文检索，也可对文献题目、内容提要、作者名称、作者单位、关键字等基本信息进行检索，还可对检索到的篇章再作二次筛选，进行在线阅读或下载阅读。智能多维度导航，可使用户根据自己熟知的分类标准进行分类导航筛选，使查找和检索更高效、便捷。

　　权威的研究报告，独特的调研数据，前沿的热点资讯，皮书数据库已发展成为国内最具影响力的关于中国与世界现实问题研究的成果库和资讯库。

皮书俱乐部会员服务指南

1. 谁能成为皮书俱乐部会员?

　　● 皮书作者自动成为皮书俱乐部会员;

　　● 购买皮书产品（纸质图书、电子书、皮书数据库充值卡）的个人用户。

2. 会员可享受的增值服务:

　　● 免费获赠该纸质图书的电子书;

　　● 免费获赠皮书数据库100元充值卡;

　　● 免费定期获赠皮书电子期刊;

　　● 优先参与各类皮书学术活动;

　　● 优先享受皮书产品的最新优惠。

3. 如何享受皮书俱乐部会员服务?

（1）如何免费获得整本电子书?

　　购买纸质图书后，将购书信息特别是书后附赠的卡号和密码通过邮件形式发送到 pishu@188.com，我们将验证您的信息，通过验证并成功注册后即可获得该本皮书的电子书。

（2）如何获赠皮书数据库100元充值卡?

　　第1步：刮开附赠卡的密码涂层（左下）;

　　第2步：登录皮书数据库网站（www.pishu.com.cn），注册成为皮书数据库用户，注册时请提供您的真实信息，以便您获得皮书俱乐部会员服务;

　　第3步：注册成功后登录，点击进入"会员中心";

　　第4步：点击"在线充值"，输入正确的卡号和密码即可使用。

社会科学文献出版社 皮书系列
SOCIAL SCIENCES ACADEMIC PRESS (CHINA)

卡号: 3396369882829047

密码:

（本卡为图书内容的一部分，不购书刮卡，视为盗书）

皮书俱乐部会员可享受社会科学文献出版社其他相关免费增值服务
您有任何疑问，均可拨打服务电话: 010-59367227　QQ:1924151860
欢迎登录社会科学文献出版社官网(www.ssap.com.cn)和中国皮书网（www.pishu.cn）了解更多信息

社会科学文献出版社

皮书系列

"皮书"起源于十七、十八世纪的英国，主要指官方或社会组织正式发表的重要文件或报告，多以"白皮书"命名。在中国，"皮书"这一概念被社会广泛接受，并被成功运作、发展成为一种全新的出版形态，则源于中国社会科学院社会科学文献出版社。

皮书是对中国与世界发展状况和热点问题进行年度监测，以专家和学术的视角，针对某一领域或区域现状与发展态势展开分析和预测，具备权威性、前沿性、原创性、实证性、时效性等特点的连续性公开出版物，由一系列权威研究报告组成。皮书系列是社会科学文献出版社编辑出版的蓝皮书、绿皮书、黄皮书等的统称。

皮书系列的作者以中国社会科学院、著名高校、地方社会科学院的研究人员为主，多为国内一流研究机构的权威专家学者，他们的看法和观点代表了学界对中国与世界的现实和未来最高水平的解读与分析。

自20世纪90年代末推出以经济蓝皮书为开端的皮书系列以来，至今已出版皮书近800部，内容涵盖经济、社会、政法、文化传媒、行业、地方发展、国际形势等领域。皮书系列已成为社会科学文献出版社的著名图书品牌和中国社会科学院的知名学术品牌。

皮书系列在数字出版和国际出版方面成就斐然。皮书数据库被评为"2008~2009年度数字出版知名品牌"；经济蓝皮书、社会蓝皮书等十几种皮书每年还由国外知名学术出版机构出版英文版、俄文版、韩文版和日文版，面向全球发行。

2011年，皮书系列正式列入"十二五"国家重点出版规划项目；2012年，部分重点皮书列入中国社会科学院承担的国家哲学社会科学创新工程项目；一年一度的皮书年会升格由中国社会科学院主办。

法 律 声 明

"皮书系列"（含蓝皮书、绿皮书、黄皮书）由社会科学文献出版社最早使用并对外推广，现已成为中国图书市场上流行的品牌，是社会科学文献出版社的品牌图书。社会科学文献出版社拥有该系列图书的专有出版权和网络传播权，其 LOGO（▧）与"经济蓝皮书"、"社会蓝皮书"等皮书名称已在中华人民共和国工商行政管理总局商标局登记注册，社会科学文献出版社合法拥有其商标专用权。

未经社会科学文献出版社的授权和许可，任何复制、模仿或以其他方式侵害"皮书系列"和 LOGO（▧）、"经济蓝皮书"、"社会蓝皮书"等皮书名称商标专用权的行为均属于侵权行为，社会科学文献出版社将采取法律手段追究其法律责任，维护合法权益。

欢迎社会各界人士对侵犯社会科学文献出版社上述权利的违法行为进行举报。电话：010－59367121，电子邮箱：fawubu@ ssap. cn。

社会科学文献出版社